Decker

Maschinenelemente Formeln

Decker

Maschinenelemente Formeln

Bearbeitet von Frank Rieg,
Frank Weidermann, Gerhard Engelken,
Reinhard Hackenschmidt und Bettina Alber-Laukant

8., neu bearbeitete Auflage

mit 112 Bildern

HANSER

Autor:
Studiendirektor i. R. Dipl.-Ing. Karlheinz Kabus (†), Berlin
Bearbeiter:
Prof. Dr.-Ing. Frank Rieg, Universität Bayreuth, Federführender Bearbeiter
(Kapitel 3.1, 3.3, 4, 15, bis 17, 19, 20)
Prof. Dr.-Ing. Frank Weidermann, Hochschule Mittweida
(Kapitel 1.4, 3.2, 21 bis 24)
Prof. Dr.-Ing. Gerhard Engelken, Hochschule RheinMain
(Kapitel 1.1 bis 1.3, 18, 25 bis 30)
Dipl.-Wirtsch.-Ing. Reinhard Hackenschmidt, Universität Bayreuth
(Kapitel 1.5, 5 bis 13)
Dr.-Ing. Bettina Alber-Laukant, Universität Bayreuth
(Kapitel 2, 14)

Die vorliegende Formelsammlung ist vollkommen abgestimmt auf das im gleichen Verlag erschienene Lehrbuch **Decker, Maschinenelemente**, 20. Auflage.

Bibliografische Information der Deutschen Nationalbibliothek
Die Deutsche Nationalbibliothek verzeichnet diese Publikation in der Deutschen Nationalbibliografie; detaillierte bibliografische Daten sind im Internet über http://dnb.d-nb.de abrufbar.

ISBN 978-3-446-45031-8
E-Book-ISBN 978-3-446-45306-7

www.hanser-fachbuch.de
Lektorat: Ute Eckardt
Herstellung: Katrin Wulst
Einbandgestaltung: Stephan Rönigk
Satz: Reemers Publishing Services, Krefeld
Druck und Bindung: Friedrich Pustet, Regensburg
Printed in Germany

Vorwort

Diese Formelsammlung ist eine Ergänzung zu der im gleichen Verlag erschienenen 20. Auflage des tausendfach bewährten Lehrbuches „Decker, Maschinenelemente“. Sie enthält in einer übersichtlichen Anordnung alle wichtigen Gleichungen zur Berechnung von Maschinenelementen. Bei der Vielzahl an Formeln für die Bemessung und den Festigkeitsnachweis von Maschinenelementen ist es zweckmäßig, eine Zusammenfassung in kompakter Form zur Verfügung zu haben, was auch von vielen Benutzern des Lehrbuches gewünscht wurde. Mit der Formelsammlung kann ohne das Lehrbuch gearbeitet werden.
Die Systematik und die Gleichungsnummern stimmen vollständig mit dem Lehrbuch überein, ebenso die Bezeichnungen der zu berechnenden Größen. Ihre Bedeutung ist erläutert, die vorzugsweise anzuwendenden Einheiten sind angegeben. Zum besseren Verständnis der Zusammenhänge wurden Bilder eingefügt. Die Angabe von Normen und andere wichtige Hinweise, die beim Berechnen von Maschinenelementen zu beachten sind, ergänzen das Angebot der Berechnungsunterlagen.
Auf die Tabellen und Diagramme für erforderliche Werte von Festigkeiten, Sicherheiten, zulässigen Spannungen, Berechnungsfaktoren, Reibzahlen, Normteil- und Profilabmessungen, Toleranzen und dergleichen wird hingewiesen. Alle für die Berechnungen benötigten Werte befinden sich ausnahmslos im Tabellenband, der dem oben genannten Lehrbuch beigefügt ist.
Mit dieser Formelsammlung liegt eine Arbeitshilfe vor, die eine rationelle Lösung von Aufgabenstellungen zur Berechnung von Maschinenelementen während des Studiums und in der Praxis ermöglicht. Sie ist deshalb besonders geeignet für Klausuren und Prüfungsarbeiten. Auch für das Durchrechnen von Übungsaufgaben bietet sie Vorteile, da ein aufwendiges Blättern im Lehrbuch entfällt.
Hierzu wird auf die im gleichen Verlag erschienene Aufgabensammlung „Decker/Kabus, Maschinenelemente – Aufgaben“ hingewiesen. Dieses bewährte Buch mit Übungsaufgaben zur Berechnung von Maschinenelementen ist vollständig auf das Lehrbuch abgestimmt. Zur Abrundung kann eine Vielzahl von Informationen und kostenlosen Zusatzmaterialien zum Decker Gesamtwerk unter **www.hanser-fachbuch.de/decker** nachgeschlagen werden.
Verfasser und Bearbeiter hoffen, dass die Formelsammlung allen Benutzern eine wertvolle Hilfe sein wird. Allen Kolleginnen und Kollegen sagen wir hiermit herzlichen Dank für ihre Ratschläge, auch Frau *Ute Eckardt* vom Carl Hanser Verlag für die gute Zusammenarbeit.

Frank Rieg
Frank Weidermann
Gerhard Engelken
Reinhard Hackenschmidt
Bettina Alber-Laukant

Inhaltsverzeichnis

1 Konstruktionstechnik

Maße, Abmaße und Toleranzen

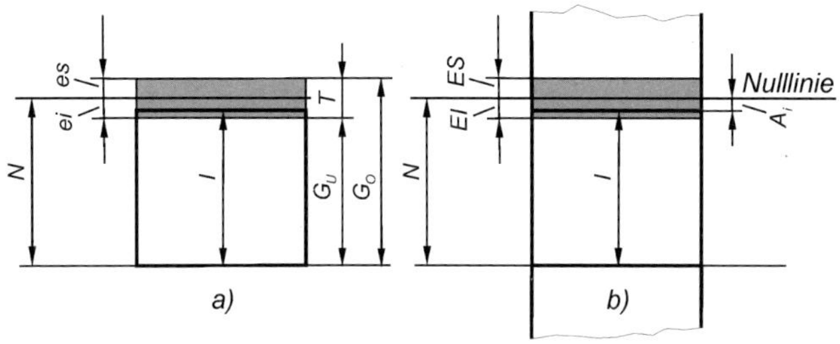

Bild 1.1 Maße und Abmaße
a) an einer Welle,
b) an einer Bohrung

Oberes Abmaß $\boldsymbol{ES}$ (bzw. es) $= \boldsymbol{G_o} - \boldsymbol{N}$, *Unteres Abmaß* $\boldsymbol{EI}$ (bzw. ei) $= \boldsymbol{G_u} - \boldsymbol{N}$,

Istabmaß $\boldsymbol{A_i} = \boldsymbol{I} - \boldsymbol{N}$,

Maßtoleranz $\boldsymbol{T} = \boldsymbol{G_o} - \boldsymbol{G_u}$ oder $\boldsymbol{T} = \boldsymbol{ES} - \boldsymbol{EI}$ (bzw. $es - ei$)

N Nennmaß, I Istmaß, G_o Höchstmaß, G_u Mindestmaß

Allgemeintoleranzen nach DIN ISO 2768-1 (siehe Tab. 1.7).

ISO-Toleranzsystem

Für die Grundtoleranzgrade IT 5 bis IT 18 und Nennmaße bis 500 mm:

$$\textit{Toleranzfaktor} \quad \boldsymbol{i = 0{,}45\,\sqrt[3]{D} + 0{,}001\,D} \quad \text{in } \mu\text{m} \tag{1.1}$$

und für Nennmaße über 500 mm bis 3150 mm:

$$\textit{Toleranzfaktor} \quad \boldsymbol{I = 0{,}004\,D + 2{,}1} \quad \text{in } \mu\text{m} \tag{1.2}$$

$D = \sqrt{D_1 \cdot D_2}$ geometrisches Mittel aus den Zahlenwerten der Grenzwerte D_1 und D_2 des Nennmaßbereichs.

Eine *ISO-Grundtoleranz* T ist ein Vielfaches des Toleranzfaktors i bzw. I (siehe Tab. 1.2). Die errechneten Werte sind nach vorgegebenen Regeln zu runden, und zwar die nach Gl. (1.1) bis 100 µm auf 1 µm, bis 200 µm auf 5 µm und bis 500 µm auf 10 µm genau. Verbindliche Werte der Grundtoleranzen bis 3150 mm sind in DIN EN ISO 286-1 angegeben (Auszug siehe Tab. 1.2). Für Nennmaße über 3150 mm gilt weiterhin DIN 7172.

Passungen

Spielpassung

$$\textit{Höchstspiel} \quad \boldsymbol{S_g = ES - ei = G_{oB} - G_{uW}} \tag{1.3}$$

$$\textit{Mindestspiel} \quad \boldsymbol{S_k = EI - es = G_{uB} - G_{oW}} \tag{1.4}$$

1

Übermaßpassung

Höchstübermaß	$\boldsymbol{U_g = es - EI = G_{oW} - G_{uB}}$	(1.5)
Mindestübermaß	$\boldsymbol{U_k = ei - ES = G_{uW} - G_{oB}}$	(1.6)

Übergangspassung

Höchstspiel $\boldsymbol{S_g}$ nach Gl. (1.3) und *Höchstübermaß* $\boldsymbol{U_g}$ nach Gl. (1.5)

ES, EI, es, ei — oberes und unteres Abmaß der Bohrung bzw. der Welle,
$G_{oB}, G_{uB}, G_{oW}, G_{uW}$ — Höchstmaß und Mindestmaß der Bohrung bzw. der Welle.

Toleranz der Passung

Passtoleranz	$\boldsymbol{T_p = S_g - S_k}$	bei Spielpassung	(1.7)
	$\boldsymbol{T_p = S_g + U_g}$	bei Übergangspassung	(1.8)
	$\boldsymbol{T_p = U_g - U_k}$	bei Übermaßpassung	(1.9)
	$\boldsymbol{T_p = T_B + T_W}$	allgemein	(1.10)

Auswahl von Passungen siehe Tab. 1.9.

Rauheit der Oberflächen

Rauheitsmessgrößen

Arithmetischer Mittenrauwert $\boldsymbol{R_a}$ (kurz Mittenrauwert) = arithmetisches Mittel der absoluten Beträge der Profilabweichungen y von der Mittellinie innerhalb der Gesamtmessstrecke l_n (Bild 1.2a).

Gemittelte Rautiefe $\boldsymbol{R_z} = (Z_1 + Z_2 + Z_3 + Z_4 + Z_5)/\boldsymbol{5}$ als arithmetisches Mittel aus den Einzelrautiefen Z_i fünf aneinander grenzender Einzelmessstrecken l_e (Bild 1.2b).

Maximale Rautiefe $\boldsymbol{R_{max}}$ = größte der auf der Gesamtmessstrecke l_n vorkommenden Einzelrautiefen Z_i, z. B. $R_{max} = Z_5$ im Bild 1.2b.

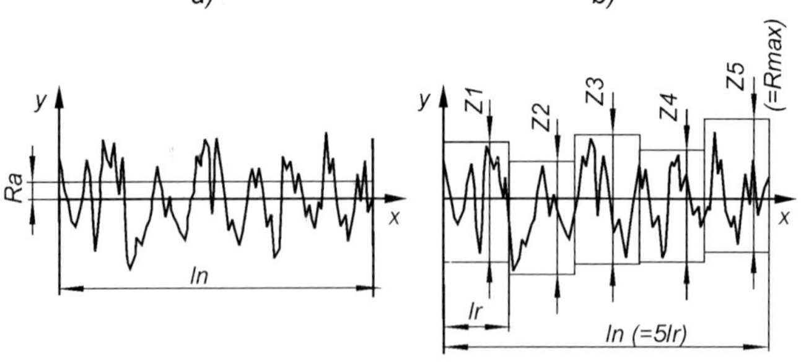

Bild 1.2 Rauheitskenngrößen
a) Arithmetischer Mittelrauwert R_a, b) Einzelrautiefen als Grundlage für die Bestimmung der gemittelten Rautiefe R_z und von R_{max}

Näherungsweise gilt $\boldsymbol{R_a \approx 0{,}1\, R_z}$ und $\boldsymbol{R_z \approx R_{max}}$.

3 Festigkeitsberechnungen

Kräfte

allg. Kraft $\boldsymbol{F = m \cdot a}$ (3.1)

F	in N	Kraft
m	in kg	Masse
a	in $\frac{m}{s^2}$	Beschleunigung

Mehrere Einzelkräfte können im Spezialfall unter Anwendung des Satzes des Pythagoras zu einer Resultierenden zusammengefasst werden

$$\boldsymbol{F_R^2 = F_1^2 + F_2^2 \rightarrow F_R = \sqrt{F_1^2 + F_2^2}} \quad (3.2)$$

F	in N	Kraft

Momente

allg. Moment $\boldsymbol{M = F \cdot l}$ (3.3)

M	in Nm	Moment
F	in N	Kraft
l	in m	Hebelarm

In der Statik können damit sechs Gleichgewichtsbedingungen für den Raum aufgestellt werden.

$$\sum \boldsymbol{F_X = 0} \quad \sum \boldsymbol{F_Y = 0} \quad \sum \boldsymbol{F_Z = 0} \quad (3.4)$$

$$\sum \boldsymbol{M_X = 0} \quad \sum \boldsymbol{M_Y = 0} \quad \sum \boldsymbol{M_Z = 0} \quad (3.5)$$

F_X	in N	Kraft in x-Richtung
F_Y	in N	Kraft in y-Richtung
F_Z	in N	Kraft in z-Richtung
M_X	in Nm	Moment um x-Achse
M_Y	in Nm	Moment um y-Achse
M_Z	in Nm	Moment um z-Achse

Allgemeine Festigkeitsberechnung

3

Die Spannung σ ist ein Maß für die Beanspruchung.

Spannung $$\boldsymbol{\sigma} = \frac{\boldsymbol{F}}{\boldsymbol{A}} \tag{3.6}$$

σ	in $\frac{\text{N}}{\text{mm}^2}$	Spannung
F	in N	Kraft
A	in mm^2	beanspruchte Querschnittslänge

Die Verformung (z. B. Verlängerung eines Stabes infolge einer Zugkraft) bezogen auf den Ausgangszustand (Ausgangslänge des Stabes) liefert ein dimensionsloses Maß für die auftretende Verformung, die sog. Dehnung ε:

Dehnung $$\boldsymbol{\varepsilon} = \frac{\Delta \boldsymbol{l}}{\boldsymbol{l}_0} = \frac{\boldsymbol{l}_1 - \boldsymbol{l}_0}{\boldsymbol{l}_0} \tag{3.7}$$

ε	in -	Dehnung
Δl	in m	Verlängerung/Verkürzung
l_0	in m	Ausgangslänge
l_1	in m	Länge im belasteten Zustand

Der Zusammenhang zwischen der Beanspruchung, also der inneren Spannung σ, und der Dehnung ε wird durch ein Stoffgesetz beschrieben. Im Falle eines isotropen, linear-elastischen Materials gilt beispielsweise:

$$\boldsymbol{\sigma} = \boldsymbol{E} \cdot \boldsymbol{\varepsilon} \tag{3.8}$$

σ	in $\frac{\text{N}}{\text{mm}^2}$	Spannung
E	in $\frac{\text{N}}{\text{mm}^2}$	E-Modul
ε	in -	Dehnung

Beanspruchungen

Grundbeanspruchungsarten

Zugbeanspruchung $\sigma_z = \frac{F_z}{A}$

Druckbeanspruchung $\sigma_D = \frac{F_D}{A}$

Flächenpressung $$\boldsymbol{p} = \frac{\boldsymbol{F}}{\boldsymbol{A}} \textbf{ bzw.} \tag{3.9}$$

$$\boldsymbol{p} = \frac{\boldsymbol{F}}{\boldsymbol{A}_{\mathbf{proj}}} \textit{\textbf{(bspw. Zapfen in einer Lagerschale)}} \tag{3.10}$$

Biegebeanspruchung $$\boldsymbol{\sigma}_{\mathbf{b}}(\boldsymbol{z}) = \frac{\boldsymbol{M}_{\mathbf{b}}}{\boldsymbol{I}_{\mathbf{y}}} \cdot \boldsymbol{z} \tag{3.11}$$

maximalen Biegespannung $$\boldsymbol{\sigma}_{\mathbf{b,max}} = \frac{\boldsymbol{M}_{\mathbf{b}}}{\boldsymbol{W}_{\mathbf{b,y}}} \tag{3.12}$$

3

Schubbeanspruchung $\boldsymbol{\tau}_{\mathbf{m}} = \frac{\boldsymbol{Q}}{\boldsymbol{A}}$ (3.13)

Torsionsbeanspruchung $\boldsymbol{\tau}_{\mathbf{t}}(z) = \frac{\boldsymbol{M}_{\mathbf{t}}}{\boldsymbol{I}_{\mathbf{t}}} \cdot z$ (3.14)

maximalen Torsionsspannung $\boldsymbol{\tau}_{\mathbf{t,max}}\left(z = \frac{\boldsymbol{D}}{\mathbf{2}}\right) = \frac{\boldsymbol{M}_{\mathrm{t}}}{\boldsymbol{I}_{\mathrm{t}}} \cdot \frac{\boldsymbol{D}}{\mathbf{2}} = \frac{\boldsymbol{M}_{\mathrm{t}}}{\boldsymbol{W}_{\mathrm{t}}}$ (3.15)

F	in N	Kraft
A	in mm^2	beanspruchte Querschnittsfläche
A_{proj}	in mm^2	beanspruchte projizierte Querschnittsfläche (siehe ME Bild 3.23)
σ	in $\frac{N}{mm^2}$	Spannung
τ	in $\frac{N}{mm^2}$	Spannung
M_b	in Nmm	Biegemoment
I	in mm^4	Flächenträgheitsmoment
z	in mm	Randfaserabstand
W_b	in mm^3	Biegewiderstandsmoment
Q	in N	Querkraft
M_t	in Nmm	Torsionsmoment
I_t	in mm^4	Torsionsflächenträgheitsmoment
W_t	in mm^3	Torsionswiderstandsmoment

Zusammengesetzte Beanspruchungen

Die Hauptspannungen im ebenen Spannungszustand berechnen sich wie folgt:

$$\boldsymbol{\sigma}_{\mathbf{1}} = \frac{\boldsymbol{\sigma}_{\mathbf{x}} + \boldsymbol{\sigma}_{\mathbf{y}}}{\mathbf{2}} + \sqrt{\left(\frac{\boldsymbol{\sigma}_{\mathbf{x}} - \boldsymbol{\sigma}_{\mathbf{y}}}{\mathbf{2}}\right)^{\mathbf{2}} + \boldsymbol{\tau}_{\mathbf{xy}}^{\mathbf{2}}} \quad (3.16)$$

$$\boldsymbol{\sigma}_{\mathbf{2}} = \frac{\boldsymbol{\sigma}_{\mathbf{x}} + \boldsymbol{\sigma}_{\mathbf{y}}}{\mathbf{2}} - \sqrt{\left(\frac{\boldsymbol{\sigma}_{\mathbf{x}} - \boldsymbol{\sigma}_{\mathbf{y}}}{\mathbf{2}}\right)^{\mathbf{2}} + \boldsymbol{\tau}_{\mathbf{xy}}^{\mathbf{2}}} \quad (3.17)$$

Bild 3.1 erläutert die Spannungskomponenten.

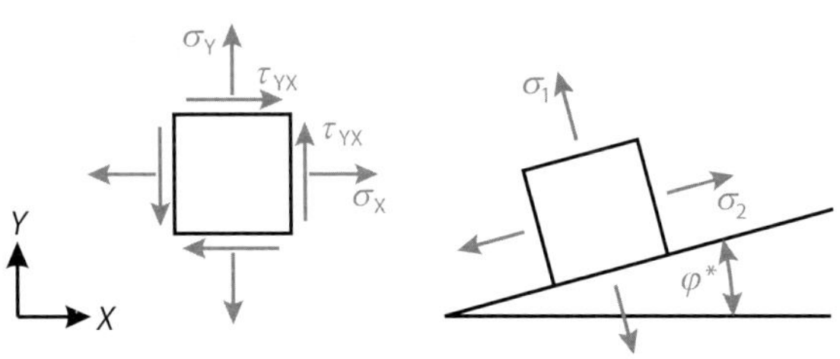

Bild 3.1 Ebener Spannungszustand (links) und Hauptnormalspannungen mit Hauptachsensystem (rechts)

Die Art und Weise der Überführung des mehrachsigen Spannungszustands in den einachsigen ist abhängig von der Richtung der Spannungskomponenten.

3

Sind die Komponenten gleich gerichtet, wie es der Fall bei auftretender Zug-/Druck- zusammen mit Biegebeanspruchung ist, können die Spannungskomponenten mit dem aus der Mechanik bekannten Superpositionsprinzip zusammengefasst werden.

$$\sigma_{max} = \sigma_Z + \sigma_{b,max}$$

$$\sigma_{min} = \sigma_Z - \sigma_{b,max}$$

Zur Überführung in den einachsigen Spannungszustand gibt es grundsätzlich eine Reihe von Festigkeitshypothesen, in der Praxis haben sich jedoch folgende Hypothesen bewährt:
Normalspannungshypothese:

Die Hauptspannungen werden nachfolgend mit σ_1, σ_2 und σ_3 bezeichnet und sind absteigend sortiert, sodass σ_1 die größte Hauptspannung darstellt.

Vergleichsspannung $\boldsymbol{\sigma_V = |\sigma_1| < K}$ (3.18)

Vergleichsspannung im mehrachsigen Spannungszustand $\boldsymbol{\sigma_V = \sigma_{max} = 2 \cdot \tau_{max}}$ (3.19)

σ_V	in $\frac{N}{mm^2}$	Spannung
σ_1	in $\frac{N}{mm^2}$	Spannung
σ_{max}	in $\frac{N}{mm^2}$	Spannung
τ_{max}	in $\frac{N}{mm^2}$	Schubspannung
K	in $\frac{N}{mm^2}$	Werkstoffkennwert

Gestaltänderungsenergiehypothese:

Für den räumlichen Spannungszustand ergibt sich die Vergleichsspannung wie folgt:

$$\boldsymbol{\sigma_V = \sqrt{\sigma_x^2 + \sigma_y^2 + \sigma_z^2 - (\sigma_x \cdot \sigma_y + \sigma_y \cdot \sigma_z + \sigma_x \cdot \sigma_z) + 3 \cdot \left(\tau_{xy}^2 + \tau_{yz}^2 + \tau_{zx}^2\right)}} \quad (3.20)$$

Die Vergleichsspannung für den zwei- und einachsigen Spannungszustand vereinfacht sich zu folgenden Gleichungen:

$$\boldsymbol{\sigma_V = \sqrt{\sigma_x^2 + \sigma_y^2 - \sigma_x \cdot \sigma_y + 3 \cdot \tau_{xy}^2}} \quad (3.21)$$

$$\boldsymbol{\sigma_V = \sqrt{\sigma_x^2 + 3 \cdot \tau_{xy}^2}} \quad (3.22)$$

Knickung

Knickung kann bei schlanken (wesentlich kleinere Querschnittsfläche im Vergleich zur Stablänge) druck und/oder torsionsbelasteten Stäben auftreten.

Maßgeblich beeinflusst wird die Knickung von der Querschnittsfläche und vom Flächenträgheitsmoment I, woraus sich der Trägheitsradius *i* ergibt:

Knickung $$\boldsymbol{i = \sqrt{\frac{I}{A}}} \tag{3.23}$$

i	in mm	Trägheitsradius
I	in mm^4	Flächenträgheitsmoment
A	in mm^2	Querschnittsfläche

Schlankheitsgrad $$\boldsymbol{\lambda = \frac{l_K}{i}} \tag{3.24}$$

l_K	in mm	freie Knicklänge nach Bild 3.2
λ	in -	Schlankheitsgrad

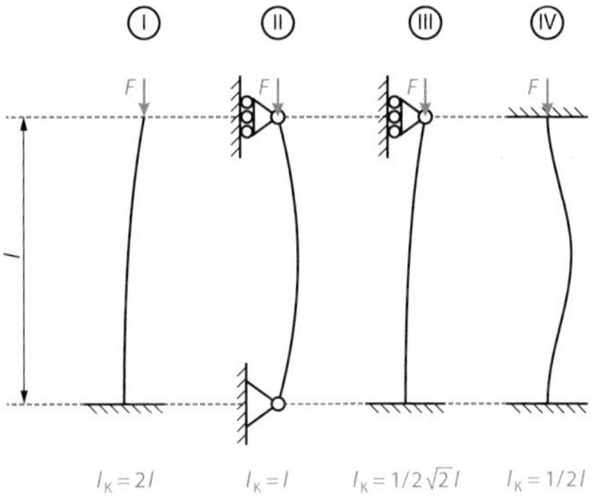

Bild 3.2 Die vier Knickfälle nach *Euler*

Im Anschluss an die Berechnung des Schlankheitsgrads ist zum Vergleich der Grenzschlankheitsgrad λ_{Grenz} zu ermitteln:

Grenzschlankheitsgrad $$\boldsymbol{\lambda_{Grenz} = \pi\sqrt{\frac{E}{\sigma_p}}} \tag{3.25}$$

E	in $\frac{N}{mm^2}$	E-Modul
σ_p	in $\frac{N}{mm^2}$	Proportionalitätsgrenze

Unter Verwendung des Schlankheitsgrads λ und des Grenzschlankheitsgrads λ_{Grenz} erfolgt die Differenzierung zwischen der elastischen Knickung nach *Euler* und der unelastischen Knickung nach Tetmajer:

$$\boldsymbol{\lambda < \lambda_{Grenz}} \quad : \textit{Knickung nach Tetmajer} \tag{3.26}$$

3

$$\lambda \geq \lambda_{\text{Grenz}} \quad : \textit{Knickung nach Euler} \tag{3.27}$$

Kann für den vorliegenden Knickfall eine elastische Knickung nach *Euler* angenommen werden, ermittelt sich die Knickspannung (σ_K) wie folgt:

$$\textit{Knickspannung} \quad \sigma_K = \sigma_{K,\text{Euler}} = \frac{\pi^2 \cdot E}{\lambda^2} \tag{3.28}$$

Im Falle unelastischer Knickung nach Tetmajer ergeben sich folgende materialabhängige Zusammenhänge:

$$\sigma_K = \sigma_{K,\text{Tetmajer}} = 310 - 1{,}14 \cdot \lambda \qquad \textit{für Stähle S235J, E335} \tag{3.29}$$

$$\sigma_K = \sigma_{K,\text{Tetmajer}} = 335 - 0{,}62 \cdot \lambda \qquad \textit{für Federstahl} \tag{3.30}$$

$$\sigma_K = \sigma_{K,\text{Tetmajer}} = 776 - 12 \cdot \lambda + 0{,}053 \cdot \lambda^2 \qquad \textit{für Grauguss} \tag{3.31}$$

Die nach einer der vorangegangenen Gleichungen ermittelte Knickspannung σ_K dient abschließend dem Knicknachweis

$$S = \frac{\sigma_K}{\sigma_{\text{vorh}}} = \frac{\sigma_K}{\sigma_d} > \begin{cases} 5 \ldots 10 & \textit{Knickfall nach Euler} \\ 3 \ldots 8 & \textit{Knickfall nach Tetmajer} \end{cases} \tag{3.32}$$

Hertz'sche Pressung

Kugel gegen Kugel

Die Abplattung im Kugel-Kugel-Kontakt beschreibt einen Kreis mit dem Radius a als Berührfläche:

$$a = \sqrt[3]{\frac{1{,}5 \cdot F \cdot (1 - \nu^2)}{E \cdot \varrho}} \tag{3.33}$$

Das Maximum $\sigma_{d,\max}$ ist mittig in der Berührfläche und wird als p_0 bezeichnet:

$$\sigma_{d,\max} = -\varrho_0 = \frac{1}{\pi} \sqrt[3]{\frac{1{,}5 \cdot F \cdot E^2 \cdot \varrho^2}{(1 - \nu^2)^2}} \tag{3.34}$$

$$\textit{Maximum der Abplattung} \quad \omega_o = \sqrt[3]{\frac{2{,}25 \cdot F^2 \cdot (1 - \nu^2)^2 \cdot \varrho}{E^2}} \tag{3.35}$$

a	in mm	Radius
F	in N	Kraft
ν	in -	Querkontraktion

E	in $\frac{N}{mm^2}$	E-Modul
ϱ	in mm^{-1}	Summe der reziproken Radien
w_0	in mm	Abplattung

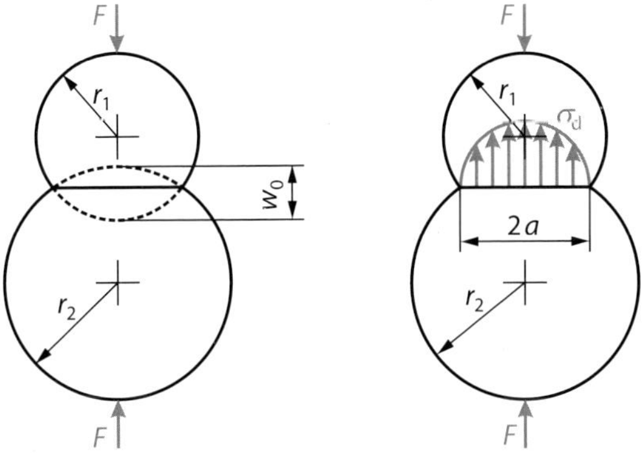

Bild 3.3 Resultierende Spannungsverhältnisse (rechts) infolge Hertz'scher Pressung zwischen zwei Kugeln (links)

Kugel gegen Ebene

Im Falle eines Kugel-Ebene-Kontakts ist lediglich die Krümmung p_2 der Ebenen null zu setzen (eine Ebene besitzt einen unendlich großen Radius).

$$\boldsymbol{\tau_{max} = 0{,}31 \cdot \sigma_{d,max}} \quad (3.36)$$

$$\boldsymbol{z = 0{,}47 \cdot a} \quad (3.37)$$

z	in mm	Tiefenort des Maximums

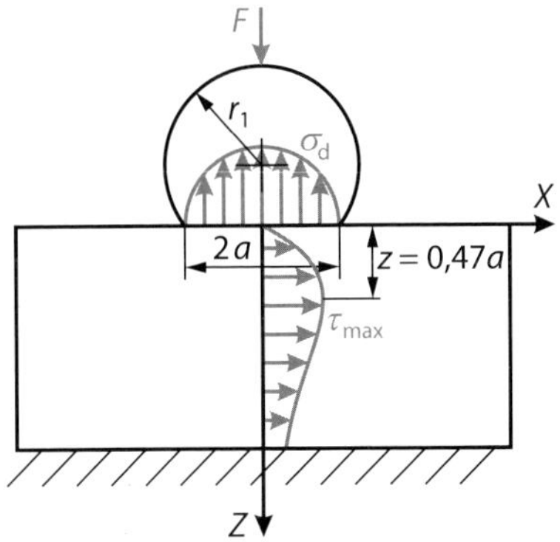

Bild 3.4 Resultierende Spannungsverhältnisse infolge Hertz'scher Pressung zwischen einer Kugel und einer Ebene nach [3.12]

3

Zylinder gegen Zylinder

Die Breite $2a$ der resultierenden rechteckförmigen Berührfläche lautet formelmäßig:

$$a = \sqrt{\frac{8 \cdot F \cdot (1 - \nu^2)}{\pi \cdot E \cdot l \cdot \varrho}} \tag{3.38}$$

Der Druckspannungsverlauf ist auch bei dem Zylinder-Zylinder-Kontakt halbkreisförmig. Die maximale Druckspannung $\sigma_{\mathrm{d,max}}$ bzw. p_0 bildet sich in der Mitte der Berührfläche aus

$$\sigma_{\mathrm{d,max}} = -p_0 = -\sqrt{\frac{F \cdot E \cdot \varrho}{2 \cdot \pi \cdot l \cdot (1 - \nu^2)}} \tag{3.39}$$

$$z = 0{,}78 \cdot a \tag{3.40}$$

$$\tau_{\max} = 0{,}30 \cdot \sigma_{\mathrm{d,max}} \tag{3.41}$$

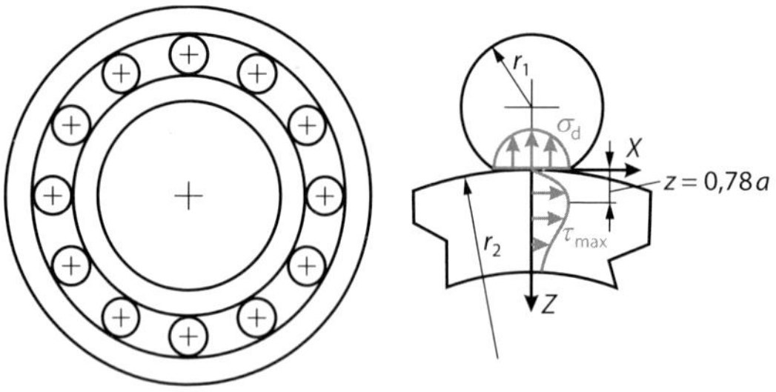

Bild 3.5 Resultierende Spannungsverhältnisse infolge Hertz'scher Pressung zwischen zwei Zylindern am Beispiel eines Wälzlagers

Beanspruchbarkeit

Dynamische Beanspruchung

Die Mittelspannung σ_{m} wie auch die Ausschlagspannung σ_{a} ist aus der *Oberspannung* σ_{o} und der *Unterspannung* σ_{u} berechenbar:

Mittelspannung $$\sigma_{\mathrm{m}} = \frac{\sigma_{\mathrm{o}} + \sigma_{\mathrm{u}}}{2} \tag{3.42}$$

Ausschlagspannung $$\sigma_{\mathrm{a}} = \frac{\sigma_{\mathrm{o}} - \sigma_{\mathrm{u}}}{2} \tag{3.43}$$

Sind hingegen die Mittelspannung und die Ausschlagspannung bekannt, ist über folgende Beziehungen die Oberspannung σ_{o} und die Unterspannung σ_{u} feststellbar:

Oberspannung $\boldsymbol{\sigma_o = \sigma_m + \sigma_a}$ (3.44)

Unterspannung $\boldsymbol{\sigma_u = \sigma_m - \sigma_a}$ (3.45)

Eine weitere Kenngröße zur Charakterisierung dynamischer Beanspruchungen stellt das Spannungsverhältnis R dar:

Spannungsverhältnis $\boldsymbol{R = \frac{\sigma_u}{\sigma_o}}$ (3.46)

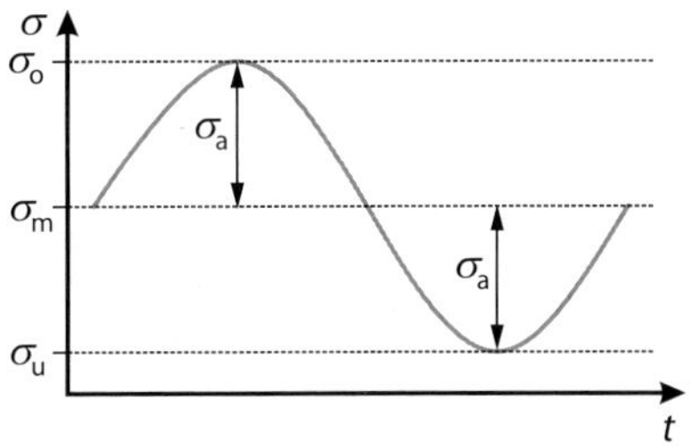

Bild 3.6 Schwingspiel bzw. Lastwechsel

Dauerschwingfestigkeit bzw. Dauerfestigkeit $\boldsymbol{\sigma_D = \sigma_m \pm \sigma_a}$ (3.47)

Dauerfestigkeitsschaubild nach *Haigh*

Das nach B. P. Haigh benannte Dauerfestigkeitsschaubild stellt eine alternative Darstellungsweise zum Smith-Diagramm dar. Es bietet die Möglichkeit, die Ausschlagspannungen σ_a zum einen für den Dauerfestigkeitsbereich, aber zum anderen auch für den Zeitfestigkeitsbereich in Abhängigkeit von der Mittelspannung σ_m und dem Spannungsverhältnis R zu ermitteln. Analog zum Smith-Diagramm liegt beim Haigh-Diagramm die Mittelspannung σ_m auf der Abszisse, auf der Ordinate ist die Ausschlagspannung σ_a aufgetragen.

$$\boldsymbol{\tan\alpha = \frac{\sigma_a}{\sigma_m} = \frac{1-R}{1+R}} \quad (3.48)$$

$$\boldsymbol{\sigma_a = \sigma_w \sqrt{1 - \left(\frac{\sigma_m}{R_m}\right)}} \quad (3.49)$$

$$\boldsymbol{\sigma_a = \sigma_w \left(1 - \frac{\sigma_m}{R_m}\right)} \quad (3.50)$$

3

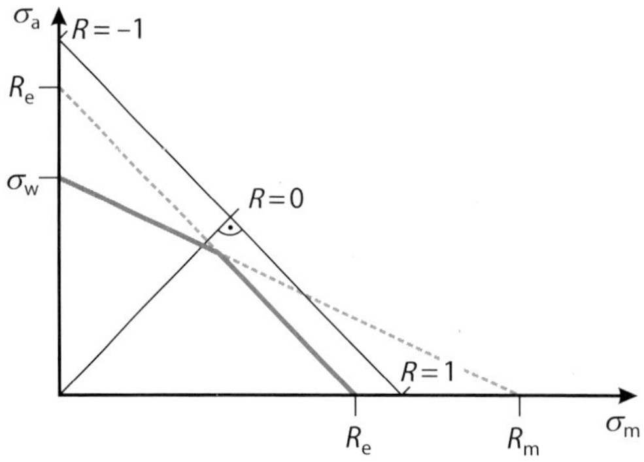

Bild 3.7 Dauerfestigkeitsschaubild nach *Haigh*

Größeneinfluss

Zur Vereinfachung werden die Größeneinflüsse zusammen in dem sogenannten Größenbeiwert bzw. Größenfaktor b_2 zusammengefasst, mithilfe dessen die Festigkeitskennwerte korrigiert werden können.

$$\boldsymbol{\sigma_{\text{Bauteil}} = b_2 \cdot \sigma_{\text{Probe}}} \tag{3.51}$$

Oberflächen

Im Vergleich zu den polierten Oberflächen der Prüfkörper weisen reale Bauteile Oberflächenrauheiten auf, welche wie kleine Kerben wirken. Dieses Verfahren korrigiert die zulässige Probenspannung unter Verwendung des Oberflächenbeiwerts bzw. -faktors b_1.

$$\boldsymbol{\sigma_{\text{Bauteil}} = b_1 \cdot \sigma_{\text{Probe}}} \tag{3.52}$$

Kerbwirkung

Formzahl (bei ruhender Beanspruchung)

Die Form- bzw. Kerbzahl α_k beschreibt bei ruhender Beanspruchung den Zusammenhang zwischen der Kerbspannung σ_k und der Nennspannung σ:

Form- bzw. Kerbzahl $$\boldsymbol{\sigma_k = \alpha_k \cdot \sigma} \tag{3.53}$$

Wirkt auf das Bauteil aufgrund Torsionsbeanspruchung eine Torsionsspannung τ ein, lässt sich dies folgend darstellen:

$$\boldsymbol{\tau_k = \alpha_k \cdot \tau} \tag{3.54}$$

3

Kerbwirkungszahl (bei dynamischer Beanspruchung)

Die Kerbwirkungszahl β_k wird für dynamische Beanspruchung allgemein durch das Verhältnis aus Dauerfestigkeit des ungekerbten Prüfkörpers σ_D zu Dauerfestigkeit des Prüfkörpers mit Kerbe σ_{kD} beschrieben.

Kerbwirkungszahl $$\boldsymbol{\beta_k = \frac{\sigma_D}{\sigma_{kD}}} \quad (3.55)$$

Tab. 15.6 enthält das bezogene Spannungsgefälle für verschiedene Beanspruchungsarten und Kerbformen nach Siebel. Einen Auszug aus dieser Tabelle zeigen folgende Beziehungen:

Zug- / Druckbeanspruchung $$\chi = \frac{2}{r} \quad (3.56)$$

Biegebeanspruchung $$\chi = \frac{4}{D + d} + \frac{2}{r} \quad (3.57)$$

Torsionsbeanspruchung $$\chi = \frac{4}{D + d} + \frac{1}{r} \quad (3.58)$$

χ in mm^{-1} Spannungsgefälle

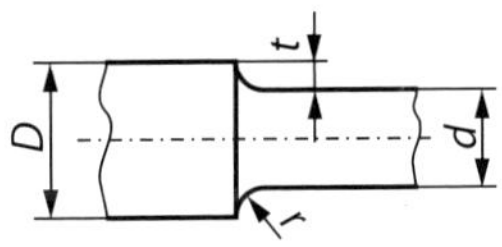

Bild 3.8 Wellenabsatz [3.9]

Nachdem zuvor die Formzahl α_k bereits berechnet wurde, ist die Kerbwirkungszahl β_k jetzt wie folgt zu ermitteln:

$$\boldsymbol{\beta_k = \frac{\alpha_k}{n_\chi}} \quad (3.59)$$

β_k in - Kerbwirkungszahl
n_χ in - dynamische Stützziffer (nach Siebel mittels Diagr. 15.1 zu bestimmen)

Für Spannung unter Berücksichtigung der dynamischen Kerbwirkung gilt

$$\boldsymbol{\sigma_k = \beta_k \cdot \sigma} \quad (3.60)$$

Unter wirkender Torsionsbeanspruchung gilt entsprechend:

$$\boldsymbol{\tau_k = \beta_k \cdot \tau} \quad (3.61)$$

3

Auswirkung der Kerbwirkung auf die Festigkeitshypothesen

Die maximal auftretende Spannung σ_{max} einer schwingenden Beanspruchung unter der Berücksichtigung von Kerbwirkung ergibt sich wie folgt:

$$\boldsymbol{\sigma_{max} = \alpha_k \cdot \sigma_m + \beta_k \cdot \sigma_a} \quad (3.62)$$

Im Falle eines mehrachsigen Beanspruchungszustandes ist für die Mittelspannung σ_m die Vergleichsmittelspannung σ_{Vm} unter Berücksichtigung der Gestaltänderungsenergiehypothese zu berechnen.

$$\textit{Vergleichsmittelspannung} \quad \boldsymbol{\sigma_{Vm} = \sqrt{(\alpha_{kz,d} \cdot \sigma_{zm} + \alpha_{kb} \cdot \sigma_{bm})^2 + 3 \cdot (\alpha_{kt} \cdot \tau_{tm})^2}} \quad (3.63)$$

Gleiches gilt für die Vergleichsausschlagspannung σ_{Va}, jedoch handelt es sich hierbei um eine dynamische Spannung, sodass die Kerbwirkungszahl anzuwenden ist.

$$\textit{Vergleichsausschlagspannung} \quad \boldsymbol{\sigma_{Va} = \sqrt{\left(\beta_{kz,d} \cdot \sigma_{za} + \beta_{kb} \cdot \sigma_{ba}\right)^2 + 3 \cdot (\beta_{kt} \cdot \tau_{ta})^2}} \quad (3.64)$$

Die obere Vergleichsspannung σ_{Vo} berechnet sich wie folgt:

$$\textit{obere Vergleichsspannung} \quad \boldsymbol{\sigma_{Vo} = \sigma_{Vm} + \sigma_{Va}} \quad (3.65)$$

Die Berechnung der Vergleichsspannung ist im Nachfolgenden noch mit der zulässigen Festigkeit des Werkstoffs zu vergleichen. Hierfür ist jedoch die entsprechende Dauerfestigkeit σ_D, welche an glatten und genormten Proben ermittelt wurde, mit dem Größeneinfluss b_2 und Oberflächeneinfluss b_1 sowie mit einer Sicherheit S zu korrigieren.

$$\boldsymbol{\sigma_{Vo} \leq \sigma_{Dzul} = \frac{\sigma_D \cdot b_1 \cdot b_2}{S} = \frac{(\sigma_m + \sigma_A) \cdot b_1 \cdot b_2}{S}} \quad (3.66)$$

Alternativ der Vergleich mit der Vergleichsausschlagspannung σ_{Va} unter Berücksichtigung des Oberflächen- und Größeneinflusses sowie der Sicherheit.

$$\textit{Vergleichsausschlagspannung} \quad \boldsymbol{\sigma_{Va} \leq \sigma_{Azul} = \frac{\sigma_A \cdot b_1 \cdot b_2}{S}} \quad (3.67)$$

Am häufigsten wird ein Spannungsnachweis, der die vorhandene Spannung im Bauteil σ_{vorh} bzw. τ_{vorh} mit einer zulässigen Spannung σ_{zul} bzw. τ_{zul} vergleicht, durchgeführt.

$$\boldsymbol{\sigma_{vorh} \leq \sigma_{zul} \quad \text{bzw.} \quad \tau_{vorh} \leq \tau_{zul}} \quad (3.68)$$

Anstelle des Spannungsnachweises kann auch ein Sicherheitsnachweis mit Nennspannungen stattfinden. Dabei erfolgt ein Vergleich der vorhandenen Sicherheit S_{vorh} mit der erforderlichen Sicherheit S_{erf}.

$$\boldsymbol{S_{vorh} = \frac{K}{\sigma_{vorh}} \geq S_{erf} \quad \text{bzw.} \quad S_{vorh} = \frac{K}{\tau_{vorh}} \geq S_{erf}} \quad (3.69)$$

Betriebsfestigkeit nach der FKM-Richtlinie

Ablauf der Berechnung

Für den statischen Festigkeitsnachweis und für den Ermüdungsfestigkeitsnachweis werden ähnliche Berechnungsabläufe vorgeschlagen, siehe folgende Abbildungen. Weiterhin wird eine Bearbeitungsreihenfolge vorgeschlagen, die eine Umsetzung in Berechnungsprogrammen erleichtert. Um den Festigkeitsnachweis zu erbringen, sind die Spannungskennwerte den Bauteilfestigkeitswerten unter Beachtung erforderlicher Sicherheitsfaktoren gegenüberzustellen. Der Nachweis ist in jedem kritischen Querschnitt neu zu führen. Der Festigkeitsnachweis gemäß der FKM-Richtlinie ist modular aufgebaut. Nur an der Indizierung ist erkennbar, welche Spannungskomponente gerade berechnet wird (zd – Druck/Zug, b – Biegung, s – Schub, t – Torsion).
Die örtlichen Spannungen werden mit σ und t und die Nennspannung mit S und T bezeichnet. Folgerichtig ist die Richtlinie in 4 Kapitel mit vergleichbarem Aufbau untergliedert:

- Statischer Festigkeitsnachweis mit Nennspannungen (I),
- Ermüdungsfestigkeitsnachweis mit Nennspannungen (II),
- Statischer Festigkeitsnachweis mit örtlichen Spannungen (III),
- Ermüdungsfestigkeitsnachweis mit örtlichen Spannungen (IV).

In den folgenden Darstellungen werden die römischen Zahlen zur Bezeichnung der Art des Nachweises verwendet. Um eine vertiefende weitere Bearbeitung mit der FKM-Richtlinie zu erleichtern, wurden die dort vorgesehenen Formelzeichen beibehalten. Eventuelle Abweichungen zur sonstigen Darstellung im Buch wurden bewusst in Kauf genommen.

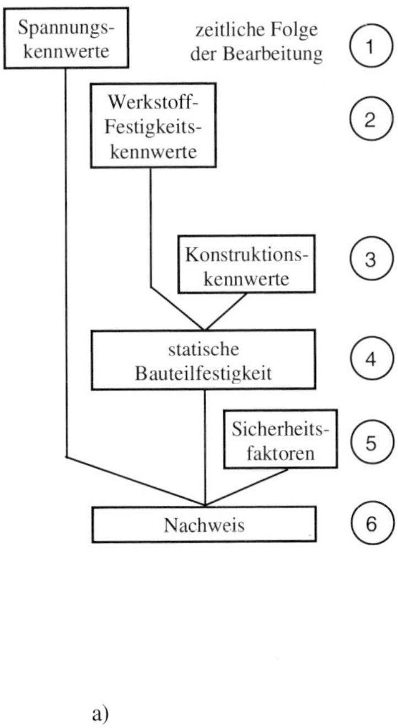

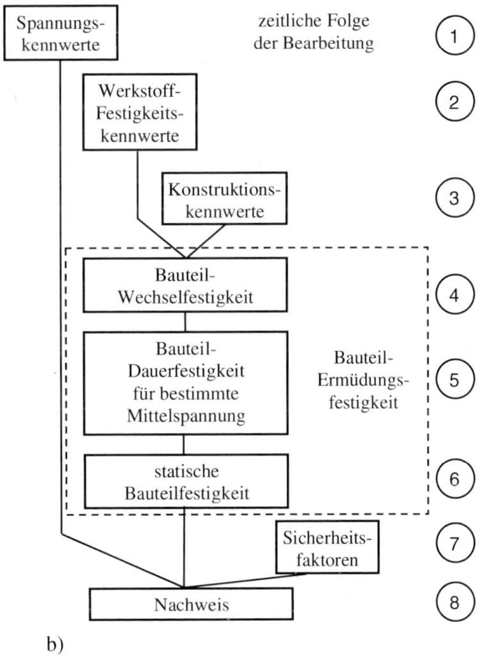

Bild 3.9 Ablauf des Festigkeitsnachweises nach der FKM-Richtlinie [3.17]
a) Statischer Betriebsfestigkeitsnachweis
b) Ermüdungsfestigkeitsnachweis

In den folgenden Bildern sind die für den Nachweis erforderlichen Formeln im Einzelnen aufgelistet. Die im Bild 3.9 vergebenen Nummern zur zeitlichen Folge der Bearbeitung finden sich in den Bildunterschriften der folgenden Bilder wieder. Im Anschluss an die Bilder sind die bis dahin benötigten Informationen und Übersichten aufgeführt. Auf eine doppelte Darstellung gleicher Inhalte konnte verzichtet werden, weil analoge Arbeitsschritte immer in einem Bild dargestellt sind. In dieser Beziehung weicht die hier gewählte Darstellung von der in der FKM-Richtlinie ab.

Die in der folgenden Darstellung aufgeführten Spannungen sind zu berechnen.

Art des Nachweises	
	Nicht geschweißte Bauteile: • $S_{\text{min, zd}}$, $S_{\text{max, zd}}$ – Zug-/Druckbelastung • $S_{\text{min, by}}$, $S_{\text{max, by}}$ – Biegung um y-Achse • $S_{\text{min, bz}}$, $S_{\text{max, bz}}$ – Biegung um z-Achse • $T_{\text{min, sy}}$, $T_{\text{max, sy}}$ – Schubbelastung, y-Richtung • $T_{\text{min, sz}}$, $T_{\text{max, sz}}$ – Schubbelastung, z-Richtung • $T_{\text{min, t}}$, $T_{\text{max, t}}$ – Torsionsbelastung Vorzeichen: Zug +, Druck – Jeweils betragsmäßig größeren Wert berücksichtigen. Zug- und Druckbelastung auch infolge von Biegung müssen bei unterschiedlicher Zug-/Druckfestigkeit des Werkstoffs getrennt betrachtet werden.
Statischer Festigkeitsnachweis mit Nennspannungen	**Geschweißte Bauteile:** Grundwerkstoff und Wärmeübergangszone wie nicht geschweißt 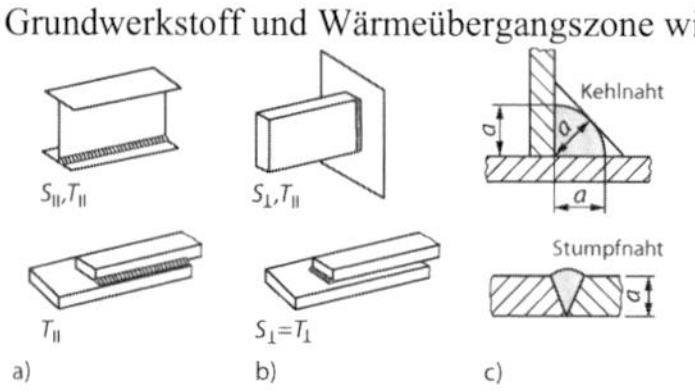 a) Schweißnaht liegt längs zur Stabachse b) Schweißnaht liegt quer zur Stabachse c) Querschnittsabmessungen Schweißnähte $S_{\perp,\text{zd}}$ – Normalspannung senkrecht zur Naht infolge Zug-/Druckkraft F_{zd} $S_{\perp,\text{by}}$ – Normalspannung senkrecht zur Naht infolge Biegung um y $S_{\perp,\text{bz}}$ – Normalspannung senkrecht zur Naht infolge Biegung um z $T_{\parallel}$ – Schubspannung parallel zur Naht, zusammen aus den Querkräften und dem Torsionsmoment Berechnung der Spannungen wie bei nicht geschweißtem Bauteil, allerdings mit den Querschnitten der Naht $A = a \cdot l$ (a – siehe Bild und l – Nahtlänge)
	Nicht geschweißte Bauteile: Die Amplituden und dazugehörenden Mittelwerte für alle auftretenden Spannungen und alle Kollektivstufen $i = 1$ bis j, sowie die dazugehörenden Zyklenanzahlen n_i • $S_{\text{a, zd}, i}$, $S_{\text{m, zd}, i}$ – Zug/Druckbelastung • $S_{\text{a, by}, i}$, $S_{\text{m, by}, i}$ – Biegung um y-Achse • $S_{\text{a, bz}, i}$, $S_{\text{m, bz}, i}$ – Biegung um z-Achse • $T_{\text{a, sy}, i}$, $T_{\text{m, sy}, i}$ – Schubbelastung, y-Richtung • $T_{\text{a, sz}, i}$, $T_{\text{m, sz}, i}$ – Schubbelastung, z-Richtung • $T_{\text{a, t}, i}$, $T_{\text{m, t}, i}$ – Torsionsbelastung Die Spannungsverhätnisse ergeben sich aus $R = (S_\text{m} - S_\text{a})/(S_\text{m} + S_\text{a})$
Ermüdungsfestigkeitsnachweis mit Nennspannungen	**Geschweißte Bauteile:** Der Nachweis im Bereich des Grundwerkstoffs ist nur erforderlich, wenn die Maximalspannungen nicht in der Schweißnaht auftreten. Die Amplituden und dazugehörenden Mittelwerte für alle auftretenden Spannungen und alle Kollektivstufen $i = 1$ bis j sowie die dazugehörenden Zyklenanzahlen n_i. $S_{\text{a},\perp,i}$, $S_{\text{m},\perp,i}$, $S_{\text{a},\parallel,i}$, $S_{\text{m},\parallel,i}$, $T_{\text{a},i}$, $T_{\text{m},i}$. (Die Spannungen resultieren aus den 6 Spannungskomponenten, siehe nicht geschweißte Bauteile.) Die Spannungsverhätnisse ergeben sich aus $R = (S_\text{m} - S_\text{a})/(S_\text{m} + S_\text{a})$

Bild 3.10 Spannungskennwerte für Nennspannungen, Arbeitsschritt 1 gemäß Bild 3.9a bzw. Bild 3.9b

Art des Nachweises	
Statischer Festigkeitsnachweis mit örtlichen Spannungen	**Nicht geschweißte Bauteile:** Für alle Hauptspannungen sind σ_{min} und σ_{max} vorzeichenbehaftet zu ermitteln. Für duktile Materialien (Bruchdehnung > 6 %): $\sigma_v = \sqrt{\frac{1}{2}\left[(\sigma_1 - \sigma_2)^2 + (\sigma_2 - \sigma_3)^2 + (\sigma_3 - \sigma_1)^2\right]}$, $f_\sigma = 1$, $K_{NL} = 1$ Für semiduktile und spröde Materialien gilt eine kombinierte Festigkeitshypothese: $\overline{\sigma_i} = \frac{\sigma_i}{f_{\sigma,i} \cdot K_{NL,i}}$ mit $i = 1{,}2{,}3$, f_σ Druckfestigkeitsfaktor, K_{NL} Graugussfaktor, siehe Tabelle 3.9 $\sigma_{NH,q} = \text{MAX}\{\lvert\overline{\sigma_1}\rvert; \lvert\overline{\sigma_2}\rvert; \lvert\overline{\sigma_3}\rvert\}$ $\sigma_{GH,q} = \sqrt{\frac{1}{2}\left[(\overline{\sigma_1} - \overline{\sigma_2})^2 + (\overline{\sigma_2} - \overline{\sigma_3})^2 + (\overline{\sigma_3} - \overline{\sigma_1})^2\right]}$ $q = \frac{\sqrt{3} - 1/f_\tau}{\sqrt{3} - 1}$ siehe Tabelle 3.8, f_τ Schubfestigkeitsfaktor $\sigma_v = q \cdot \sigma_{NH,q} + (1 - q) \cdot \sigma_{GH,q}$ Mehrachsigkeit: $\sigma_H = \frac{1}{3}(\sigma_1 + \sigma_2 + \sigma_3)$; $h = \frac{\sigma_H}{\sigma_v}$ Mehrachsigkeit tritt auf, wenn alle 3 Hauptspannungen relativ groß sind.
	Geschweißte Bauteile: Grundwerkstoff (GW) und Wärmeübergangszone (WEZ) wie nicht geschweißt berechnen. Schweißnaht (SN): $\sigma_{\parallel}$ – Normalspannung parallel (wird nicht verwendet) $\sigma_{\perp}$ – Normalspannung senkrecht $\tau = \tau_{\parallel}$ – Schubspannung parallel $\sigma_{vw} = \sqrt{\sigma_{\perp}{}^2 + \tau}$ $\sigma_{\perp} = \tau_{\perp}$ – in Kehlnähten
Ermüdungsfestigkeitsnachweis mit örtlichen Spannungen	**Nicht geschweißte Bauteile:** Die Amplituden und dazugehörenden Mittelwerte für alle auftretenden Spannungen und alle Kollektivstufen $i = 1$ bis j sowie die dazugehörenden Zyklenanzahlen n_i • $\sigma_{a,1\ i}$, $\sigma_{m,1,i}$ – Hauptspannungen • $\sigma_{a,2\ i}$, $\sigma_{m,2,i}$ • $\sigma_{a,3,i}$, $\sigma_{m,3,i}$ Unabhängig vom Betrag der Hauptspannungen liegen die Richtungen 1 und 2 parallel zur Bauteiloberfläche und die Richtung 3 senkrecht dazu. Die Spannungsverhätnisse ergeben sich aus $R = (\sigma_m - \sigma_a)/(\sigma_m + \sigma_a)$
	Geschweißte Bauteile: Der Nachweis im Bereich des Grundwerkstoffs ist nur erforderlich, wenn die Maximalspannungen nicht in der Schweißnaht auftreten. Die Amplituden und dazugehörenden Mittelwerte für alle auftretenden Spannungen und alle Kollektivstufen $i = 1$ bis j sowie die dazugehörenden Zyklenanzahlen n_i • $\sigma_{a,\perp,i}$, $\sigma_{m,\perp,i}$, $\sigma_{a,\parallel,i}$, $\sigma_{m,\parallel,i}$, $\tau_{a,i}$, $\tau_{m,i}$ (Das Koordinatensystem ist an der Schweißnaht auszurichten.) Die Spannungsverhältnisse ergeben sich aus $R = (S_m - S_a)/(S_m + S_a)$

Bild 3.11 Spannungskennwerte für örtliche Spannungen, Arbeitsschritt 1 gemäß Bild 3.9a bzw. Bild 3.9b

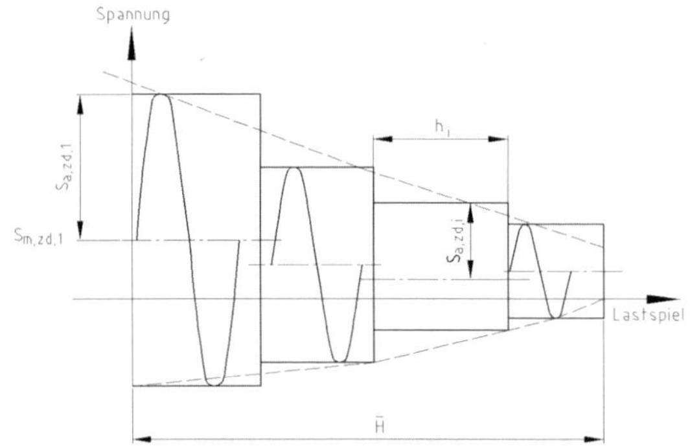

Bild 3.12 Spannungskollektive und deren Kennwerte am Beispiel von Zug-/Druck- und Normalspannungen

$S_{a,zd,1}$	größte Amplitude, $i = 1$ (Kollektivgrößtwert),
$S_{m,zd,1}$	Mittelwert zu $S_{a,zd,1}$, Stufe 1,
$S_{a,zd,i}$	Amplitude in Stufe i, $S_{a,zd,i} > 0$, $\frac{S_{a,zd,i} + 1}{S_{a,zd,i}} \leq 1$
$S_{m,zd,i}$	Mittelwert in Stufe i,
$\bar{N}$	Gesamtzyklenanzahl eines gegebenen Kollektivs, $\bar{N} = N_j = \sum n_i$ (summiert von 1 bis j)
n_i	zugehörige Zyklenanzahl in Stufe i,
i	Kollektivstufe, $i = 1$ bis j,
j	letzte Kollektivstufe bzw. Anzahl aller Kollektivstufen,
v_{zd}	Völligkeitsmaß.

Der zweite Arbeitsschritt ist nun das Bestimmen der *Werkstoffkennwerte.* Hier wird von Normwerten für die Zugfestigkeit und die Fließgrenze ausgegangen. Über Einflussfaktoren werden die Größe des Bauteils, die Temperatur und der Einfluss wechselnder Beanspruchung berücksichtigt. Der Größeneinfluss findet gemäß der in Tab. 3.25 dargestellten Zusammenhänge Berücksichtigung, wobei die Größe über einen effektiven Durchmesser d_{eff} definiert wird. Dieser Durchmesser ist unter Berücksichtigung von Tab. 3.19 zu wählen.

Art des Nachweises	Nicht geschweißte Bauteile		Geschweißte Bauteile
Statische Feuchtigkeitsnachweise		$K_{d,m}$ u. $K_{d,p}$	– technologischer Größeneinflussfaktor siehe Tabelle 3.25
	$R_m = K_{d,m} \cdot K_A \cdot R_{m,N}$ $R_p = K_{d,p} \cdot K_A \cdot R_{p,N}$	K_A	– Anisotropiefaktor siehe Tabelle 3.10
		$R_{m,N}$ u. $R_{p,N}$	– Halbzeug – Normwerte für Zugfestigkeit und Fließgrenze siehe Tabellen ME Kap. 2 Werkstoffe
	$R_{m,T} = K_{T,m} \cdot R_m$ $R_{p,T} = K_{T,p} \cdot R_p$	$K_{T,m} = K_{T,p} = 1$	– für normale Temperaturen, s. Hinweise
		$K_{T,m}$ u. $K_{T,p}$	– Temperaturfaktoren
	f_σ Druckfestigkeitsfaktor, siehe Tab. 3.8 f_τ Schubfestigkeitsfaktor, siehe Tab. 3.8 R_m Zugfestigkeit R_p Fließgrenze allgemein $R_{m,T}$ Warmfestigkeit bei T $R_{p,T}$ 0,2 %-Warmdehngrenze bei T		

Bild 3.13 Werkstoffkennwerte, Arbeitsschritt 2 gemäß Bild 3.9a, b

<table>
<tr><td>Art des Nachweises</td><td>Nicht geschweißte Bauteile</td><td>Geschweißte Bauteile</td></tr>
<tr><td></td><td colspan="2">Hinweis: Für verschiedene Werkstoffe gibt es verschiedene Temperaturbereiche, in denen eine Abminderung aufgrund von Temperatur zu erfolgen hat, Faktoren siehe Tabelle 3.28. Für folgende Temperaturbereiche erfolgt keine Abminderung aufgrund von Temperatur:
• Feinkornstahl im Bereich von −40 °C bis +60 °C
• anderer Stahl im Bereich von −40 °C bis +100 °C
• Eisengusswerkstoff im Bereich von −25 °C bis +100 °C
• aushärtbarer Aluminiumwerkstoff im Bereich von −25 °C bis +50 °C
• nichtaushärtbarer Aluminiumwerkstoff im Bereich von −25 °C bis +100 °C</td></tr>
<tr><td rowspan="2">Ermüdungs-festigkeits-nachweise</td><td>$\left.\begin{array}{l}\sigma_{W,zd} = f_{W,\sigma} \cdot R_m \\ \tau_{W,s} = f_{W,\tau} \cdot \sigma_{W,zd}\end{array}\right\}$ Werkstoffwechselfestigkeit für Zugdruck und Schub

$f_{W,\sigma}, f_{W,\tau}$,: Zugdruck- und Schubwechselfestigkeitsfaktor, siehe Tab. 3.13</td><td>Es wird nur zwischen Stahl- und Aluminiumwerkstoffen unterschieden.
Es gelten schweißnahtspezifische Wechselfestigkeitskennwerte, siehe Arbeitsschritt 3 und 4</td></tr>
<tr><td colspan="2">$\sigma_{W,zd,T} = K_{T,D} \cdot \sigma_{W,zd}$ und $\tau_{W,s,T} = K_{T,D} \cdot \tau_{W,s}$ mit Temperaturfaktor $K_{T,D}$, Tab. 3.28
Bei Temperatureinfluss wird genau wie im statischen Nachweis verfahren, siehe oben.</td></tr>
</table>

Bild 3.13 Werkstoffkennwerte, Arbeitsschritt 2 gemäß Bild 3.9a, b *(Fortsetzung)*

Der Druckfestigkeitsfaktor f_σ dient zur Bestimmung der Druckfestigkeit aus der Zugfestigkeit.
Der Schubfestigkeitsfaktor f_τ dient zur Bestimmung der Schubfestigkeit aus der Zugfestigkeit.
Die Konstruktionskennwerte sind für geschweißte und nicht geschweißte Bauteile sowie für jede Spannungsart einzeln und getrennt zu berechnen. Konstruktionskennwerte für die statischen Nachweise sind:

- Plastische Stückzahl n_{pl} – Ausschöpfung der Traglastreserve nach Überschreiten der elastischen Grenzlast, siehe folgendes Bild.
- Schweißnahtfaktor α_W – zur Abminderung der Festigkeit der Schweißnaht im Vergleich zum benachbarten Werkstoff (GW bzw. WEZ).
- Effektiver Entfestigungsfaktor p_W zur Erfassung der anteiligen Abminderung in der WEZ.

Für die Ermüdungsfestigkeitsnachweise werden die Konstruktionsfaktoren K_{WK} berechnet, die folgende Faktoren enthalten:

- Kerbwirkungszahl K_f
- Schutzschichtfaktor K_s
- Rauheitsfaktor $K_{R\sigma}$
- Randschichtfaktor K_V
- Faktor $K_{NL,E}$ zur Berücksichtigung des nichtlinearen Spannungs-Dehnungs-Verhaltens von GJL.

Art des Nachweises	nicht geschweißte Bauteile	geschweißte Bauteile
Statischer Festigkeitsnachweis mit Nennspannungen	$n_{\mathrm{pl,by}} = \mathrm{MIN}\left(\sqrt{R_{\mathrm{p,max}}/R_{\mathrm{p}}}; K_{\mathrm{p,by}}\right)$ $n_{\mathrm{pl,bz}} = \mathrm{MIN}\left(\sqrt{R_{\mathrm{p,max}}/R_{\mathrm{p}}}; K_{\mathrm{p,bz}}\right)$ $n_{\mathrm{pl,t}} = \mathrm{MIN}\left(\sqrt{R_{\mathrm{p,max}}/R_{\mathrm{p}}}; K_{\mathrm{p,bt}}\right)$ $R_{\mathrm{p,max}} = \dfrac{E \cdot \varepsilon_{\mathrm{ertr}}}{K_{\mathrm{t}}^2}$ für $K_{\mathrm{t}} > 3$ K_{t} – Formzahl, siehe Tab. 3.3 $R_{\mathrm{p,max}}$ für $K_{\mathrm{t}} \leq 3$ siehe Tab. 3.29 $\varepsilon_{\mathrm{ertr}}$ siehe Tab. 3.29 $K_{\mathrm{p,b}}; K_{\mathrm{p,t}}$ siehe Erklärungen	$n_{\mathrm{pl,bz}}; n_{\mathrm{pl,by}}$ – wie nicht geschweißt α_{W} – Schweißnahtfaktor, siehe Tab. 3.11 Für entfestigende Aluminiumwerkstoffe ist in der WEZ anteilig ein Entfestigungsfaktor zu berücksichtigen, siehe DIN 4113. Wird eine Wärmebehandlung mit dem Ergebnis der ursprünglichen Festigkeit nach dem Schweißen durchgeführt, gilt $P_{\mathrm{W}} = 1$ Für alle anderen Werkstoffe $p_{\mathrm{W}} = 1$
Ermüdungsfestigkeitsnachweis mit Nennspannungen	$K_{\mathrm{WK},\dots} = \left(K_{\mathrm{f},\dots} + \dfrac{1}{K_{\mathrm{R},\sigma}} - 1\right) \cdot \dfrac{1}{K_{\mathrm{v}}} \cdot \dfrac{1}{K_{\mathrm{NL}}}$ Index …: zd, b, x, y $K_{\mathrm{WK},\dots} = \left(K_{\mathrm{f},\dots} + \dfrac{1}{K_{\mathrm{R},\tau}} - 1\right) \cdot \dfrac{1}{K_{\mathrm{v}}}$ Index …: s, t $K_{\mathrm{f},\dots} = \dfrac{K_{\mathrm{t},\dots}}{n_\sigma(r)}$; Index …: zd, x, y, $K_{\mathrm{f,s}} = \dfrac{K_{\mathrm{t,s}}}{n_\tau(r)}$ $K_{\mathrm{f,b}} = \dfrac{K_{\mathrm{t,b}}}{n_\sigma(r) \cdot n_\sigma(d)}$, $K_{\mathrm{f,t}} = \dfrac{K_{\mathrm{t,t}}}{n_\tau(r) \cdot n_\tau(d)}$ (s. Bemessung beim Ermüdungsfestigkeitsnachweis) $K_{\mathrm{NL,E}} = 1$ für GJL siehe Tab. 3.9 $K_{\mathrm{S}} = 1$ für alle Werkstoffe außer Aluminium mit Schutzschicht $K_{\mathrm{S}} = 1 - 0,27 \cdot \log\,(d_{\mathrm{s}})$ Aluminium mit Schutzschicht d_{s} = Schichtdicke in \mum K_{S} – Schutzschichtfaktor K_{f} – Kerbwirkungszahl	$\mathrm{FAT}_{\perp\dots}$ Bauteilklasse Tab. 3.14 $f_{\mathrm{FAT}\sigma} = 0,37$ Umrechnungsfaktor von Bauteilklasse $f_{\mathrm{FAT}\tau} = 0,23$ auf Bauteilwechselfestigkeit f_{t} Dickenfaktor $f_{\mathrm{t}} = 1$ für $t \leq 25$ mm $f_{\mathrm{t}} = \left(\dfrac{25\ \mathrm{mm}}{t}\right)^n$ für $t > 25$ mm $n = 0,1$ – blecheben geschliffene Stumpfstöße – längsbeanspruchte Schweißnähte – Anbauteile $n = 0,2$ – Nahtübergang geschliffen $n = 0,3$ – alle anderen Fälle
Statischer Festigkeitsnachweis mit örtlichen Spannungen	$n_{\mathrm{pl}} = \mathrm{MIN}\left(\sqrt{E \cdot \varepsilon_{\mathrm{ertr}}/R_{\mathrm{p}}}; K_{\mathrm{p}}\right)$ $\varepsilon_{\mathrm{ertr}} = \begin{cases} \varepsilon_{\mathrm{ref}} & \text{für } h \leq 1/3 \\ \varepsilon_0 + 0,3\left(\dfrac{\varepsilon_{\mathrm{ref}} - \varepsilon_0}{0,3}\right)^{3h} & \text{für } h > 1/3 \end{cases}$ h = siehe Arbeitsschritt 1 $\varepsilon_{\mathrm{ref}} = A$ für duktile Werkstoffe $\varepsilon_{\mathrm{ref}} = 0,4A$ für semiduktile und spröde Werkstoffe A Bruchdehnung $K_{\mathrm{NL}} = 1$ für GJL siehe Tab. 3.9 Graugussfaktor	Nachweis mit Strukturspannungen $n_{\mathrm{pl}} = \mathrm{MIN}\left(\sqrt{E \cdot \varepsilon_{\mathrm{ertr}}/R_{\mathrm{p}} \cdot p_{\mathrm{W}}}; K_{\mathrm{p}}\right)$ $\varepsilon_{\mathrm{ertr}}$ – wie nicht geschweißte Bauteile

Bild 3.14 Konstruktionskennwerte, Arbeitsschritt 3 gemäß Bild 3.9a, b

Art des Nachweises	nicht geschweißte Bauteile	geschweißte Bauteile
Ermüdungs-festigkeits-nachweis mit örtlichen Spannungen	$K_{WK,\sigma} = \frac{1}{n_\sigma}\left[1 + \frac{1}{\tilde{K}_f} \cdot \left(\frac{1}{K_R} - 1\right)\right] \cdot \frac{1}{K_V \cdot K_S \cdot K_{NL,E}}$ $K_{WK,\tau} = \frac{1}{n_\tau}\left[1 + \frac{1}{\tilde{K}_f} \cdot \left(\frac{1}{K_R} - 1\right)\right] \cdot \frac{1}{K_V \cdot K_S}$ n_σ, n_τ – Stützzahl, siehe Bemerkungen im Text $\tilde{K}_f$ – Schätzwert der Kerbwirkungszahl, siehe Tab. 3.18 K_R – Rauheitsfaktor siehe Bemerkungen im Text K_V – Randschichtfaktor, siehe Bemerkungen im Text K_S = 1 – für alle Werkstoffe außer Aluminium mit Schutzschicht K_S = $1 - 0{,}27 \cdot l_g(d_s)$ für Aluminium mit Schutzschicht d_s = Schichtdicke in µm K_S – Schutzschichtfaktor $K_{NL,E}$ – Zug-Druck-Faktor, siehe Tab. 3.9 ε_0 – minimale ertragbare Gesamtdehnung, siehe Tab. 3.29	$FAT_{\perp...}$ Bauteilklasse Tab. 3.14 $f_{FAT\sigma} = 0{,}37$ Umrechnungsfaktor von Bauteilklasse $f_{FAT\tau} = 0{,}23$ auf Bauteilwechselfestigkeit f_t Dickenfaktor $f_t = 1$ für $t \leq 25$ mm $f_t = \left(\frac{25\ \text{mm}}{t}\right)^n$ für $t > 25$ mm $n = 0{,}1$ – blecheben geschliffene Stumpfstöße – längsbeanspruchte Schweißnähte – Anbauteile $n = 0{,}2$ – Nahtübergang geschliffen $n = 0{,}3$ – alle anderen Fälle

Bild 3.14 Konstruktionskennwerte, Arbeitsschritt 3 gemäß Bild 3.9a, b *(Fortsetzung)*

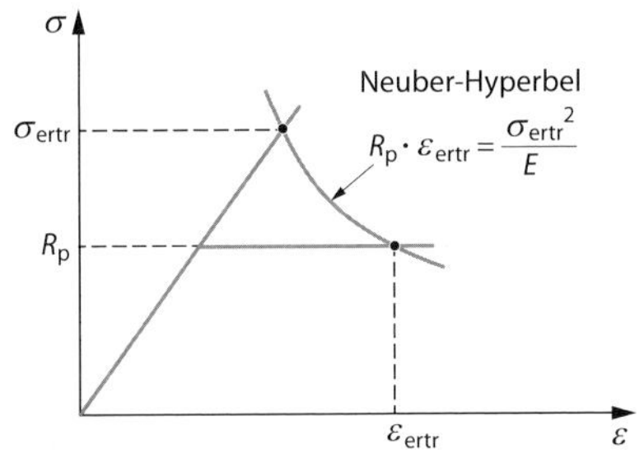

Bild 3.15 Zusammenhänge der Neuber-Hyperbel zur Bestimmung der plastischen Stützzahl

Die **plastische Stützzahl** berücksichtigt die plastische Formzahl K_p und ein Dehnungskriterium.
Bei geschweißten Bauteilen ist die Berücksichtigung der plastischen Stützzahl nur im Grundwerkstoff (GW) und in der Wärmeeinflusszone (WEZ) bei durchgeschweißten und querschnittsdeckenden Nähten und nur infolge von Biegung erlaubt.
Die plastischen Stützzahlen n_{pl} sind durch die *plastischen Formzahlen* $K_{p,\sigma}$, $K_{p,\tau}$ begrenzt.

$$K_{p,\sigma}, K_{p,\tau} = \frac{\text{vollplastische Traglast}}{\text{elastische Traglast}}$$

Die elastische Traglast gilt für Fließbeginn unter der Kerbspannung am Nachweispunkt. Die vollplastische Traglast des Bauteils ist durch eine elastisch-plastische FEM-Rechnung unter Ansatz einer idealisierten elastische-idealplastischen Spannungs-Dehnungs-Kurve zu bestimmen.

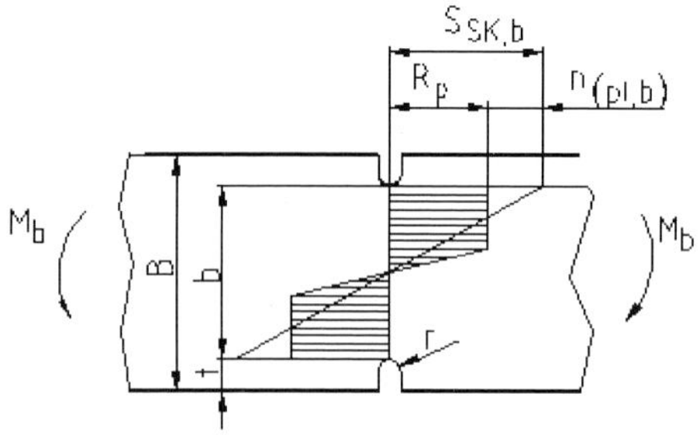

Bild 3.16 Definition der plastischen Stützzahl am Beispiel eines gekerbten Stabes

Für folgende Querschnittsformen können die plastischen Formzahlen wie folgt angesetzt werden.

Rechteck: $K_{p,b} = 1{,}5$
Kreis: $K_{p,b} = 1{,}7$; $K_{p,t} = 1{,}33$
Kreisring: $K_{p,b} = 1{,}27$; $K_{p,t} = 1$

Die *Kerbwirkungszahlen* K_f berechnen sich aus den Formzahlen entsprechend der Bauteilform, siehe Tab. 3.3, und den Stützzahlen.
Die Stützzahlen nach *Stieler* für Normalspannung, $n_\sigma(r)$ und $n_\sigma(d)$ sind je nach bezogenen Spannungsgefälle $G_\sigma(r)$ bzw. $G_\sigma(d)$ nach folgenden Gleichungen zu berechnen.

$$\text{Für } G_\sigma \leq 0{,}1\ \text{mm}^{-1} \text{ gilt} \qquad n_\sigma = 1 + G_\sigma \cdot \text{mm} \cdot 10^{-\left(a_G - 0{,}5 + \frac{R_m}{b_G \cdot \text{MPa}}\right)},$$

$$\text{für } 0{,}1\ \text{mm}^{-1} < G_\sigma \leq 1\ \text{mm}^{-1} \text{ gilt} \qquad n_\sigma = 1 + \sqrt{G_\sigma \cdot \text{mm}} \cdot 10^{-\left(a_G + \frac{R_m}{b_G \cdot \text{MPa}}\right)}$$

$$\text{für } 1\ \text{mm}^{-1} < G_\sigma \leq 100\ \text{mm}^{-1} \text{ gilt} \qquad n_\sigma = 1 + \sqrt[4]{G_\sigma \cdot \text{mm}} \cdot 10^{-\left(a_G + \frac{R_m}{b_G \cdot \text{MPa}}\right)},$$

wobei a_G und b_G Tab. 3.20 zu entnehmen sind.
Das *bezogene Spannungsgefälle* infolge der Konstruktion, $G_\sigma(r)$ und $G_\tau(r)$, ist nach Tabelle 3.21 zu bestimmen.
Im Falle von Bauteilformen, die nach Tabelle 3.21 nicht einordenbar sind, ist das bezogene Spannungsgefälle senkrecht zur Spannungsrichtung wie folgt zu bestimmen.

$$\bar{G}_\sigma = \frac{1}{\sigma_{1a}} \cdot \frac{\Delta\sigma_a}{\Delta s} = \frac{1}{\Delta s} \cdot \left(1 - \frac{\sigma_{2a}}{\sigma_{1a}}\right),$$

$$\bar{G}_\tau = \frac{1}{\tau_{1a}} \cdot \frac{\Delta\tau_a}{\Delta s} = \frac{1}{\Delta s} \cdot \left(1 - \frac{\tau_{2a}}{\tau_{1a}}\right),$$

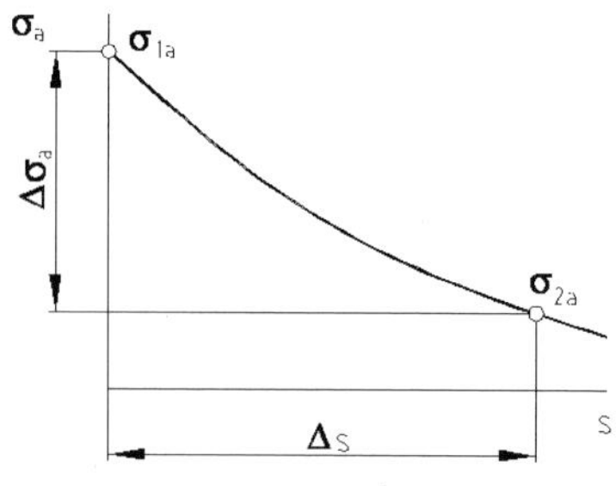

Bild 3.17 Bezogenes Spannungsgefälle

Das bezogene lokale Spannungsgefälle infolge der Belastung (Biegung, Torsion) $G_\sigma(d)$ und $G_\tau(d)$ ist je nach Abmessung d

$$\bar{G}_\sigma(d) = \bar{G}_\tau(d) = \frac{2}{d}.$$

Das Gesamt-Spannungsgefälle berechnet sich aus

$$G_\sigma = G_\sigma(d) + G_\sigma(r) \text{ bzw. } G_\tau = G_\tau(d) + G_\tau(r).$$

Die **Stützzahlen** für Schubspannung $n_\tau(r)$ und $n_\tau(d)$ werden mit den gleichen Gleichungen berechnet, wobei R_m zusätzlich mit dem Schubwechselfestigkeitsfaktor $f_{w,s}$ zu multiplizieren ist.
Der **Rauheitsfaktor** $K_{R,\sigma}$ bzw. $K_{R,\tau}$ berücksichtigt den Einfluss der Oberflächenrauheit auf die Ermüdungsfestigkeit des Bauteiles. Für polierte Bauteile gilt der Rauheitsfaktor

$$K_{R,\sigma} = K_{R,\tau} = 1.$$

Für Walzhaut, Schmiedehaut und Gusshaut gilt die mittlere Rauheit $R_z = 200$ µm. Der Rauheitsfaktor für Normalspannung, und für Schubspannung ist

$$K_{R,\sigma} = 1 - a_{R,\sigma} \cdot \lg\left(\frac{R_z}{\mu m}\right) \cdot \lg\left(\frac{2R_m}{R_{m,N,min}}\right),$$

$$K_{R,\tau} = 1 - f_{W,\tau} \cdot a_{R,\sigma} \cdot \lg\left(\frac{R_z}{\mu m}\right) \cdot \lg\left(\frac{2R_m}{R_{m,N,min}}\right),$$

mit $R_{m,N,min}$ und a_{Rs} entsprechend Tab. 3.22.
Mit dem **Randschichtfaktor** K_v kann der Einfluss einer Randschicht auf die Ermüdungsfestigkeit des Bauteils berücksichtigt werden. Ohne Randschichtverfestigung ist $K_v = 1$ zu setzen. Verfahren zur Randschichtverfestigung sind Härten, Nitrieren, Kugelstrahlen und Walzen. Für diese Verfahren liegt der K_v-Faktor bei 1,1 und größer, wobei nur Bereiche angegeben werden und der Anwender selbst wählen muss.
Der **Dickenfaktor** f_t hat einen Einfluss bei der Berechnung der Ermüdungsfestigkeit bei den Nennspannungen von querbelasteten Schweißnähten.
Der Dickenfaktor ist ohne Einfluss, d. h. $f_t = 1$,
- wenn keine Schweißnaht vorliegt,
- wenn keine querbelastete Schweißnaht vorliegt bzw. für die Blechdicke $t \leq 25$ mm gilt.

Durch die **Bauteilklasse** FAT wird der Formeinfluss des Bauteils und der Schweißnaht berücksichtigt. Bei den Bauteilklassen wird zwischen Nennspannungs- und Strukturspannungsnachweis unterschieden. Eine umfangreiche Darstellung zu den Bauteilklassen ist bei *Hobbacher* und in der FKM-Richtlinie zu finden. Ein Auszug hieraus zu wesentlichen Fällen ist in Tab. 3.14 zu finden.
Der **Mittelspannungsfaktor** $K_{AK,zd}$ ist vom Überlastungsfall abhängig.
Es werden vier Überlastungsfälle F_1 bis F_4 unterschieden. Der Überlastfall F_2 ist für die meisten Anwendungen der am besten geeignete.
- F_1 – konstante Mittelspannung S_m
- F_2 – konstantes Spannungsverhältnis R
- F_3 – konstante Minimalspannung S_{min}
- F_4 – konstante Maximalspannung S_{max}

Um den richtigen Überlastfall zu wählen, ist zu überlegen, welche Bedingung F_1, F_2, F_3 oder F_4 bei einer allgemeinen Überlastung erfüllt ist.
Die **Spannungswerte** $S_{m,zd}$, $S_{min,zd}$ und $S_{max,zd}$ ergeben sich gemäß Bild 3.12. Bei gemischten Spannungswerten ist eine Vergleichsspannung in Analogie zu Arbeitsschritt 6 (statischer Nachweis) zu berechnen.
Der **Eigenspannungsfaktor** $K_{E,\sigma}$ bzw. $K_{E,\tau}$ ist für nicht geschweißte Bauteile gleich 1 und für geschweißte Bauteile entsprechend Tab. 3.16 zu setzen.
Die **Mittelspannungsempfindlichkeit** M_σ bzw. M_τ berechnet sich für nicht geschweißte Verbindungen gemäß folgender Gleichungen. Für geschweißte Verbindungen ist sie Tab. 3.16 zu entnehmen.

$$M_\sigma = \frac{a_M \cdot 10^{-3} \cdot R_m}{\text{MPa}} + b_M, \quad \text{mit } M_\tau = f_{W,\tau} \cdot M_\sigma, \text{ und } a_M \text{ und } b_M \text{ gemäß Tab. 3.23.}$$

Art des Nachweises	nicht geschweißte Bauteile	geschweißte Bauteile
Statischer Festigkeits-nachweis mit Nenn-spannung	$S_{SK,zd} = f_\sigma \cdot R_p$ $S_{SK,by} = f_\sigma \cdot R_p \cdot n_{pl,by}$ $S_{SK,bz} = f_\sigma \cdot R_p \cdot n_{pl,bz}$ $T_{SK,sy} = f_\tau \cdot R_p$ $T_{SK,sz} = f_\tau \cdot R_p$ $T_{SK,t} = f_\tau \cdot R_p \cdot n_{pl,t}$ f_σ – Druckfestigkeitsfaktor, Tab. 3.27 f_τ – Schubfestigkeitsfaktor, Tab. 3.27 R_p – Fließgrenze, Arbeitsschritt 2 $n_{pl,...}$ – plastische Stützzahlen, Arbeitsschritt 3	Für Grundwerkstoff (GW) und Wärme-einflusszonen (WEZ) für alle Werkstoffe außer entfestigende Aluminiumwerkstoffe gilt: $S_{SK,zd} = f_\sigma \cdot R_p$ $S_{SK,by} = f_\sigma \cdot R_p \cdot n_{pl,by}$ $S_{SK,bz} = f_\sigma \cdot R_p \cdot n_{pl,bz}$ $T_{SK,sy} = f_\tau \cdot R_p$ $T_{SK,sz} = f_\tau \cdot R_p$ $T_{SK,t} = f_\tau \cdot R_p$ In der Schweißnaht (SN) gilt für diese Werkstoffe $S_{SK,\perp zd} = f_\sigma \cdot R_p \cdot \alpha_W$ $S_{SK,\perp by} = f_\sigma \cdot R_p \cdot \alpha_W \cdot n_{pl,by}$ $S_{SK,\perp bz} = f_\sigma \cdot R_p \cdot \alpha_W \cdot n_{pl,bz}$ $T_{SK\parallel} = R_p \cdot \alpha_W$ α_W – Schweißnahtfaktor, Arbeits-schritt 3 f_σ – Druckfestigkeitsfaktor, Tab. 3.27 f_τ – Schubfestigkeitsfaktor, Tab. 3.27 R_p – Fließgrenze, Arbeitsschritt 2 $n_{pl,...}$ – plastische Stützzahlen, Arbeitsschritt 3
Ermüdungs-festigkeits-nachweis mit Nenn-spannung	Bauteilwechselfestigkeit $S_{WK,...} = \sigma_{W,zd}/K_{WK,...}$ Index: zd, by, bz $T_{WK,...} = \tau_{W,s}/K_{WK,...}$ Index: sy, sz, t σ_W, τ_W – Werkstoffwechselfestigkeit, Arbeitsschritt 2 $K_{WK...}$ – Konstruktionsfaktor, Arbeitsschritt 3	Bauteilwechselfestigkeit $S_{WK,\parallel} = FAT_\parallel \cdot f_{FAT,\sigma} \cdot f_t \cdot K_V \cdot K_{NL,E}$ $S_{WK,\perp} = FAT_\perp \cdot f_{FAT,\sigma} \cdot f_t \cdot K_V \cdot K_{NL,E}$ $T_{WK} = FAT_\tau \cdot f_{FAT,\tau} \cdot f_t \cdot K_V$ FAT..., $\cdot f_{FAT...} f_t$, Arbeitsschritt 3 K_V – Randschichtfaktor, siehe Bem. im Text $K_{NL,E}$ – Zug-/Druckfaktor, siehe Tab. 3.9 für Gusseisen; für alle anderen Materialien $K_{NL,E} = 1$
	Bauteildauerfestigkeit je nach Mittel-spannung $S_{AK,...} = K_{AK,...} \cdot S_{WK,...}$ Index: zd, by, bz $T_{AK,...} = K_{AK,...} \cdot T_{WK,...}$ Index: sy, sz, t $K_{AK,...}$ – Mittelspannungsfaktor siehe Bem. im Text, Tab. 3.26	Bauteildauerfestigkeit je nach Mittel-spannung $S_{AK,\perp} = K_{AK,\perp} \cdot K_{E,\sigma} \cdot S_{WK,\perp}$ $S_{AK,\parallel} = K_{AK,\parallel} \cdot K_{E,\sigma} \cdot S_{WK,\parallel}$ $T_{AK} = K_{AK,\tau} \cdot K_{E,\tau} \cdot T_{WK}$ K_{AK} – Mittelspannungsfaktor, siehe Bem. im Text, Tab. 3.26 $K_{E,...}$ – Eigenspannungsfaktor, Tab. 3.16

Bild 3.18 Bauteilfestigkeit, Arbeitsschritt 4 gemäß Bild 3.9a Bauteilwechselfestigkeit, Bauteil-Dauerfestigkeit mit Mittelspannung und Bauteilbetriebsfestigkeit Arbeitsschritte 4, 5, 6 gemäß Bild 3.9b

Art des Nachweises	nicht geschweißte Bauteile	geschweißte Bauteile
	Bauteilbetriebsfestigkeit $S_{BK,...} = K_{BK,...} \cdot S_{AK,...}$ Index: zd, by, bz $T_{BK,...} = K_{BK,...} \cdot T_{AK,...}$ Index: sy, sz, t $K_{BK,...}$ – Betriebsfestigkeitsfaktor $S_{BK,max,zd} = 0{,}75 \cdot R_p$ $S_{BK,max,by} = 0{,}75 \cdot R_p \cdot n_{pl,by}$ $S_{BK,max,bz} = 0{,}75 \cdot R_p \cdot n_{pl,bz}$ $T_{BK,max,bz} = 0{,}75 \cdot f_\tau \cdot R_p$ $T_{BK,max,t} = 0{,}75 \cdot f_\tau \cdot R_p \cdot n_{pl,t}$ Falls die entsprechenden Werte größer sind, ist mit den Maximalwerten weiterzurechnen. $K_{BK} = \left(\frac{A_{ele} \cdot N_D \cdot D_m}{\overline{N}}\right)^{\frac{1}{k}}$ $\overline{N}$ – geforderte Zyklenzahl N_D – Knickpunktzahl der Bauteil-Wöhlerlinie, Tab. 3.17 A_{ele} – Abstand zwischen Lebensdauer- und Wöhlerlinie D_m – effektive Miner-Summe $D_m = \frac{2}{\sqrt[4]{A_{ele}}}$, $D_{m,max} = 1$ $D_{m,min} = 0,3$ Stahl, GS, Alu $D_{m,min} = 1$ (GJS, GJM, GJL $A_{ele} = \frac{1}{\sum_{i=1}^{j} \frac{n_i}{\overline{N}} \cdot \left(\frac{S_{a,i}}{S_{a,1}}\right)^2}$ n_i – Zyklen im i-ten Bereich k – Neigungsexponent der Bauteil-Wöhlerlinie siehe auch Tab. 3.17	Bauteilbetriebsfestigkeit $S_{BK,\perp} = K_{BK,\perp} \cdot S_{AK,\perp}$ $S_{BK,\parallel} = K_{BK,\parallel} \cdot S_{AK,\parallel}$ $T_{BK} = K_{BK,\tau} \cdot T_{AK}$ K_{BK} – Betriebsfestigkeitsfaktor, siehe nicht geschweißte Bauteile $S_{BK,max,\perp} = 0{,}75 \cdot R_p \cdot n_{pl} \cdot \alpha_W \cdot p_{WEZ}$ $S_{BK,max,\parallel} = 0{,}75 \cdot R_p \cdot n_{pl} \cdot \alpha_W \cdot p_{WEZ}$ $T_{BK,max} = 0{,}75 \cdot R_p \cdot \alpha_W \cdot p_{WEZ}$
Statischer Festigkeitsnachweis mit örtlichen Spannungen	$\sigma_{SK} = R_p \cdot n_{pl}$ R_p – Fließgrenze, Arbeitsschritt 2 n_{pl} – plastische Stützzahlen, Arbeitsschritt 3 σ_{SK} – statische Bauteilfestigkeit	Für Grundwerkstoff (GW) Wärmeeinflusszone (WEZ) für alle Werkstoffe außer für entfestigende Aluminiumwerkstoffe gilt: $\sigma_{SK} = R_p \cdot n_{pl}$ In der Schweißnaht gilt für diese Werkstoffe: $\sigma_{SK,W} = R_p \cdot \alpha_W \cdot n_{pl}$ R_p – Fließgrenze, Arbeitsschritt 2 n_{pl} – plastische Stützzahlen, Arbeitsschritt 3 α_W – Schweißnahtfaktor, siehe Tab. 3.11
Ermüdungsfestigkeitsnachweis mit örtlichen Spannungen	Bauteilwechselfestigkeit $\sigma_{WK} = \sigma_{W,zd}/K_{WK}$ $\tau_{WK} = \tau_{W,s}/K_{WK}$ $\sigma_{W,zd}$, $\tau_{W,s}$ – Werkstoffwechselfestigkeit, Arbeitsschritt 2 K_{WK} – Konstruktionsfaktor, Arbeitsschritt 3	Bauteilwechselfestigkeit $\sigma_{WK,\parallel} = FAT_\parallel \cdot f_{FAT,\sigma} \cdot f_t \cdot K_V \cdot K_{NL,E}$ $\sigma_{WK,\perp} = FAT_\perp \cdot f_{FAT,\sigma} \cdot f_t \cdot K_V \cdot K_{NL,E}$ $\tau_{WK} = FAT_\tau \cdot f_{FAT,\tau} \cdot f_t \cdot K_V$ FAT..., $\cdot f_{FAT...} f_t$, Arbeitsschritt 3 K_V – Randschichtfaktor, siehe Bem. im Text $K_{NL,E}$ – Zug-/Druckfaktor, siehe Tab. 3.9

Bild 3.18 Bauteilfestigkeit, Arbeitsschritt 4 gemäß Bild 3.9a Bauteilwechselfestigkeit, Bauteil-Dauerfestigkeit mit Mittelspannung und Bauteilbetriebsfestigkeit Arbeitsschritte 4, 5, 6 gemäß Bild 3.9b *(Fortsetzung)*

Art des Nachweises	nicht geschweißte Bauteile	geschweißte Bauteile
Ermüdungs-festigkeits-nachweis mit örtlichen Spannungen	Bauteildauerfestigkeit je nach Mittelspannung $\sigma_{AK} = K_{AK,\sigma} \cdot \sigma_{WK}$ $\tau_{AK} = K_{AK,\tau} \cdot \tau_{WK}$ K_{AK} – Mittelspannungsfaktor, siehe Bem. im Text, Tab. 3.26	Bauteildauerfestigkeit je nach Mittelspannung $\sigma_{AK,\perp} = K_{AK,\perp} \cdot K_{E,\sigma} \cdot \sigma_{WK,\perp}$ $\sigma_{AK,\parallel} = K_{AK,\parallel} \cdot K_{E,\sigma} \cdot \sigma_{WK,\parallel}$ $\tau_{AK} = K_{AK,\tau} \cdot K_{E,\tau} \cdot \tau_{WK}$ τ_{AK} – Mittelspannungsfaktor, siehe Bem. im Text, Tab. 3.26 $K_{E,...}$ – Eigenspannungsfaktor, Tab. 3.30
	Bauteilbetriebsfestigkeit $\sigma_{BK} = K_{BK,\sigma} \cdot \sigma_{AK}$ $\tau_{BK} = K_{BK,\tau} \cdot \tau_{AK}$ $K_{BK,...}$ – Betriebsfestigkeitsfaktor $\sigma_{BK,max} = 0{,}75 \cdot R_p \cdot n_{pl}$ $\tau_{BK,max} = 0{,}75 \cdot f_\tau \cdot R_p \cdot n_{pl}$ Falls die entsprechenden Werte größer sind, ist mit den Maximalwerten weiterzurechnen.	Bauteilbetriebsfestigkeit $\sigma_{BK,\perp} = K_{BK,\perp} \cdot \sigma_{AK,\perp}$ $\sigma_{BK,\parallel} = K_{BK,\parallel} \cdot \sigma_{AK,\parallel}$ $\tau_{BK} = K_{BK,\tau} \cdot \tau_{AK}$ K_{BK} – Betriebsfestigkeitsfaktor $\sigma_{BK,max,\perp} = 0{,}75 \cdot R_p \cdot n_{pl} \cdot \alpha_W \cdot p_{WEZ}$ $\sigma_{BK,max,\parallel} = 0{,}75 \cdot R_p \cdot n_{pl} \cdot \alpha_W \cdot p_{WEZ}$ $\tau_{BK,max} = 0{,}75 \cdot R_p \cdot \alpha_W \cdot p_{WEZ}$

Bild 3.18 Bauteilfestigkeit, Arbeitsschritt 4 gemäß Bild 3.9a Bauteilwechselfestigkeit, Bauteil-Dauerfestigkeit mit Mittelspannung und Bauteilbetriebsfestigkeit Arbeitsschritte 4, 5, 6 gemäß Bild 3.9b *(Fortsetzung)*

	Geschweißte und nicht geschweißte Bauteile
Statischer Festigkeitsnachweis mit Nennspannungen	$j_{ges} = j_s \cdot j_z \cdot \mathrm{MAX}\left(\frac{j_m}{K_{T,m}} \cdot \frac{R_p}{R_m}; \frac{j_p}{K_{Tp}}; \frac{j_{mt}}{K_{Tt,m}} \cdot \frac{R_p}{R_m}; \frac{j_{pt}}{K_{Tt,p}}\right)$ j_s – Lastfaktor; $j_s = 1$, wenn die Last ausreichend sicher angenommen wurde j_p – Nachweis gegen Fließen bei normalen und kurzzeitigen hohen Temperaturen gegen die Fließgrenze R_p, bei $R_p/R_m > 0,75$ entfällt dieser Anteil j_z – zusätzlicher Sicherheitsfaktor für Gussteile und geschweißte Bauteile, siehe Tab. 3.31 j_m – Nachweis gegen Bruch bei normalen und kurzzeitig höheren Temperaturen gegen Zugfestigkeit R_m oder Wärmefestigkeit R_{mt}, siehe Tab. 3.12 Bei $R_p/R_m \leq 0{,}75$ entfällt dieser Anteil. j_{mt} – Nachweis gegen Bruch bei lange wirkenden hohen Temperaturen gegen Zeitstandfestigkeit $R_{m,Tt}$ siehe Tab. 3.12 Bei $R_p/R_m \leq 0{,}75$ und normalen Temperaturen entfällt dieser Anteil. j_{pt} – Nachweis gegen Fließen bei lange wirkenden hohen Temperaturen gegen Zeitdehngrenze $R_{p,Tt}$ Bei $R_p/R_m > 0{,}75$ und normalen Temperaturen entfällt dieser Anteil.
Ermüdungsfestigkeitsnachweis mit Nennspannungen und Ermüdungsfestigkeitsnachweis mit örtlichen Spannungen	$j_D = j_s \cdot \frac{j_F \cdot j_G}{K_{T,D}}$ $K_{T,D}$ – Temperaturfaktor, siehe Tab. 3.28 j_s – Lastfaktor $j = 1$, wenn die Last ausreichend sicher angenommen wurde j_G – Gussfaktor (zerstörungsfrei geprüfte Gussstücke $j_G = 1,4$, alle anderen Materialien $j_G = 1$) j_F – Materialsicherheitsfaktor, siehe Tab. 3.30
Statischer Festigkeitsnachweis mit örtlichen Spannungen	$j_{ges} = j_s \left[j_z \cdot \mathrm{MAX}\left(\frac{j_m}{K_{T,m}} \cdot \frac{R_p}{R_m}; \frac{j_p}{K_{T,p}}; \frac{j_{mt}}{K_{Tt,m}} \cdot \frac{R_p}{R_m}; \frac{j_{pt}}{K_{Tt,p}}\right) + \Delta j \right]$ Δj – Summand für nicht duktile Gussbauteile mit Bruchdehnung $A < 6\%$ $\Delta j = 0{,}5 - \sqrt{A/24\%}$ – Alle anderen Faktoren siehe statischer Festigkeitsnachweis mit Nennspannungen

Bild 3.19 Sicherheitsfaktoren, Arbeitsschritt 5 bzw. 7 gemäß Bild 3.9

Diese Sicherheitswerte gelten für hohe Schadensfolgen und hohe Wahrscheinlichkeit des Auftretens der Spannungskombination.
Folgende Abminderungen sind möglich (auch beide gleichzeitig):
- geringe Wahrscheinlichkeit des Auftretens der Spannungskombination 10 %
- geringe Schadensfolgen 15 %

	Geschweißte und nicht geschweißte Bauteile
Statischer Festigkeitsnachweis mit Nennspannungen	Auslastungsgrad für jede Spannungsart einzeln ermitteln. Bei unterschiedlicher Zug-/Druckfestigkeit ist ein Maximal- und ein Minimalspannungsnachweis erforderlich, ansonsten betragsmäßig mit dem größten Spannungswert rechnen. Für nicht geschweißte Bauteile sowie GW und WEZ. $a_{SK,...} = \left[\frac{S...}{S_{SK,...}/j_{ges}}\right] \leq 1$, Index zd, by, bz; $a_{SK...} = \left[\frac{T...}{T_{SK,...}/j_{ges}}\right] \leq 1$, Index sy, sz, t mit dem Vergleichsauslastungsgrad $a_{SK,Sv} = q \cdot a_{NH} + (1-q) \cdot a_{GH} < 1$ $q = \frac{\sqrt{3} - (1/f_\tau)}{\sqrt{3} - 1}$ $a_{NH} = \frac{1}{2} - \lvert s \rvert + \sqrt{s^2 + 4t^2}$; $a_{GH} = \sqrt{s^2 + t^2}$ mit $s = a_{SK,zd} + a_{SK,by} + a_{SK,bz}$ (Vorzeichen beachten) $t = a_{SK,sy} + a_{SK,sz} + a_{SK,bz,t}$ (dünnwandige Profile) $t = \sqrt{a^2_{SK,sy}, a^2_{SK,sz}, + a_{SK,bz,t}}$ (prismatische Querschnitte) Für die Schweißnaht (SN) gilt: $a_{SK\perp zd} = \frac{S_{\perp zd}}{S_{SK\perp zd}/j_{ges}} \leq 1$ $s = a_{SK\perp zd} + a_{SK\perp by} + a_{SK\perp bz}$ $t = a_{SK\parallel}$ $a_{SK\perp by} = \frac{S_{\perp by}}{S_{SK\perp by}/j_{ges}} \leq 1$ $a_{SK,SN} = \sqrt{s^2 + t^2} \leq 1$ $a_{SK\perp bz} = \frac{S_{\perp bz}}{S_{SK\perp bz}/j_{ges}} \leq 1$ $a_{SK\parallel} = \frac{T_\parallel}{T_{SK\parallel}/j_{ges}} \leq 1$
Ermüdungsfestigkeitsnachweis mit Nennspannungen	Auslastungsgrad für jede Spannungsart einzeln ermitteln. Für nicht geschweißte Bauteile: $a_{BK,...} = \left[\frac{S_{a,...,1}}{S_{BK,...}/j_D}\right] \leq 1$, Index zd, by, bz; $a_{BK...} = \left[\frac{T_{a,...,1}}{T_{BK,...}/j_D}\right] \leq 1$, Index sy, sz, t mit dem Vergleichsauslastungsgrad $a_{BK,Sv} = q \cdot a_{NH} + (1-q) \cdot a_{GH} < 1$ $q = \frac{\sqrt{3} - (1/f_{W,\tau})}{\sqrt{3} - 1}$ $a_{NH} = \frac{1}{2} - \lvert s \rvert + \sqrt{s^2 + 4t^2}$; $a_{GH} = \sqrt{s^2 + t^2}$ mit $s = a_{BK,zd} + a_{BK,by} + a_{BK,bz}$ (Vorzeichen beachten) $t = a_{BK,sy} + a_{BK,sz} + a_{BK,bz,t}$ (dünnwandige Profile) $t = \sqrt{a^2_{BK,sy}, a^2_{BK,sz}, + a_{BK,bz,t}}$ (prismatische Querschnitte)

Bild 3.20 Nachweise mit Auslastungsgraden, Arbeitsschritt 6 bzw. 8 gemäß Bild 3.9.
s und t entsprechen den Auslastungsgraden der einzelnen Spannungsarten. Es muss zwischen Normal- und Tangentialspannungen unterschieden werden.

3

	Geschweißte und nicht geschweißte Bauteile
Ermüdungsfestigkeitsnachweis mit Nennspannungen	Für geschweißte Bauteile gilt: $a_{BK\perp zd} = \frac{S_{\perp zd}}{S_{SK\perp zd}/j_{ges}} \leq 1$ $a_{BK\perp bz} = \frac{S_{\perp bz}}{S_{SK\perp bz}/j_{ges}} \leq 1$ $a_{BK\perp by} = \frac{S_{\perp by}}{S_{SK\perp by}/j_{ges}} \leq 1$ $a_{BK\parallel} = \frac{T_{\parallel}}{T_{SK\parallel}/j_{ges}} \leq 1$ mit $s_{a,\perp} = a_{BK,\perp},\ s_{a,\parallel} = a_{BK,\parallel},\ ta = a_{BK,\tau}^2$ $a_{BK,SV} = \frac{1}{2} \cdot \left(\left\| s_{a,\perp} + s_{a,\parallel} \right\| + \sqrt{\left(s_{a,\perp} - s_{a,\parallel}\right)^2 + 4 \cdot ta} \right) \leq 1$ für zusammengesetzte Spannungen
Statischer Festigkeitsnachweis mit örtlichen Spannungen	Für nicht geschweißte Bauteile sowie GW und WEZ $a_{SK} = \frac{\sigma_V}{\sigma_{SK}/j_{ges}}$ (Mehrachsigkeit, $h < 1{,}333$ prüfen, siehe Arbeitschritt 1, wenn das nicht erfüllt ist, sind weitere Nachweise erforderlich, siehe FKM-Richtlinie) σ_V – Vergleichsspannung im Nachweispunkt, Arbeitsschritt 1 σ_{SK} – statische Bauteilfestigkeit, Arbeitsschritt 5 j_{ges} – Gesamtsicherheitsfaktor Für die Schweißnaht (SN) $a_{SK,W} = \frac{\sigma_{VW}}{\sigma_{SK,W}/j_{ges}}$
Ermüdungsfestigkeitsnachweis mit örtlichen Spannungen	Die zyklischen Auslastungsgrade sind bei nicht geschweißten Bauteilen für alle Spannungskomponenten zu berechnen. $a_{BK,\sigma} = \frac{\sigma_{a,1}}{\sigma_{BK}/j_D} \leq 1$ $a_{BK,\tau} = \frac{\tau_{a,1}}{\tau_{BK}/j_D} \leq 1$ mit dem Vergleichsauslastungsgrad $a_{BK,Sv} = q \cdot a_{NH} + (1-q) \cdot a_{GH} < 1$ $q = \frac{\sqrt{3} - (1/f_\tau)}{\sqrt{3} - 1}$ $a_{NH} = \mathrm{MAX}(\|a_{BK,\sigma 1}\|, \|a_{BK,\sigma 2}\|, \|a_{BK,\sigma 3}\|)$ $a_{GH} = \sqrt{\frac{1}{2}(a_{BK,\sigma 1} - a_{BK,\sigma 2})^2 + (a_{BK,\sigma 2} - a_{BK,\sigma 3})^2 + (a_{BK,\sigma 3} - a_{BK,\sigma 1})^2}$ Die zyklischen Auslastungsgrade für geschweißte Bauteile ergeben sich aus $a_{BK\perp} = \frac{\sigma_{a\perp,1}}{\sigma_{BK,\perp}/j_D} \leq 1;$ $a_{BKII} = \frac{\sigma_{a\parallel,1}}{\sigma_{BK,\perp}/j_D} \leq 1$ $a_{BK\tau} = \frac{\tau_{a,1}}{\tau_{BK,\tau}/j_D} \leq 1$ mit $a_{BK\sigma V} = \frac{1}{2} \cdot \left(\left\| a_{BK,\perp} + a_{BK,\parallel} \right\| + \sqrt{\left(a_{BK,\perp} - a_{BK,\parallel}\right)^2 + 4 \cdot a_{BK,\tau}^2} \right) \leq 1$ für zusammengesetzte Spannungen.

Bild 3.20 Nachweise mit Auslastungsgraden, Arbeitsschritt 6 bzw. 8 gemäß Bild 3.9. *(Fortsetzung)*
s und *t* entsprechen den Auslastungsgraden der einzelnen Spannungsarten. Es muss zwischen Normal- und Tangentialspannungen unterschieden werden.

Nachweis mit Auslastungsgraden

Die Nachweise für jede einzelne Spannungsart und für jede zusammengesetzte Spannungsart sind getrennt durchzuführen.
Es ist zu unterscheiden zwischen den extremen Minimal- und Maximalspannungen bei Zug und Druck bzw. bei Biegung und Biegedruck. Es ist immer die betragsmäßig höhere Spannung maßgeblich.
Eine Ausnahme hiervon ist bei Werkstoffen mit unterschiedlicher statischer Zug-/Druckfestigkeit, wie z. B. bei Eisengusswerkstoff und bei unsymmetrischem Querschnitt zu machen. Der Nachweis erfolgt über die *statischen Auslastungsgrade*. Der **Auslastungsgrad** wird definiert als Quotient aus der vorhandenen externen Spannung und der statisch zulässigen Spannung im Nachweispunkt. Die **statisch zulässige Spannung** wird definiert als der Quotient aus der statisch ertragbaren Spannung und dem erforderlichen Gesamtsicherheitsfaktor. Der statische Auslastungsgrad ist immer positiv.
Für die Auswertung von zusammengesetzten Spannungsarten wird eine *Festigkeitshypothese* verwendet. Diese Festigkeitshypothese setzt sich aus einem Anteil der Normalspannungshypothese und einem Anteil der Gestaltänderungsenergiehypothese zusammen. Beide Anteile werden in Abhängigkeit von der Duktilität des Werkstoffs durch die Konstante q, welche von dem Schubfestigkeitsfaktor abhängig ist, getrennt. Für Stahl und Aluminiumknetlegierung ist $q = 0$, sodass die Gestaltänderungsenergiehypothese gilt.

Es gelten folgende **Vorzeichenregeln**:

Wenn die einzelnen Spannungsarten im Nachweispunkt gleichsinnig wirken und aus einer einzigen auf das Bauteil wirkenden Belastung stammen, sind die Auslastungsgrade mit gleichen positiven Vorzeichen in der Gleichung einzusetzen. Wenn sie immer gegensinnig wirken, sind sie mit unterschiedlichem Vorzeichen (Subtraktion) in die Gleichung einzusetzen.

4 Schmelzschweißverbindungen

Berechnung der Spannungen in Schweißnähten

Zug- oder Druckbeanspruchung

Normalspannung $$\boldsymbol{\sigma_w = \frac{F}{A_w} = \frac{F}{\Sigma(a \cdot l)}} \qquad (4.1)$$

σ_w in N/mm² Zug- oder Druckspannung in der Schweißnaht quer zur Nahtrichtung,
F in N Schnittkraft = Belastungskraft,
A_w in mm² Schweißnahtfläche = $\Sigma(a \cdot l)$.

Schubbeanspruchung

Schubspannung $$\boldsymbol{\tau_w = \frac{F}{A_w} = \frac{F}{\Sigma(a \cdot l)}} \qquad (4.2)$$

τ_w in N/mm² Schubspannung in der Schweißnaht,
F in N Schnittkraft = Belastungskraft,
A_w in mm² Schweißnahtfläche = $\Sigma(a \cdot l)$.

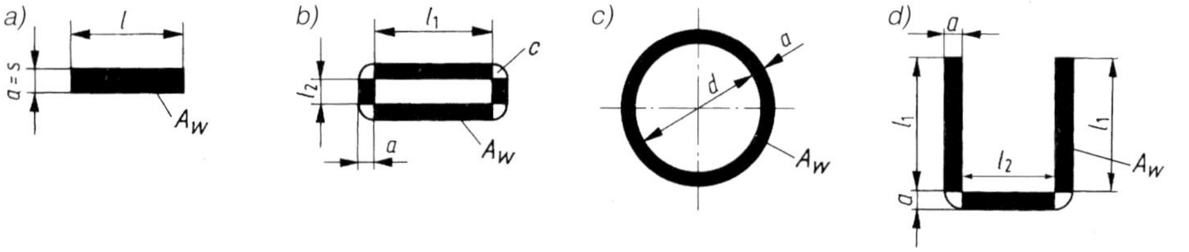

Bild 4.1 Beispiele für Schweißnahtflächen (Kehlnahtflächen in die Anschlußebene geklappt)
a) Stumpfnaht, b) um Flachstab umlaufende Kehlnaht, c) um Rundstab oder Rohr umlaufende Kehlnaht, d) schubbeanspruchte Flankenkehlnähte (Länge l_1) mit Stirnkehlnaht (Länge l_2)

Schweißnahtfläche A_w
nach Bild 4.1a: $= \boldsymbol{a \cdot l}$, Bild 4.1b: $= \boldsymbol{2a(l_1 + l_2)}$, Bild 4.1c: $= \boldsymbol{a(d + a)\,\pi}$,
Bild 4.1d: $= \boldsymbol{a(2l_1 + l_2)}$.
Bei Kehlnähten ist als Nahtlänge l die Wurzellänge maßgebend.

Biegebeanspruchung

Biegespannung $$\boldsymbol{\sigma_{wb} = \frac{M_{wb}}{I_w}\, e_w} \qquad (4.3)$$

σ_{wb} in N/mm² Biegezug- oder Biegedruckspannung in der Schweißnaht im Abstand e_w von der Schwerachse,
M_{wb} in Nmm Biegemoment = $F \cdot L$ auf der Schweißnahtfläche,
I_w in mm⁴ Flächenmoment 2. Grades (früher Flächenträgheitsmoment genannt) der Schweißnahtfläche, bezogen auf deren Schwerachse,
e_w in mm Randabstand der Schweißnahtfläche von ihrer Schwerachse, bei äußeren Kehlnähten der Abstand der Nahtwurzel von dieser Schwerachse.

Die *Flächenmomente 2. Grades* betragen für die Anschlüsse

nach Bild 4.2a: $I_w = \dfrac{a \cdot l^3}{12}$, nach Bild 4.2b: $I_w = 2\,\dfrac{a \cdot l^3}{12} + 2\,\dfrac{a \cdot s \cdot l^2}{4} + 2\,\dfrac{s \cdot a^3}{12}$,

nach Bild 4.2c: $I_w = \pi\,\dfrac{(d + 2a)^4 - d^4}{64}$.

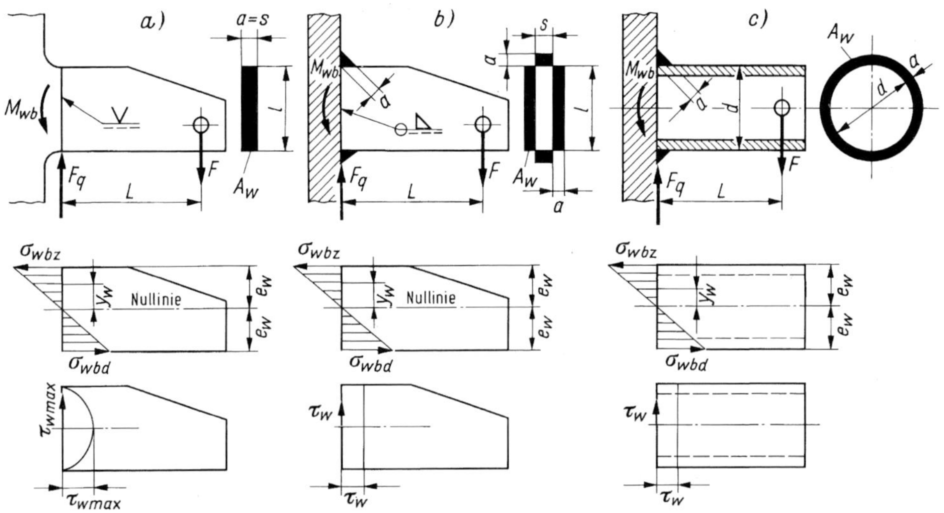

Bild 4.2 Biegebeanspruchte Schweißnähte
a) Stumpfnaht, b) Kehlnaht am Flachstahl, c) Kehlnaht am Rohr

Bei zusammengesetzten Nahtflächen ist es möglich, die Eigenflächenmomente der parallel zur Flächenschwerachse verlaufenden Nahtflächenteile wegen ihres geringen Einflusses zu vernachlässigen und nach dem Steinerschen Satz nur die Verschiebeanteile einzusetzen.
Für eine Spannung im Abstand y_w von der Schwerachse (Nulllinie) ist y_w anstelle von e_w in Gl. (4.3) einzusetzen.
Bei Kehlnähten ist die Spannung der Wurzel maßgebend.

Biege- mit Zug- oder Druckbeanspruchung

resultierende Normalspannung $\boldsymbol{\sigma_{wr} = \sigma_{wb} \pm \sigma_w}$ (4.4)

σ_{wb} Biegezugspannung σ_{wbz} bzw. Biegedruckspannung σ_{wbd} [Gl. (4.3)] in der Schweißnaht,
σ_w Zugspannung σ_{wz} bzw. Druckspannung σ_{wd} [Gl. (4.1)] an demselben Punkt der Schweißnaht.

Normal- mit Schubbeanspruchung

Vergleichsspannung $\boldsymbol{\sigma_{wv} = \sqrt{\sigma_w^2 + 1{,}8\tau_w^2}}$ (4.5)

σ_w Normalspannung an einem Punkt der Kehlnaht,
τ_w Schubspannung an demselben Punkt der Kehlnaht.

Achtung! In den Fällen, in denen biegebeanspruchte Flach-, Rund- oder Hohlstäbe umlaufend mit Kehlnähten angeschlossen sind, muss mit der Vergleichsspannung gerechnet werden, wobei bei Flachstäben und viereckigen Hohlstäben als schubbeansprucht nur die sog. Stegnähte mit der Länge l wie in Bild 4.2b gelten. Sind Flachstäbe nur mit Kehlnähten der Länge l angeschlossen, d. h. ohne die Stirnnähte der Länge s, so entfällt die Vergleichsspannung.
Im Stahlbau gilt die Gl. (4.5) nicht!

Schubbeanspruchung von Flanken- und Stirnkehlnähten durch ein Drehmoment

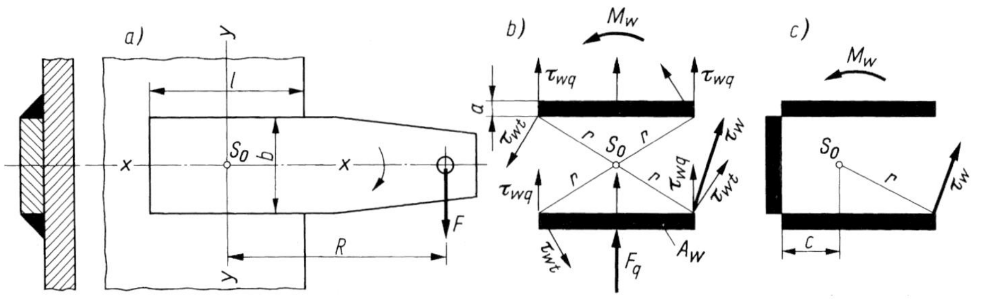

Bild 4.3 Durch ein Drehmoment M beanspruchte Flanken- und Stirnkehlnähte
a) Belastetes Bauteil (ohne symbolische Nahtdarstellung), b) Nahtfläche mit Flankenkehlnähten, c) Nahtfläche mit Stirnkehlnaht und Flankenkehlnähten

polare Flächenmomente 2. Grades

nach Bild 4.3b: $$\boldsymbol{I_{wp}} = \frac{\boldsymbol{a \cdot l}}{\boldsymbol{6}} \, (\boldsymbol{3b^2 + l^2}) \tag{4.6}$$

nach Bild 4.3c: $$\boldsymbol{I_{wp}} = \frac{\boldsymbol{a \cdot l}}{\boldsymbol{6}} \left(\boldsymbol{3b^2} + \frac{\boldsymbol{b^3}}{\boldsymbol{2l}} + \boldsymbol{4l^2}\right) - \boldsymbol{a(2l + b)\, c^2} \tag{4.7}$$

Schubspannung $$\boldsymbol{\tau_w \approx \tau_{wt} + \tau_{wq}} = \frac{\boldsymbol{M_w}}{\boldsymbol{I_{wp}}}\, \boldsymbol{r} + \frac{\boldsymbol{F_q}}{\boldsymbol{A_w}} \tag{4.8}$$

τ_w	in N/mm²	resultierende Schubspannung in der Schweißnaht,
M_w	in Nmm	Drehmoment $= F \cdot R$,
I_{wp}	in mm⁴	polares Flächenmoment 2. Grades der Schweißnahtfläche zum Schwerpunkt S_0 [Gl. (4.6) oder (4.7)],
r	in mm	Abstand des entferntesten Nahtwurzelpunktes vom Schwerpunkt S_0,
F_q	in N	Querkraft in der Nahtfläche $= F$,
A_w	in mm²	Schweißnahtfläche $= \Sigma\,(a \cdot l)$.

Normal- und Schubbeanspruchung von Kehlnahtanschlüssen an Biegeträgern

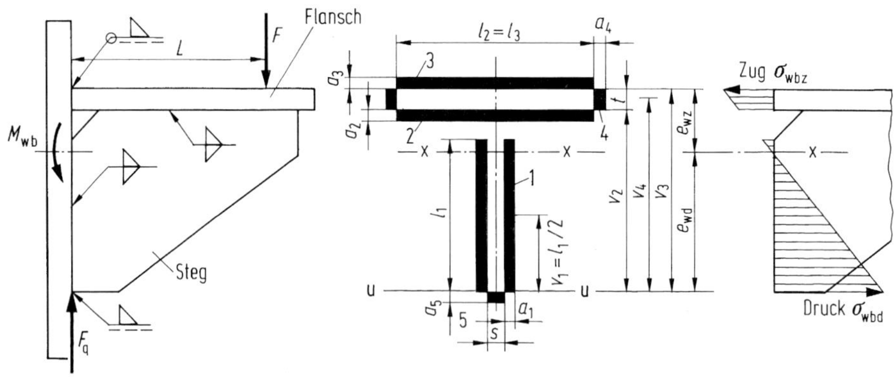

Bild 4.4 Biegesteifer Kehlnahtanschluss

Schwerachsenabstand $$\boldsymbol{e_{wd}} = \frac{\boldsymbol{\Sigma\,(A_{wi} \cdot v_i)}}{\boldsymbol{\Sigma\, A_{wi}}} \tag{4.9}$$

Flächenmoment 2. Grades $\boldsymbol{I_w = I_{wu} - A_w \cdot e_{wd}^2}$ (4.10)

A_{wi} Schweißnaht-Teilflächen (i = 1, 2, 3 ...),
v_i Schwerpunkt- bzw. Wurzelabstände der Teilflächen von der Bezugsachse u,
I_{wu} auf die Bezugsachse bezogenes Flächenmoment 2. Grades = ΣI_{wui},
A_w Schweißnahtfläche = $\Sigma(a \cdot l)$.

4

Biegespannung $\boldsymbol{\sigma_{wbd}}$ nach Gl. (4.3) mit $e_w = e_{wd}$,

Schubspannung $\boldsymbol{\tau_w}$ nach Gl. (4.2) mit $F = F_q$ und $A_w = A_{w1} = 2a_1 \cdot l_1$ (nur die Stegnähte einsetzen),

Vergleichsspannung $\boldsymbol{\sigma_{wv}}$ nach Gl. (4.5) mit σ_{wbd} und τ_w bzw. bei zusätzlicher Längskraft mit σ_{wr} nach Gl. (4.4) und τ_w.

Schubbeanspruchung von Längsnähten in Biegeträgern

Schubspannung $\boldsymbol{\tau_w = \frac{F_q \cdot H}{I \cdot \Sigma a}}$ (4.11)

τ_w in N/mm² Schubspannung im Längsschnitt der Längsnähte,
F_q in N Querkraft im betr. Trägerquerschnitt,
H in mm³ Flächenmoment 1. Grades des Randflächenstückes (bisher statisches Flächenmoment genannt) zur x-Achse. Siehe unten stehende Erläuterung.
I in mm⁴ Flächenmoment 2. Grades des gesamten Trägerquerschnitts zur x-Achse,
Σa in mm Summe der Nahtdicken der Längsnähte im Schweißanschluss.

Das Flächenmoment 1. Grades H bezieht sich nur auf das Querschnittsstück, das sich zum Rand hin oberhalb der Wurzellinien der jeweils betrachteten Längsnähte befindet, und zwar zur x-Achse des Trägerquerschnitts.

Senkrecht zueinander wirkende Schubbeanspruchungen

resultierende Schubspannung $\boldsymbol{\tau_w = \sqrt{\tau_{wl}^2 + \tau_{wq}^2}}$ (4.12)

τ_{wl} Schubspannung in Nahtlängsrichtung,
τ_{wq} Schubspannung in Nahtquerrichtung an demselben Nahtpunkt.

Beim Zusammenwirken von Stumpf- und Kehlnähten in einem Anschluss kann gerechnet werden

1. entweder mit der Summe der Schweißnahtflächen von Stumpf- und Kehlnähten $A_w = A_{wS} + A_{wK}$. Zulässig sind dann die Spannungen für Kehlnähte.
2. oder nur mit dem Stumpfnahtanteil $A_w = A_{wS}$. Dann sind die Spannungen für diese Stumpfnähte zulässig.

Schweißverbindungen im Maschinen- und Gerätebau

Belastungsgrößen

Kraft $\boldsymbol{F = K_A \cdot F_N}$ (4.13a)

Moment $\boldsymbol{M = K_A \cdot M_N}$ (4.13b)

F, M für die Festigkeitsberechnung maßgebende Kraft bzw. maßgebendes Moment (Biege- oder Drehmoment),
K_A Anwendungs- oder Stoßfaktor (Betriebsfaktor) nach Tab. 23.1,
F_N, M_N Nennkraft bzw. Nennmoment.

4

Spannungsberechnung mit den Gln. (4.1) bis (4.12).
Anhaltswerte für zulässige Schweißnahtspannungen siehe Tab. 4.4. Werte für Doppelflachkehlnaht nur bis $s \approx 5a$ mit s als Blechdicke zwischen beiden Kehlnähten. Bei Stumpfnähten entfällt der Nachweis einer Vergleichsspannung.

Bauteil-Anschlussquerschnitte *S* an Kehlnähten im Abstand a von der Anschlussebene sind ebenfalls auf Festigkeit nachzurechnen (zulässige Spannungen in Tab. 4.4).

5 Pressschweißverbindungen

Punktschweißverbindungen

Berechnung nach DIN 18801

Schweißpunktdurchmesser $\boldsymbol{d = \sqrt{25\,\text{mm} \cdot s_{\min}}}$ (5.1)

$s_{\min}$	in mm	kleinste Blechdicke am Anschluss.

Mit d ist zu rechnen, wenn der tatsächliche Schweißpunktdurchmesser größer ist.

Scherspannung $\boldsymbol{\tau_{wa} = \frac{F}{n \cdot m \cdot A_w}}$ (5.2)

τ_{wa}	in N/mm²	Scherspannung in der Schweißlinse,
F	in N	Schubkraft = Betriebskraft,
n		Anzahl der Schweißpunkte im Anschluss,
m		Schnittzahl der Verbindung,
A_w	in mm²	Querschnittsfläche einer Schweißlinse = $d^2 \cdot \pi/4$, ggf. d nach Gl. (5.1).

Leibung $\boldsymbol{\sigma_{wl} = \frac{F}{n \cdot d \cdot s}}$ (5.3)

σ_{wl}	in N/mm²	Leibung oder Leibungsdruck am Schweißpunkt,
d	in mm	Schweißpunktdurchmesser, ggf. nach Gl. (5.1),
s	in mm	maßgebende Blechdicke. Ist die Summe der Dicken der außen liegenden Teile kleiner als die Dicke des mittleren Teiles, so ist diese Summe für s einzusetzen.

Übliche Abmessungen nach Tab. 5.1, zulässige Spannungen siehe Tab. 5.2.

Berechnung bei gleicher Haltbarkeit wie das Bauteil

Abscherkraft der Schweißverbindung $\boldsymbol{F_{wB} = n \cdot m \cdot A_w \cdot \tau_{wB} \approx S \cdot R_m = F_B}$ *Zugbruchkraft des Bauteils* (5.4)

F_{wB}	in N	Scherbruchkraft aller Schweißlinsen,
F_B	in N	Zugbruchkraft des Bauteils,
$n \cdot m$		Anzahl der Schweißlinsen im Anschluss,
A_w	in mm²	Querschnittsfläche $d^2 \cdot \pi/4$ einer Schweißlinse mit d ggf. nach Gl. (5.1),
S	in mm²	zugbeanspruchte Querschnittsfläche des Bauteils,
τ_{wB}	in N/mm²	Scherfestigkeit der Schweißlinsen,
R_m	in N/mm²	Zugfestigkeit des Bauteilwerkstoffs.

Erfahrungsgemäß $\boldsymbol{\tau_{wB} \approx 0{,}65 R_m}$, Kontrolle von σ_{wl} mit Gl. (5.3) nicht erforderlich.

Berechnung zugbeanspruchter Schweißlinsen

Schubspannung $\tau_{ws} = \boldsymbol{\frac{F}{n \cdot d \cdot \pi \cdot s}}$ (5.5)

F	in N	Zugkraft,
n		Anzahl der Schweißpunkte zur Übertragung der Zugkraft,
d	in mm	Schweißpunktdurchmesser,
s		kleinste Bauteildicke am Anschluss.

Zulässige Schubspannung siehe Tab. 5.2 (unterer Teil).

5

Buckelschweißverbindungen

Festigkeitsberechnung

Wie Punktschweißverbindungen mit $m = 1$ nach den Gln. (5.2) bis (5.5). Zulässige Spannungen siehe Tab. 5.2 (unterer Teil).
Schweißbuckel-Abmessungen nach Tab. 5.3, *Querschnittsflächen* bei

Rundbuckeln $\boldsymbol{A_w = d_1^2 \cdot \pi/4}$,

Langbuckeln $\boldsymbol{A_w \approx (l - 0{,}5b)\, b}$,

Ringbuckeln $\boldsymbol{A_w = (d_1^2 - d_2^2)\, \pi/4}$.

6 Lötverbindungen

Berechnung von Lötverbindungen

Lötverbindungen mit gleicher Haltbarkeit wie das Bauteil

$$\textit{Abscherkraft der Lötschicht} \quad \boldsymbol{F_{\mathrm{lB}} = A_{\mathrm{l}} \cdot \tau_{\mathrm{lB}} \approx S \cdot R_{\mathrm{m}} = F_{\mathrm{B}}} \quad \textit{Zugbruchkraft des Bauteils} \tag{6.1}$$

F_{lB} in N Abscherkraft = Scherbruchkraft der Lötschicht,
τ_{lB} in N/mm^2 Zugscherfestigkeit des Hartlotes (Tab. 6.2),
A_{l} in mm^2 Lötfläche,
S in mm^2 Querschnittsfläche des Bauteils,
R_{m} in N/mm^2 Zugfestigkeit des Bauteilwerkstoffs,
F_{B} in N Zugbruchkraft des Bauteils.

Scherbeanspruchung

$$\textit{Scherspannung} \quad \boldsymbol{\tau_{\mathrm{l}} = \frac{F}{A_{\mathrm{l}}}} \tag{6.2}$$

τ_{l} in N/mm^2 Scherspannung in der Lötschicht,
F in N Belastungskraft (Betriebskraft),
A_{l} in mm^2 Lötfläche.

Zugbeanspruchte Hartverlötverbindung

$$\textit{Zugspannung} \quad \boldsymbol{\sigma_{\mathrm{l}} = \frac{F}{A_{\mathrm{l}}}} \tag{6.3}$$

σ_{l} in N/mm^2 Zugspannung in der Lötschicht,
F, A_{l} siehe Legende zur Gl. (6.2).

Anhaltswerte für zulässige Spannungen siehe Tab. 6.2.

Weichlötverbindungen verlieren sehr schnell an Festigkeit und sind für schwingende Beanspruchung und für Zugbeanspruchung nicht geeignet. Bei ruhender Beanspruchung soll deren Scherspannung $\tau_{\mathrm{l}} \approx 2 \ldots 3$ N/mm^2 nicht überschreiten.

7 Klebverbindungen

Berechnung von Klebverbindungen

7

Klebverbindung mit gleicher Haltbarkeit wie das Bauteil

Abscherkraft der Klebschicht $\boldsymbol{F_{kB} = A_k \cdot \tau_{kB} \approx S \cdot R_m = F_B}$ *Zugbruchkraft des Bauteils* (7.1)

F_{kB} in N/mm² Abscherkraft = Scherbruchkraft der Klebschicht,
A_k in mm² Klebfläche,
τ_{kB} in N/mm² Zugscherfestigkeit der Klebschicht (Tabn. 7.1 und 7.2),
S in mm² Querschnittsfläche des Bauteils,
R_m in N/mm² Zugfestigkeit des Bauteilwerkstoffs,
F_B in N Zugbruchkraft des Bauteils.

Scherbeanspruchung

Scherspannung $\boldsymbol{\tau_k = \frac{F}{A_k}}$ (7.2)

τ_k in N/mm² Scherspannung in der Klebschicht,
F in N Belastungskraft (Betriebskraft),
A_k in mm² Klebfläche.

Zulässige Scherspannung $\tau_{k\,zul} \approx 0{,}2\tau_{kB}$ bei wechselnder, $\approx 0{,}3\tau_{kB}$ bei schwellender $\approx 0{,}4\tau_{kB}$ bei ruhender Beanspruchung,
Zugscherfestigkeit τ_{kB} siehe die Tabn. 7.1 und 7.2 oder mit Hilfe von Einflussfaktoren:

Zugscherfestigkeit $\boldsymbol{\tau_{kB} = \tau_N \cdot f_1 \cdot f_2 \cdot f_3 \cdot f_4 \cdot f_5 \cdot f_6 \cdot f_7 \cdot f_8}$ (7.3)

τ_N in N/mm² nominelle Scherfestigkeit der Klebstelle nach Tab. 7.4.
f_1 Faktor zur Berücksichtigung der Metallart der Werkstücke nach Tab. 7.5.
f_2 Faktor zur Berücksichtigung der Klebschichtdicke nach Tab. 7.5.
f_3 Faktor zur Berücksichtigung der Oberflächen nach Tab. 7.5.
f_4 Faktor zur Berücksichtigung des Verhältnisses b/d (Breite zum Durchmesser) bei Welle-Nabe-Verbindungen und bei ebenen Flächen nach Tab. 7.5.
f_5 Faktor zur Berücksichtigung der Belastungsrichtung, und zwar nach Tab. 7.5 bei Umfangsbelastung (Drehmoment). Hierbei ist die kleinere der beiden Rauhtiefen maßgebend. Bei Axialbelastung ist $f_5 = 1$.
f_6 Faktor zur Berücksichtigung des Lastfalles nach Tab. 7.5.
f_7 Faktor zur Berücksichtigung der Betriebstemperatur nach Tab. 7.5.
f_8 Faktor zur Berücksichtigung der Aushärtung des Klebstoffs nach Tab. 7.5.

Falls die vorhandene Scherspannung τ_k mit der Gl. (7.2) errechnet wird, ist zu prüfen die

Sicherheit gegen Bruch $\boldsymbol{S_B = \tau_{kB}/\tau_k \geq 2}$ (7.4)

τ_{kB} in N/mm² Scherfestigkeit nach Gl. (7.3).
τ_k in N/mm² vorhandene Scherspannung nach Gl. (7.2).

Da in τ_{kB} bereits der Lastfall berücksichtigt ist, genügt durchweg eine Sicherheit $S_B = 2$.

Mit Niet- oder Punktschweißverbindungen kombinierten Klebverbindungen

Abscherkraft der Nietverbindung $\boldsymbol{F_{nB} = n \cdot A_n \cdot \tau_{nB}}$ (7.5)

Abscherkraft der Punktschweißverbindung $\boldsymbol{F_{wB} = n \cdot A_w \cdot \tau_{wB}}$ (7.6)

n		Anzahl der Niete bzw. Schweißpunkte,
A_n	in mm^2	Querschnitt eines geschlagenen Niets (siehe A in Tab. 8.1),
A_w	in mm^2	Querschnitt einer Schweißlinse,
τ_{nB}	in N/mm^2	Abscherspannung des Niets $\approx 0{,}65 R_m$,
τ_{wB}	in N/mm^2	Abscherspannung der Schweißlinse $\approx 0{,}65 R_m$,
R_m	in N/mm^2	Zugfestigkeit des Niet- bzw. Schweißteilwerkstoffs.

Zulässige Scherspannung der kombinierten Verbindung

$$\boldsymbol{\tau_{kk\,zul} \approx \frac{F_{gB}}{F_{kB}} \tau_{k\,zul}} \quad (7.7)$$

$\tau_{kk\,zul}$	in N/mm^2	zulässige Scherspannung für die kombinierte Verbindung, bezogen auf die Klebverbindung,
F_{gB}	in N	Gesamtbruchkraft der kombinierten Verbindung $= F_{kB} + F_{nB}$ bzw. $F_{kB} + F_{wB}$,
F_{kB}	in N	Abscherkraft der Klebverbindung $= A_k \cdot \tau_{kB}$,
$\tau_{k\,zul}$	in N/mm^2	zulässige Scherspannung für die Klebverbindung, siehe die Angaben nach Gl. (7.2).

Berechnung auch entsprechend Gl. (7.1) möglich mit F_{gB} anstelle F_{kB}.

8 Nietverbindungen

Berechnung von Nietverbindungen

Scherbeanspruchung

Scherspannung $$\boldsymbol{\tau_a} = \frac{\boldsymbol{F}}{\boldsymbol{n \cdot m \cdot A}} = \frac{\boldsymbol{F_n}}{\boldsymbol{m \cdot A}} \qquad (8.1)$$

τ_a	in N/mm^2	Scherspannung im Nietquerschnitt,
F	in N	Belastungskraft als Zug- oder Druckkraft in den Bauteilen,
n		Anzahl der Niete in einem Anschluss,
m		Schnittzahl = Anzahl der Schnittflächen an einem Nietschaft,
A	in mm^2	Querschnitt des geschlagenen Niets (Tabn. 8.1 und 8.3),
F_n	in N	von einem Niet aufzunehmende Kraft.

8

Mit der von einem Niet aufzunehmenden Kraft F_n wird nur dann gerechnet, wenn sich die Belastungskraft F nicht gleichmäßig auf alle Niete verteilt, d. h. wenn die Wirklinie der Kraft F nicht durch den Schwerpunkt der Nietgruppe geht und ein Moment erzeugt.

Leibungsbeanspruchung

Leibung $$\boldsymbol{\sigma_l} = \frac{\boldsymbol{F}}{\boldsymbol{n \cdot d_L \cdot t}} = \frac{\boldsymbol{F_n}}{\boldsymbol{d_L \cdot t}} \qquad (8.2)$$

σ_l	in N/mm^2	Leibungsdruck an Loch und Nietschaft,
d_L	in mm	Nietlochdurchmesser = Durchmesser d_7 des geschlagenen Niets (Tabn. 8.1 und 8.3),
t	in mm	maßgebende Bauteildicke. Bei mehrschnittigen Verbindungen ist die Bauteildicke einzusetzen, die die größte Leibung ergibt.
F, F_n, n		siehe Legende zur Gl. (8.1).

Zugbeanspruchung

Zugspannung $$\boldsymbol{\sigma_z} = \frac{\boldsymbol{F}}{\boldsymbol{n \cdot A}} = \frac{\boldsymbol{F_z}}{\boldsymbol{A}} \qquad (8.3)$$

σ_z	in N/mm^2	Zugspannung im Nietschaft,
F, F_n, n, A		siehe Legende zur Gl. (8.1),
F_z	in N	auf einen Niet wirkende Zugkraft.

Bauteilbeanspruchung

Zugspannung im Bauteilquerschnitt $$\boldsymbol{\sigma} = \frac{\boldsymbol{F}}{\boldsymbol{S_n}} \qquad (8.4)$$

Druckspannung im Bauteilquerschnitt $$\boldsymbol{\sigma} = \frac{\boldsymbol{F}}{\boldsymbol{S}} \qquad (8.5)$$

σ	in N/mm^2	Zug- bzw. Druckspannung im Bauteilquerschnitt,
F	in N	Belastungskraft (Zug- bzw. Druckkraft),
S_n	in mm^2	gefährdeter Querschnitt = Netzquerschnitt des Bauteils als durch die Nietlöcher geschwächter Querschnitt = $S - \Sigma (d_L \cdot t)$,
S	in mm^2	Vollquerschnitt des Bauteils.

Momentenanschlüsse

Anschluss mit zwei Nieten

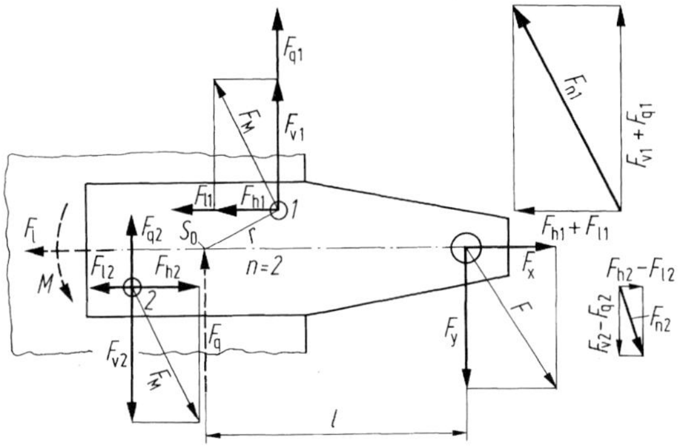

Bild 8.1 Momentenanschluss mit zwei Nieten

$$\textit{Größtkraft} \quad F_{n1} = \sqrt{(F_{v1} + F_{q1})^2 + (F_{h1} + F_{l1})^2} \tag{8.6}$$

F_{v1} in N Vertikalkraft am Niet 1, F_{h1} in N Horizontalkraft am Niet 1,
F_{q1} in N Querkraft am Niet 1, F_{l1} in N Längskraft am Niet 1.

Kraftkomponenten nach den Gleichgewichtsbedingungen $\Sigma M = 0$, $\Sigma F_x = 0$, $\Sigma F_y = 0$.

Anschluss mit zwei Nietgruppen

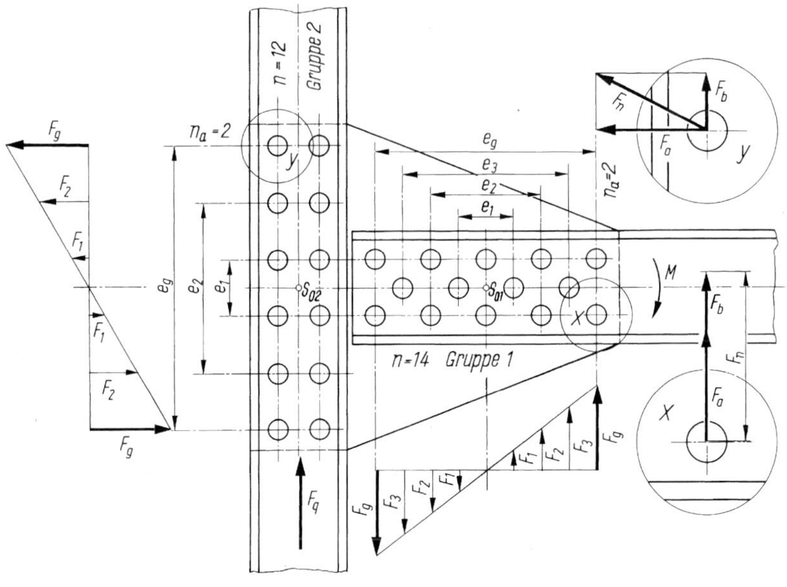

Bild 8.2 Momentenanschluss mit zwei Nietgruppen

Größtkraft $\boldsymbol{F_g \approx M \frac{e_g}{\Sigma e^2}}$ (8.7)

F_g	in N	von den äußersten Nieten dem Biegemoment entgegengesetzte Reaktionskraft,
M	in Nmm	Moment im Schwerpunkt S_0 der betr. Nietgruppe,
e	in mm	Nietabstände symmetrisch zum Schwerpunkt S_0 der Nietgruppe,
e_g	in mm	größter Nietabstand in der Nietgruppe.

Auf einen der äußersten Niete entfallender Kraftanteil $\boldsymbol{F_a = F_g/n_a}$, bei n_a Nieten in dieser Reihe. Wenn wie in Bild 8.2 jedoch $F_3 > F_g/2 = F_g/n_a$, so ist $\boldsymbol{F_a = F_3 = F_g \cdot e_3/e_g}$ zu setzen. Durch die Querkraft F_q bedingter Kraftanteil $\boldsymbol{F_b = F_q/n}$ bei n Nieten in der betreffenden Nietgruppe.

8

Größtkraft in Nietgruppe 1: $\boldsymbol{F_n = F_a + F_b}$ (8.8)

Nietgruppe 2: $\boldsymbol{F_n = \sqrt{F_a^2 + F_b^2}}$ (8.9)

Mit F_n sind die Niete auf Abscheren und Lochleibung nach den Gln. (8.1) und (8.2) zu berechnen.
Die gefährdeten Bauteilquerschnitte müssen auf Biegung nachgerechnet werden.

Zulässige Beanspruchungen

Maschinen- und Gerätebau
Anhaltswerte für zulässige Spannungen siehe Tab. 8.2.

Leichtmetallbau
Zulässige Spannungen für Niete nach Tab. 8.3, für Bauteile nach Tab. 8.5.

Mindestnietdurchmesser $\boldsymbol{d_1 = 6\,\mathrm{mm}}$, *Klemmlänge* $\boldsymbol{\Sigma t \leq 5d_1}$.

Rand- und Lochabstände nach Tab. 8.4, Knickzahlen ω für Druckstäbe nach Tab. 8.6.

9 Reibschlüssige Welle-Nabe-Verbindungen

Grundlagen der Berechnung zylindrischer Pressverbände

Haftkraft $\boldsymbol{F_F \geq F \cdot S_H}$ (9.1)

F in N größte zu übertragende Betriebskraft an den Fügeflächen,
S_H erforderliche Haftsicherheit nach Tab. 9.1.

Betriebskraft $\boldsymbol{F}$ = Umfangskraft $\boldsymbol{F_u = T/r_F = 2T/D_F}$ oder = Längskraft $\boldsymbol{F_l}$ oder
= resultierende Kraft $\boldsymbol{F_r = \sqrt{F_u^2 + F_l^2}}$.

Fugenpressung $\boldsymbol{p_F = \dfrac{F_F}{A_F \cdot \mu} = \dfrac{F_F}{D_F \cdot \pi \cdot l_F \cdot \mu}}$ (9.2)

p_F in N/mm² erforderliche Fugenpressung (Fugendruck p in DIN 7190),
F_F in N erforderliche Haftkraft nach Gl. (9.1),
A_F in mm² Fugenfläche = $D_F \cdot \pi \cdot l_F$,
D_F in mm Fugendurchmesser,
l_F in mm Fugenlänge,
μ Haftbeiwert nach Tab. 9.1.

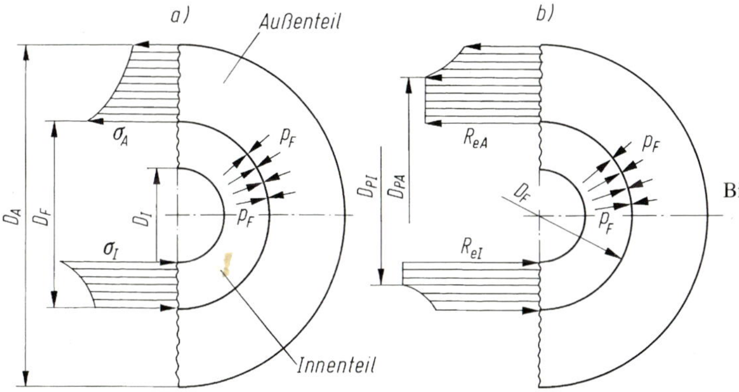

Bild 9.1 Beanspruchung der Fügeteile von Pressverbänden
a) rein elastische Beanspruchung,
b) elastisch-plastische Beanspruchung

Durchmesserverhältnisse $\boldsymbol{Q_A = \dfrac{D_F}{D_A}}$ (9.3) und $\boldsymbol{Q_I = \dfrac{D_I}{D_F}}$ (9.4)

D_F Fugendurchmesser,
D_A Außendurchmesser des Außenteils,
D_I Innendurchmesser des Innenteils. Bei Vollwellen ist $D_I = 0$ und somit auch $Q_I = 0$.

Übermaßverlust $\boldsymbol{U_V = 0{,}8\ (R_{zA} + R_{zI})}$ (9.5)

R_{zA} in µm gemittelte Rauhtiefe für das Außenteil, R_{zI} in µm für das Innenteil.

Erreichbare Rautiefen in Abhängigkeit vom Fertigungsverfahren siehe Tab. 3.1.

Wirksames Übermaß $\boldsymbol{U_w = U - U_V}$ (9.6)

Je nach Rechnungsgang ist U_g oder U_k für U einzusetzen.

Größt- und Kleinstübermaße U_g und U_k verschiedener Presspassungen siehe Tab. 9.3.

Bezogenes wirksames Übermaß $$\boldsymbol{Z_w = \frac{U_w}{D_F}} \quad (9.7)$$

Berechnung bei rein elastischer Beanspruchung

Hilfsgrößen
Allgemein:

Hilfsgröße $$\boldsymbol{K = \frac{E_A}{E_I}\left(\frac{1+Q_I^2}{1-Q_I^2} - \nu_I\right) + \frac{1+Q_A^2}{1-Q_A^2} + \nu_A} \quad (9.8)$$

Bei vollem Innenteil ist $Q_I = 0$, damit gilt

Hilfsgröße $$\boldsymbol{K = \frac{E_A}{E_I}(1-\nu_I) + \frac{1+Q_A^2}{1-Q_A^2} + \nu_A} \quad (9.9)$$

Sind die Werkstoffe beider Fügeteile gleichartig (z. B. aus Stahl), d. h. Elastizitätsmodul $E = E_A = E_I$ und Querdehnzahl $\nu = \nu_A = \nu_I$, so folgt aus Gl. (9.8) für die

Hilfsgröße $$\boldsymbol{K = \frac{(1+Q_I^2)}{(1-Q_I^2)} + \frac{(1+Q_A^2)}{(1-Q_A^2)}} \quad (9.10)$$

E_A, E_I	in N/mm²	Elastizitätsmoduln von Außen- und Innenteil (Tab. 9.2),
Q_A, Q_I		Durchmesserverhältnisse nach den Gln. (9.3) und (9.4),
ν_A, ν_I		Querdehnzahlen von Außen- und Innenteilwerkstoffen (Tab. 9.2).

Ist bei gleichartigen Werkstoffen $Q_I = 0$, braucht K nicht berechnet zu werden, siehe die Gln. (9.12), (9.17) und (9.18).

Fall A: Rechnungsgang „Passung gesucht"

Bezogenes wirksames Übermaß $$\boldsymbol{Z_w = K\,\frac{p_F}{E_A}} \quad (9.11)$$

Bei vollem Innenteil und gleichartigen Werkstoffen (z. B. Stahl) beider Fügeteile ($E_A = E_I = E$ und $\nu_A = \nu_I = \nu$) folgt für das kleinste

bezogene wirksame Übermaß $$\boldsymbol{Z_w = \frac{2p_F}{(1-Q_A^2)\,E}} \quad (9.12)$$

p_F	in N/mm²	erforderliche kleinste Fugenpressung nach Gl. (9.2),
E_A, E	in N/mm²	Elastizitätsmoduln der Fügeteile (Tab. 9.2),
K		Hilfsgröße nach Gl. (9.8), (9.9) und (9.10),
Q_A		Durchmesserverhältnis nach Gl. (9.3).

Mindestübermaß $$\boldsymbol{U_{min} = U_w + U_V} \quad (9.13)$$

U_{min}	in mm	erforderliches Mindestübermaß,
U_w	in mm	kleinstes wirksames Übermaß aus Gl. (9.7),
U_V	in mm	Übermaßverlust nach Gl. (9.5).

Zulässiges bezogenes wirksames Übermaß

für das Außenteil $$\mathbf{Z_{wA\,zul}} = \boldsymbol{K}\,\frac{(\mathbf{1}-\boldsymbol{Q}_\mathbf{A}^\mathbf{2})\,\boldsymbol{R}_\mathbf{eA}}{\sqrt{\mathbf{3}}\cdot \boldsymbol{S}_\mathbf{P}\cdot \boldsymbol{E}_\mathbf{A}} \tag{9.14}$$

für ein hohles Innenteil $$\mathbf{Z_{wI\,zul}} = \boldsymbol{K}\,\frac{(\mathbf{1}-\boldsymbol{Q}_\mathbf{I}^\mathbf{2})\,\boldsymbol{R}_\mathbf{eI}}{\sqrt{\mathbf{3}}\cdot \boldsymbol{S}_\mathbf{P}\cdot \boldsymbol{E}_\mathbf{A}} \tag{9.15}$$

für ein volles Innenteil $$\mathbf{Z_{wI\,zul}} = \boldsymbol{K}\,\frac{\mathbf{2}\boldsymbol{R}_\mathbf{eI}}{\sqrt{\mathbf{3}}\cdot \boldsymbol{S}_\mathbf{P}\cdot \boldsymbol{E}_\mathbf{A}} \tag{9.16}$$

Wenn $Q_\mathrm{I} = 0$ ist bei gleichartigen Werkstoffen für Außen- und Innenteil ($E_\mathrm{A} = E_\mathrm{I} = E$ und $\nu_\mathrm{A} = \nu_\mathrm{I} = \nu$), so gilt

für das Außenteil $$\mathbf{Z_{wA\,zul}} = \frac{\mathbf{2}\boldsymbol{R}_\mathbf{eA}}{\sqrt{\mathbf{3}}\cdot \boldsymbol{S}_\mathbf{P}\cdot \boldsymbol{E}} \tag{9.17}$$

für das volle Innenteil $$\mathbf{Z_{wI\,zul}} = \frac{\mathbf{4}\boldsymbol{R}_\mathbf{eI}}{\sqrt{\mathbf{3}}\cdot \boldsymbol{S}_\mathbf{P}(\mathbf{1}-\boldsymbol{Q}_\mathbf{A}^\mathbf{2})\boldsymbol{E}} \tag{9.18}$$

K		Hilfsgröße nach Gl. (9.8), (9.9) oder (9.10),
Q_A, Q_I		Durchmesserverhältnisse nach den Gln. (9.3) und (9.4),
R_eA, R_eI	in N/mm²	Streckgrenzen von Außen- und Innenteil (Tabn. 1.2, 1.5 und 1.6), bei Grauguss für $R_\mathrm{eA} \approx R_\mathrm{m}/2$ einsetzen,
E_A, E	in N/mm²	Elastizitätsmoduln der Fügeteile (Tab. 9.2),
S_P		Sicherheit gegen plastische Verformung ≈ 1,2.

Der jeweils kleinere Wert, $Z_\mathrm{wA\,zul}$ oder $Z_\mathrm{wI\,zul}$, ist dann $Z_\mathrm{w\,zul}$. Damit folgt aus Gl. (9.7) das zulässige wirksame Übermaß $U_\mathrm{w\,zul}$ und aus Gl. (9.6) das

zulässige Höchstübermaß $$\boldsymbol{U}_\mathbf{max} = \boldsymbol{U}_\mathbf{w\,zul} + \boldsymbol{U}_\mathrm{V} \tag{9.19}$$

Nach Tab. 9.3 wird nun eine Passung gewählt, bei der das Mindestübermaß $U_\mathrm{k} \geq U_\mathrm{min}$ und das Höchstübermaß $U_\mathrm{g} \leq U_\mathrm{max}$ ist.
Bei durch Arme oder Rippen versteiften Fügeteilen (Bild 9.2) ist der Elastizitätsmodul zu erhöhen (um ca. 30%). Am Außendurchmesser D_A dürfen keine Werkstoffunterbrechungen auftreten, deshalb bei Zahnrädern Flußkreisdurchmesser einsetzen (Bild 9.2b).

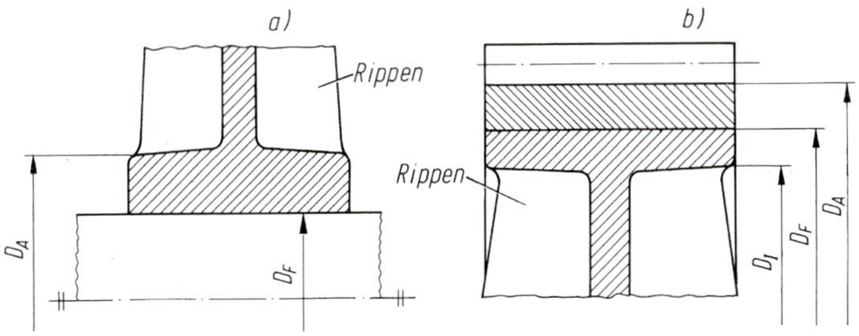

Bild 9.2 Durch Rippen versteifte Fügeteile
a) Außenteil,
b) Innenteil

Ablaufplan für den Rechnungsgang „Passung gesucht" siehe Bild 9.3.

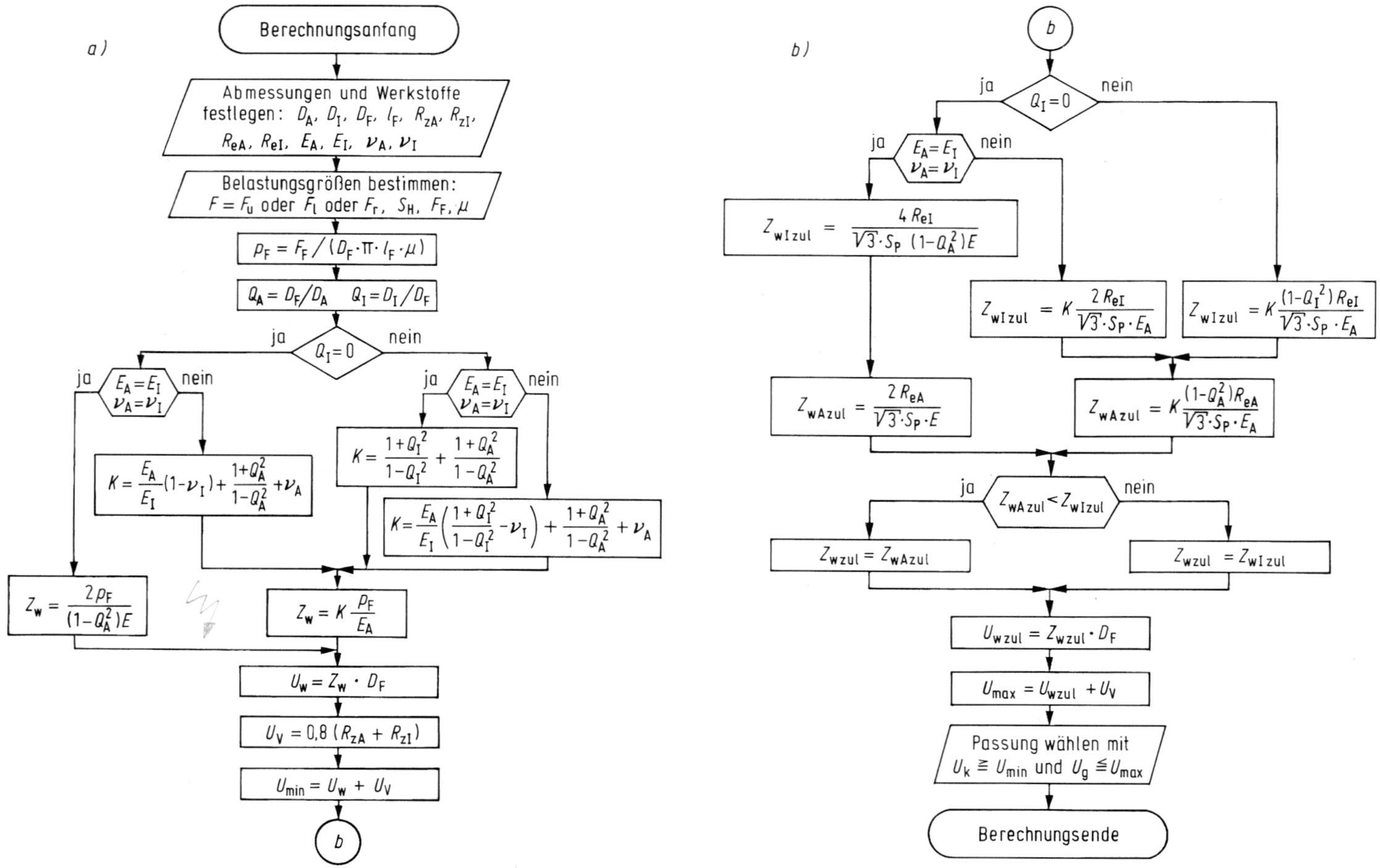

Bild 9.3 Ablaufplan (Flussdiagramm) für den Fall A: Rechnungsgang bei rein **elastischer Beanspruchung**, wenn die **Passung gesucht** ist
a) Ermittlung von U_{min}, b) Ermittlung von U_{max} und Passungswahl

Fall B: Rechnungsgang „Passung gegeben"

Ausgehend vom Mindestübermaß U_k (Tab. 9.3) und den Gl. (9.5) bis (9.7) kleinste

Fugenpressung $$p_{Fk} = Z_{wk} \frac{E_A}{K} \quad (9.20)$$

Bei vollem Innenteil ($Q_I = 0$) und gleichen elastischen Konstanten für Außen- und Innenteilwerkstoff ($E_A = E_I = E$ und $\nu_A = \nu_I = \nu$) wird entsprechend Gl. (9.12) die kleinste

Fugenpressung $$p_{Fk} = Z_{wk} \frac{1 - Q_A^2}{2} E \quad (9.21)$$

p_{Fk}	in N/mm²	kleinste Fugenpressung,
Z_{wk}		kleinstes bezogenes wirksames Übermaß nach Gl. (9.7),
E_A, E	in N/mm²	Elastizitätsmoduln der Fügeteile (Tab. 9.2),
K		Hilfsgröße nach Gl. (9.8), (9.9) oder (9.10),
Q_A		Durchmesserverhältnis nach Gl. (9.3).

Mit p_{Fk} folgt aus Gl. (9.2) die kleinste Haftkraft F_{Fk} und damit aus Gl. (9.1) die zulässige Betriebskraft F_{zul}, die mindestens so groß sein muss wie die zu übertragende Betriebskraft F.

Ausgehend vom Höchstübermaß U_g (Tab. 9.3) und den Gl. (9.6) und Gl. (9.7) größte

Fugenpressung $$p_{Fg} = Z_{wg} \frac{E_A}{K} \quad (9.22)$$

oder bei $Q_I = 0$ sowie gleichen Werten für E und ν beider Fügeteile entsprechend Gl. (9.12) die größte

Fugenpressung $$p_{Fg} = Z_{wg} \frac{1 - Q_A^2}{2} E \quad (9.23)$$

p_{Fg}	in N/mm²	größte Fugenpressung,
Z_{wg}		größtes bezogenes wirksames Übermaß nach Gl. (9.7) mit U_{wg} nach Gl. (9.6),
E_A, E	in N/mm²	Elastizitätsmoduln der Fügeteile (Tab. 9.2),
K		Hilfsgröße nach Gl. (9.8), (9.9) oder (9.10),
Q_A		Durchmesserverhältnis nach Gl. (9.3).

Pressungsverhältnis $$\frac{p_{Fg}}{p_{Fk}} = \frac{U_{wg}}{U_{wk}} \quad (9.24)$$

Daraus lässt sich p_{Fg} ebenfalls errechnen.

Zulässige Fugenpressung

für das Außenteil $$p_{A\,zul} = \frac{1 - Q_A^2}{\sqrt{3} \cdot S_P} R_{eA} \geq p_{Fg} \quad (9.25)$$

für ein hohles Innenteil $$p_{I\,zul} = \frac{1 - Q_I^2}{\sqrt{3} \cdot S_P} R_{eI} \geq p_{Fg} \quad (9.26)$$

für ein volles Innenteil $$p_{I\,zul} = \frac{2}{\sqrt{3} \cdot S_P} R_{eI} \geq p_{Fg} \quad (9.27)$$

Q_A, Q_I		Durchmesserverhältnisse nach den Gln. (9.3) und (9.4),
R_{eA}, R_{eI}	in N/mm²	Streckgrenzen von Außen- und Innenteil (Tabn. 1.2, 1.5 und 1.6), bei Grauguss für $R_{eA} \approx R_m/2$ einsetzen,
S_P		Sicherheit gegen plastische Verformung $\approx 1{,}2$.

9

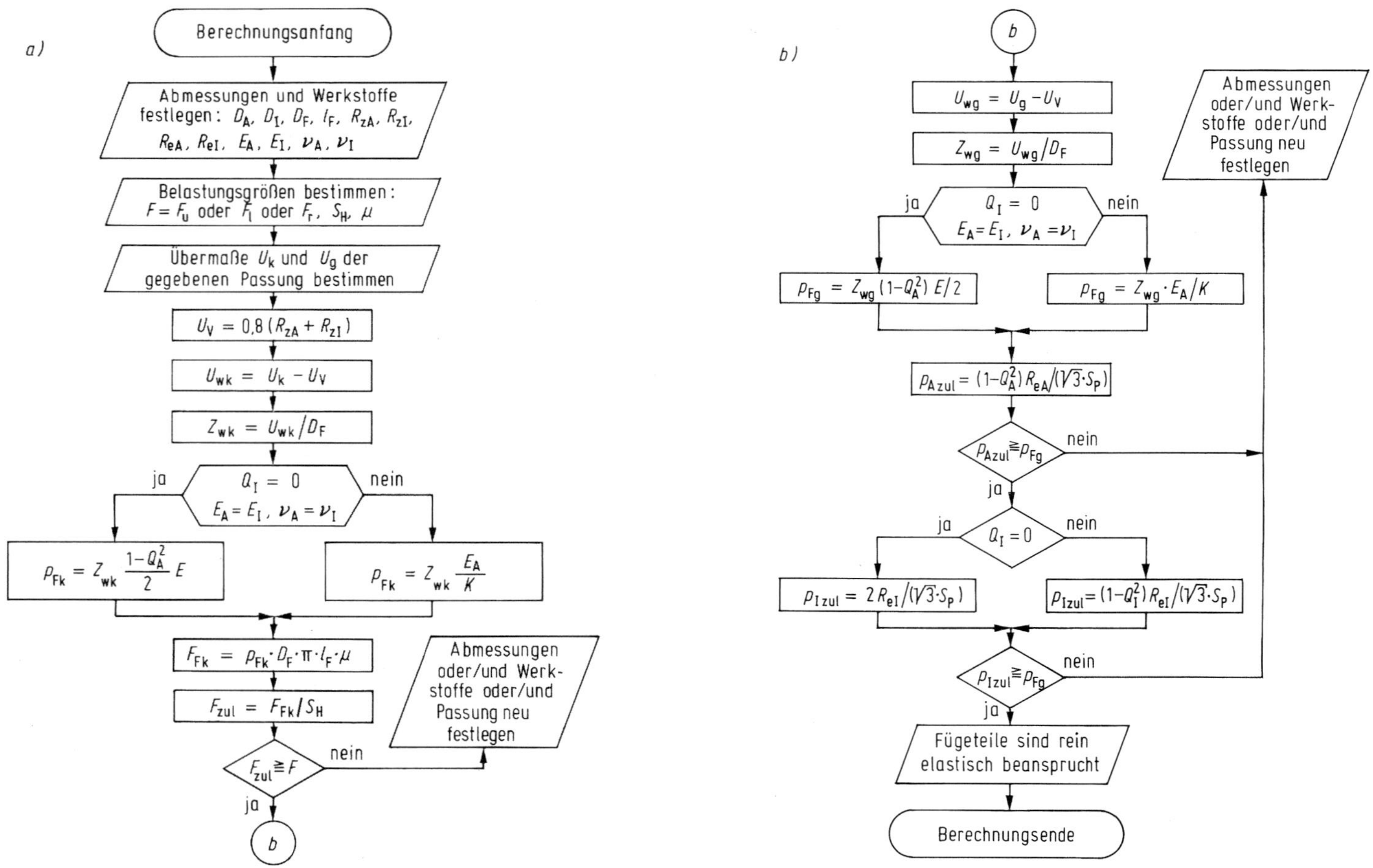

Bild 9.4 Ablaufplan (Flussdiagramm) für den Fall B: Rechnungsgang bei rein **elastischer Beanspruchung**, wenn die **Passung gegeben** ist
a) Kontrolle der Übertragungsfähigkeit, b) Überprüfung der Beanspruchung

Einen Ablaufplan (Flussdiagramm) für diesen Rechnungsgang zeigt Bild 9.4.
Sollte sich $p_{Fg} > p_{zul}$ ergeben, so kann aus der für p_{zul} zutreffenden Gleichung der zulässige Wert für p_{Fg} und damit das Höchstübermaß U_{max} zwecks Wahl einer neuen Passung ermittelt werden. Andererseits lässt sich auch die erforderliche Streckgrenze zur Wahl eines festeren Werkstoffs bestimmen.
Mit dem üblichen Wert für S_P folgt aus Gl. (9.27) für volle Innenteile $p_{I\,zul} \approx R_{eI}$. Eine Welle als Innenteil ist zusätzlich auf Gestaltfestigkeit nachzurechnen. Bei Graugussinnenteilen kann wegen der hohen Druckfestigkeit auf die Kontrolle von p_{Fg} verzichtet werden (erforderlichenfalls $R_{eI} = R_m$ annehmen).
Bei Außenteilen mit Stufen verschiedener Außendurchmesser die Haftkraft je Stufe errechnen und diese zur Gesamtkraft addieren.

9

Berechnung bei elastisch-plastischer Beanspruchung

Voraussetzungen für das Berechnungsverfahren

Volles Innenteil ($Q_I = 0$) und gleiche Elastizitätskonstanten ($E_A = E_I = E$, $\nu_A = \nu_I = \nu$).
Damit Innenteil nicht vollplastisch wird, muß $\boldsymbol{R_{eI} \geq R_{eA}(1-Q_A^2)/2}$ sein.

Fall A: Rechnungsgang „Passung gesucht“

Zulässige Fugenpressung des Außenteils

$$\text{bei } Q_A \leq 0{,}368\text{:} \quad \boldsymbol{p_{A\,zul} = \frac{2}{\sqrt{3}\cdot S_{PA}} R_{eA}} \tag{9.28}$$

$$\text{bei } Q_A > 0{,}368\text{:} \quad \boldsymbol{p_{A\,zul} = \frac{2\cdot \ln Q_A}{\sqrt{3}\cdot S_{PA}} R_{eA}} \tag{9.29}$$

R_{eA} in N/mm² Streckgrenze des Außenteilwerkstoffs (Tabn. 1.2, 1.5 und 1.6),
Q_A Durchmesserverhältnis nach Gl. (9.3),
S_{PA} Sicherheit gegen vollplastische Beanspruchung $\geq 1{,}25$.

Die zulässige Fugenpressung $p_{I\,zul}$ für das volle Innenteil ist nach Gl. (9.27) zu berechnen, wobei als Mindestsicherheit $S_{PI} = 1{,}1$ (nach DIN 7190) genügt.
Es muss $p_F \geq p_{A\,zul}$ bzw. $p_{I\,zul}$ (wenn $p_{A\,zul} > p_{I\,zul}$) sein, außerdem $\boldsymbol{p_F > R_{eA}(1 - Q_A^2)/\sqrt{3}}$, damit im Außenteil elastisch-plastische Beanspruchung auftritt.
Der **bezogene Plastizitätsdurchmesser** $\boldsymbol{\zeta = D_{PA}/D_F}$ ist von Q_A und p_F/R_{eA} abhängig und muss der Bedingung $1 \leq \zeta \leq 1/Q_A$ genügen (Plastizitätsdurchmesser D_{PA} siehe Bild 9.1).
Anhaltswerte für ζ enthält Tab. 9.4 (Zwischenwerte interpolieren). Damit gilt für das

$$\textit{Querschnittsverhältnis} \quad \boldsymbol{q = \frac{(\zeta^2 - 1)\, Q_A^2}{1 - Q_A^2} \leq q_{zul}} \tag{9.30}$$

ζ bezogener Plastizitätsdurchmesser (Tab. 9.4),
Q_A Durchmesserverhältnis nach Gl. (9.3),
q_{zul} zulässiges Querschnittsverhältnis, erfahrungsgemäß $= 0{,}3$.

Für die Fugenpressung p_F ist erforderlich das kleinste

$$\textit{bezogene wirksame Übermaß} \quad \boldsymbol{Z_{wk} = \frac{2}{\sqrt{3}} \cdot \frac{R_{eA}}{E}\, \zeta^2} \tag{9.30a}$$

Z_{wk} erforderliches bezogenes wirksames Übermaß,
E in N/mm² Elastizitätsmodul beider Fügeteilwerkstoffe (Tab. 9.2),

ζ		siehe Legende zur Gl. (9.30),
R_{eA}	in N/mm²	siehe Legende zur Gl. (9.29).

Aus Gl. (9.7) ergibt sich damit das erforderliche kleinste wirksame Übermaß U_{wk} und nach Gl. (9.13) das erforderliche Mindestübermaß U_{min}, mit dem eine Passung gewählt wird, deren Mindestübermaß $U_k \geq U_{min}$ sein muss.
Vom Höchstübermaß U_g der gewählten Passung ausgehend, ist dann das größte bezogene wirksame Übermaß Z_{wg} zu ermitteln, Gln. (9.6) und (9.7). Bei $\mathbf{Z_{wg} < 2/\sqrt{3} \cdot R_{eA}/E}$ liegt ein rein elastisch beanspruchtes Außenteil vor (Kontrolle nicht erforderlich, da $U_k < U_g$).
Der zulässige bezogene Plastizitätsdurchmesser ζ_{zul} kann Tab. 9.4 entnommen werden. Er wird bei $p_{I\,zul} \leq p_{A\,zul}$ mit $p_F = p_{I\,zul}$ bestimmt und bei $p_{I\,zul} > p_{A\,zul}$ mit $p_F = p_{A\,zul}$.
Damit die Sicherheit gegen vollplastische Beanspruchung gewährleistet ist, gilt für das zulässige

9

bezogene wirksame Übermaß $$\mathbf{Z_{w\,zul} = \frac{2}{\sqrt{3}} \cdot \frac{R_{eA}}{E} \, \zeta_{zul}^2 \geq Z_{wg}} \qquad (9.31)$$

E	in N/mm²	Elastizitätsmodul beider Fügeteilwerkstoffe (Tab. 9.2),
ζ_{zul}		zulässiger bezogener Plastizitätsdurchmesser (Tab. 9.4),
Z_{wg}		größtes bezogenes wirksames Übermaß nach Gl. (9.7),
R_{eA}	in N/mm²	siehe Legende zur Gl. (9.29).

Bei dem durch die gewählte Passung bedingten Z_{wg} stellt sich ein der

bezogene Plastizitätsdurchmesser $$\mathbf{\zeta_g = \sqrt{\frac{\sqrt{3} \cdot Z_{wg} \cdot E}{2 \cdot R_{eA}}} = 0{,}931 \sqrt{\frac{Z_{wg} \cdot E}{R_{eA}}}} \qquad (9.32)$$

Damit ergibt sich eine größte

Fugenpressung $$\mathbf{p_{Fg} = \frac{R_{eA}}{\sqrt{3}} \left[1 + 2 \ln \zeta_g - (Q_A \cdot \zeta_g)^2\right]} \qquad (9.33)$$

Sie darf $p_{A\,zul}$ und $p_{I\,zul}$ nicht überschreiten. Abschließend ist mit dem bezogenen Plastizitätsdurchmesser ζ_g nach Gl. (9.32) das Querschnittsverhältnis q_g nach Gl. (9.30) zu überprüfen.

Einpresskraft und Fügetemperaturen

Für das Fügen eines Längspressverbandes erforderliche

Einpresskraft $$\mathbf{F_e = p_{Fg} \cdot D_F \cdot \pi \cdot l_F \cdot \mu_e} \qquad (9.34)$$

F_e	in N	mindestens erforderliche Presskraft,
p_{Fg}	in N/mm²	größte Fugenpressung,
D_F	in mm	Fugendurchmesser,
l_F	in mm	Fugenlänge,
μ_e		Haftbeiwert beim Einpressen.

Falls für den Haftbeiwert μ_e keine Erfahrungswerte vorliegen, können die 1,25fachen Werte der Tab. 9.1 angenommen werden.
Für das Fügen eines Querpressverbandes erforderliche

Erwärmungstemperatur des Außenteils $$\mathbf{t_A = \frac{U_i + S_e}{\alpha_A \cdot D_F} + t} \qquad (9.35)$$

Unterkühlungstemperatur des Innenteils $$\mathbf{t_I = \frac{U_i + S_e}{\alpha_I \cdot D_F} + t} \qquad (9.36)$$

t_A, t_I	in °C	Fügetemperatur,
U_i	in mm	Istübermaß, ggf. Höchstübermaß U_g,
S_e	in mm	Einführungsspiel $\geq 0{,}001 D_F$,
α_A, α_I	in 1/K	Wärmedehnungsbeiwert (Längenausdehnungskoeffizient) nach Tab. 9.2,
D_F	in mm	Fugendurchmesser,
t	in °C	Raumtemperatur.

Spannelementverbindungen

Ringkegel-Spannelemente

Vorspannkraft $$\boldsymbol{F_V = \frac{F_0 + c \cdot p_I}{i}} \qquad (9.37)$$

F_V	in N	Vorspannkraft einer Spannschraube,
F_0	in N	Längskraft zur Beseitigung des Einbauspiels (Tab. 9.5),
c	in mm^2	wirksame Spannkraftrate (Tab. 9.5),
p_I	in N/mm^2	gewünschte bzw. erforderliche Fugenpressung am ersten Spannelement,
i		Anzahl der Spannschrauben.

Bei dieser Vorspannkraft ergeben sich:

Übertragbares Drehmoment $$\boldsymbol{M_F = k \cdot m \cdot p_I} \qquad (9.38)$$

Übertragbare Längskraft $$\boldsymbol{F_F = k \cdot f \cdot p_I} \qquad (9.39)$$

M_F	in Nm	übertragbares Drehmoment der Verbindung,
F_F	in N	übertragbare Längskraft der Verbindung,
k		Minderungsfaktor bei a hintereinander geschalteten Elementen $= 1$ bei $a = 1$, $= 1{,}55$ bei $a = 2$, $= 1{,}86$ bei $a = 3$, $= 2$ bei $a = 4$,
m	in m · mm^2	Drehmomentrate (Tab. 9.5),
f	in mm^2	Widerstandsrate (Tab. 9.5).

Die Spannschrauben sollten stets mit einem Drehmomentenschlüssel angezogen werden. Wegen der auch dann noch stark streuenden Schraubenvorspannkraft F_V (Anziehfaktor $\alpha_A \approx 1{,}6$!) legt man das übertragbare Drehmoment $\boldsymbol{M_F \approx 2\,M}$ aus, wenn M das Betriebsdrehmoment darstellt. Das gilt sinngemäß auch für die Übertragung einer Betriebslängskraft F_l, d. h. $\boldsymbol{F_F \approx 2\,F_l}$.
Die Spannschrauben sind mit $M_A \leq M_{A\,zul}$ anzuziehen. Unter Berücksichtigung des Setzens ist dann mit einer maximalen Vorspannkraft $\boldsymbol{F_V \approx 0{,}9\,F_M}$ zu rechnen. Anziehdrehmoment $M_{A\,zul}$ und Montagevorspannkraft $F_{M\,zul}$ nach Tab. 10.8 bei $\mu_G = \mu_K = 0{,}12$. Siehe hierzu auch Beispiel 12.9.
Mit den Gln. (9.3), (9.4), (9.25), (9.27), (9.28) bis (9.30) kann wie bei den Kegelverbindungen (siehe Abschnitt 12.6) kontrolliert werden, ob elastische oder plastische Beanspruchung der Fügeteile gewährleistet ist. Die Pressung der Nabenbohrung beträgt $\boldsymbol{p_A = p_I \cdot d/D}$.

RINGSPANN-Sternscheiben

Vorspannkraft $$\boldsymbol{F_V = a \cdot F_1 / i} \qquad (9.40)$$

F_V	in N	Vorspannkraft einer Spannschraube,
a		Anzahl der Sternscheiben in der Verbindung,
F_1	in N	Vorspannkraft je Sternscheibe (Tab. 9.6),
i		Anzahl der Spannschrauben.

Übertragbares Drehmoment $\boldsymbol{T_F = a \cdot T_1}$ (9.41)

T_F	in Nm	Haftmoment infolge des Kraftschlusses,
a		Anzahl der Sternscheiben in der Verbindung,
T_1	in Nm	Haftmoment je Sternscheibe (Tab. 9.6).

Für die Auslegung der Spannschrauben einer Sternscheiben-Verbindung gelten die Ausführungen für Spannelement-Verbindungen unterhalb der Gl. (9.39). Eine Kontrolle auf elastische oder elastisch-plastische Beanspruchung der Fügeteile ist nicht erforderlich, wenn die Streckgrenze des Nabenwerkstoffs $R_{eA} \geq 300\,\text{N/mm}^2$ ist. Anderenfalls ist die Anzahl a der Sternscheiben entspr. zu erhöhen.

9

Klemmverbindungen

Fugenpressung $$\boldsymbol{p_F \approx K_F \frac{F_V \cdot i}{d \cdot l}} \quad (9.42)$$

p_F	in N/mm²	Fugenpressung zwischen Nabenbohrung und Welle,
K_F		Formfaktor ≈ 1,2 bei geteilten Naben, ≈ 1,5 bei geschlitzten Naben,
F_V	in N	Vorspannkraft einer Klemmschraube,
i		Anzahl der Klemmschrauben,
d	in mm	Wellendurchmesser,
l	in mm	Traglänge der Klemmverbindung.

Mit der Fugenpressung p_F können die Verbindungen wie **Querpressverbindungen** betrachtet werden, Gln. (9.1) und (9.2), bei leicht geölten Fugenflächen ein Haftbeiwert $\mu = 0{,}1 \ldots 0{,}2$ (im Mittel 0,14) ergeben. Die Haftsicherheit ist zweckmäßig $S_H \geq 1{,}5$ vorzusehen.
Da die Schrauben meistens gefühlsmäßig von Hand angezogen werden, kann man mit den in Tab. 10.13 angegebenen mittleren Vorspannungen σ_V im Spannungsquerschnitt rechnen, sodass $\boldsymbol{F_V = A_S \cdot \sigma_V}$ ist (A_S nach Tab. 10.1). Falls mit einem Drehmomentenschlüssel angezogen wird, kann bis auf $\boldsymbol{F_V \approx 0{,}9\, F_{M\,zul}}$ bei $\mu_G = \mu_K = 0{,}12$ (siehe Tab. 10.8) gegangen werden.

Bei ungeteilten Naben (siehe Bild 9.5b) sind üblich: $\boldsymbol{h/d = 1{,}6 \ldots 2}$ und $\boldsymbol{l/d = 0{,}8 \ldots 1}$.

Biegespannung $$\boldsymbol{\sigma_b \approx K_N \frac{F_V \cdot m \cdot l_S}{W_b}} \quad (9.43)$$

σ_b	in N/mm²	Biegezugspannung im kleinsten Nabenquerschnitt,
K_N		Versteifungsfaktor ≈ 0,2 bei geteilten Naben, ≈ 0,3 bei geschlitzten Naben,
F_V	in N	Vorspannkraft einer Klemmschraube,
m		Anzahl der Schrauben im Abstand l_S von der Wellenmitte. Für den Fall nach Bild 9.5a ist $m = i/2 = 2$, für die Fälle nach den Bildern 9.5b und c ist $m = i$,
l_S	in mm	Abstand der Schrauben von der Wellenmitte,
W_b	in mm³	Widerstandsmoment gegen Biegung des kleinsten Nabenquerschnitts $= l \cdot a^2/6$.

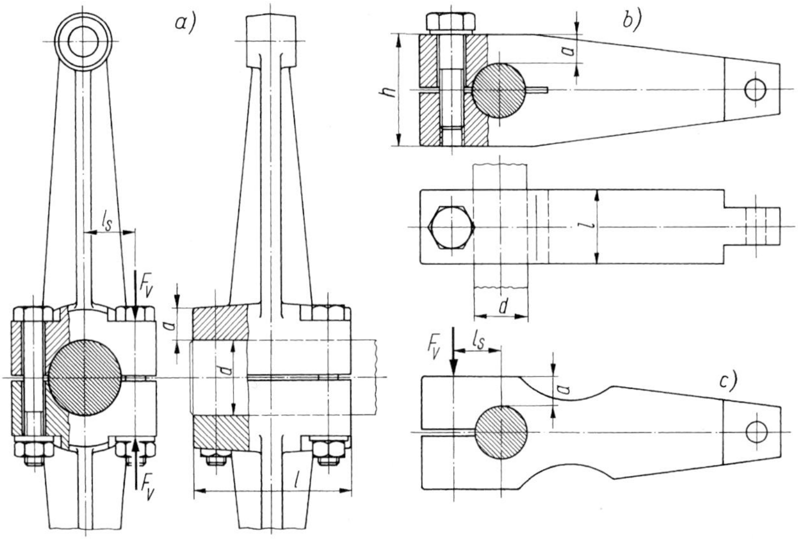

Bild 9.5 Klemmverbindungen
a) mit geteilter Nabe, b) mit geschlitzter Nabe und weitergeführtem Schlitz, c) mit geschlitzter Nabe und Ausnehmungen an der Nabe

Als zulässige Biegespannung kann $\boldsymbol{\sigma_{b\,zul} \approx 0{,}7\,R_e}$ gesetzt werden bzw. $\approx \boldsymbol{0{,}5\,R_m}$ bei Grauguss (R_e und R_m siehe Tabn. 2.5 und 2.6).

10 Befestigungsschrauben

Gewinde

Abmessungen des metrischen ISO-Gewindes nach DIN 13

- d Außen- und Nenndurchmesser
- d_2 Flankendurchmesser $= d - 0{,}64952P$
- H_1 Gewindetragtiefe $= 0{,}54127P$
- R Rundungsradius $= 0{,}14434P$
- β Teilflankenwinkel $= 30°$ (halber Flankenwinkel)
- P Steigung
- d_3 Kerndurchmesser $= d - 1{,}22687P$
- h_3 Gewindetiefe $= 0{,}61343P$
- m Mutternhöhe
- d_S Spannungsdurchmesser $= 0{,}5(d_2 + d_3)$ zur Berechnung des Spannungsquerschnitts
- d_T Taillendurchmesser $\approx 0{,}9d_3$

α Steigungswinkel: $\tan\alpha = P/(d_2 \cdot \pi) \approx 0{,}32 \cdot P/d_2$

Querschnittsflächen

Schaftquerschnitt $\boldsymbol{A = d^2 \cdot \pi/4}$

Taillenquerschnitt $\boldsymbol{A_T = d_T^2 \cdot \pi/4}$

Kernquerschnitt $\boldsymbol{A_K = d_3^2 \cdot \pi/4}$

Spannungsquerschnitt $\boldsymbol{A_S = (d_2 + d_3)^2 \cdot \pi/16}$

Abmessungen und Querschnitte für Regelgewinde und Feingewinde siehe Tab. 10.1 (Kerndurchmesser $d_K = d_3$, Schaftquerschnitt A_T bei Dehnschrauben = Taillenquerschnitt).

Anhaltswerte für die erforderliche ***Mindesteinschraubtiefe*** $\boldsymbol{m_{erf}}$ siehe Tab. 10.5, abhängig von der Schraubenfestigkeitsklasse nach Tab. 10.2.

Berechnung: Vordimensionierung und Überschlag

Spannungsquerschnitt $$\boldsymbol{A_S \geq \frac{F_A}{\sigma_{zul}}} \qquad (10.1)$$

- F_A in N — Betriebslängskraft,
- σ_{zul} in N/mm² — zulässige Betriebsspannung in der Schraube, für die Anhaltswerte in Tab. 10.13 angegeben sind.

Damit wird aus Tab. 10.1 ein passendes Gewinde gewählt, dessen Spannungsquerschnitt den errechneten nicht unterschreiten darf.
Die gefühlsmäßig von Hand mit Gabel- oder Ringschlüssel erreichbare

Vorspannkraft $\boldsymbol{F_V = A_S \cdot \sigma_V}$

- A_S in mm² — Spannungsquerschnitt des Schraubengewindes (Tab. 10.1),
- σ_V in N/mm² — mittlere Vorspannung, Erfahrungswerte siehe Tab. 10.13.

Mit Stiftschlüsseln für Innensechskantschrauben werden etwa 30% der vorgenannten Spannungen nach Tab. 10.13 erreicht.
Die **Streckgrenze des Schraubenwerkstoffs** sollte mindestens $\boldsymbol{R_e = 1{,}5\sigma_V}$ betragen.

Schraubenanziehmoment, Anziehfaktor

Beim Teilflankenwinkel $\boldsymbol{\beta = 30°}$ betragen:

Gewindeanziehmoment $$M_G \approx F_M \left(\frac{0{,}32P}{d_2} + 1{,}16\mu_G\right)\frac{d_2}{2}\,.$$

Montagevorspannung $$\boldsymbol{\sigma_M = \frac{\sigma_v}{\sqrt{1 + 3\left[\frac{2d_2}{d_0}\left(\frac{0{,}32P}{d_2} + 1{,}16\mu_G\right)\right]^2}}} \qquad (10.2)$$

σ_M	in N/mm²	Zugspannung im maßgebenden Querschnitt der Schraube,
σ_v	in N/mm²	Vergleichsspannung, die beim Anziehen zugelassen werden soll, in der Regel $\sigma_v = 0{,}9R_{p0,2}$ (90% der 0,2%-Dehngrenze),
P	in mm	Steigung des Gewindes (Tab. 10.1),
d_0	in mm	maßgebender Durchmesser $= d_S$ bei Schaftschrauben und d_T bei Taillenschrauben,
d_2	in mm	Flankendurchmesser des Gewindes (Tab. 10.1),
μ_G		Reibwert des Gewindes (Tab. 10.7).

Montagevorspannkraft $$\boldsymbol{F_M = A_0 \cdot \sigma_M} \qquad (10.3)$$

F_M	in N	Zugkraft in der Schraube beim Anziehen,
σ_M	in N/mm²	Montagevorspannung nach Gl. (10.2),
A_0	in mm²	maßgebender Schraubenquerschnitt $= A_S$ bei Schaftschrauben und A_T bei Taillenschrauben (Tab. 10.1).

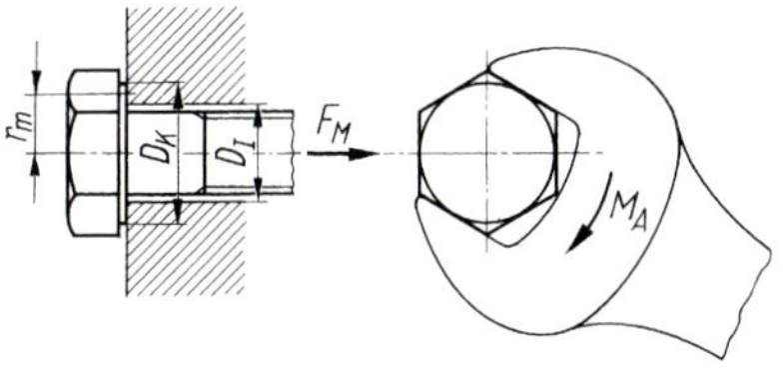

Kopf- bzw. Mutteranziehmoment $M_K = F_M \cdot \mu_K \cdot r_m$

Bild 10.1 Montagevorspannkraft F_M und Schraubenanziehmoment M_A

Um eine Schraubenverbindung auf eine bestimmte Montagevorspannkraft F_M anzuziehen (Bild 10.1), muss insgesamt ein Anziehmoment $M_A = M_G + M_K$ aufgebracht werden:

Schraubenanziehmoment $$\boldsymbol{M_A \approx F_M\,(0{,}16P + 0{,}58\mu_G \cdot d_2 + \mu_K \cdot r_m)} \qquad (10.4)$$

M_A	in Nmm	erforderliches Anziehmoment,
F_M	in N	Montagevorspannkraft nach Gl. (10.3),
P	in mm	Steigung des Gewindes (Tab. 10.1),
μ_G		Reibzahl im Gewinde (Tab. 10.7),
d_2	in mm	Flankendurchmesser des Gewindes (Tab. 10.1),
μ_K		Reibwert an der Kopf- bzw. Mutterauflagefläche (Tabl. 10.7),
r_m	in mm	mittlerer Auflageradius $= 0{,}25\,(D_K + D_I)$ nach Bild 10.1.

Als Reibzahlen sind in die Gln. (10.1) und (10.3) die Mindestwerte der Tab. 10.7 einzusetzen (fett gedruckt).

Verhältnis der Grenzvorspannkräfte:

Anziehfaktor $$\boldsymbol{\alpha_A = \frac{F_{M\,max}}{F_{M\,min}}} \qquad (10.5)$$

Erfahrungswerte sind in Tab. 10.6 angegeben. Die zulässigen Montagevorspannkräfte $F_{M\,zul}$ und die zulässigen Schraubenanziehmomente $M_{A\,zul}$ bei 90-prozentiger Ausnutzung der 0,2%-Dehngrenze enthalten die Tabn. 10.8 und 10.9, und zwar für Schaft- und für Taillenschrauben mit metrischem Regelgewinde M4 bis M36 und Reibwerte von 0,08 bis 0,24. Diese können auch als erster Anhalt für Schrauben mit Feingewinde dienen.
Wenn jedoch μ_G oder/und μ_K nicht bekannt sind, so setze man $\mu_G = 0{,}12$ bzw. $\mu_K = 0{,}12$.

Berechnung: Nachgiebigkeit von Schraube und Bauteilen

Nachgiebigkeit der Schraube $$\boldsymbol{\delta_S = \frac{1}{E_S}\left(\frac{l_1}{A_1} + \frac{l_2}{A_2} + \frac{l_3}{A_3} + \ldots + \frac{l_M}{A}\right)} \quad (10.6)$$

δ_S in mm/N Nachgiebigkeit der Schraube,
E_S in N/mm² Elastizitätsmodul des Schraubenwerkstoffs, für Stahlschrauben ≈210000 N/mm²,
l_M in mm Ersatzlänge für die Verformung im Gewinde,
A_i in mm² Querschnittsflächen der Einzelelemente, für den Fall in Bild 10.2 ist
$A_1 = A$ der Schaftquerschnitt (Nennquerschnitt $= d^2 \cdot \pi/4$),
$A_2 = A_T$ der Taillenquerschnitt (Tab. 10.1),
$A_3 = A_K$ der Kernquerschnitt (Tab. 10.1).

Erfahrungswerte für die *Ersatzlängen*:

Verformung des Schraubenkopfes $\boldsymbol{l_K \approx 0{,}4d}$,

10

Verformung des Gewindekerns $\boldsymbol{l_G \approx 0{,}5d}$,

Verformung der Gewindegänge $\boldsymbol{l_M \approx 0{,}4d}$.

Ersatzquerschnitte

bei $D_A \leq D_K$: $$\boldsymbol{A_B = \frac{\pi}{4}\left(D_A^2 - D_I^2\right)} \quad (10.7)$$

bei $D_K < D_A < D_K + L_K$: $$\boldsymbol{A_B = \frac{\pi}{4}\left(D_K^2 - D_I^2\right) + \frac{\pi}{8} D_K(D_A - D_K)\left[(x_1 + 1)^2 - 1\right]} \quad (10.8)$$

bei $D_A \geq D_K + L_K$: $$\boldsymbol{A_B = \frac{\pi}{4}\left(D_K^2 - D_I^2\right) + \frac{\pi}{8} D_K L_K\left[(x_2 + 1)^2 - 1\right]} \quad (10.9)$$

A_B in mm² Querschnittsfläche des Ersatzzylinders für die verschraubten Bauteile,
D_A in mm Außendurchmesser bzw. Breite der Bauteile, siehe Bild 10.3,
D_I in mm Lochdurchmesser (Tab. 10.3),
D_K in mm Auflagedurchmesser des Schraubenkopfes oder der Mutter an den Bauteilen,
L_K in mm Klemmlänge der Schraubenverbindung, siehe Bild 10.3,
$x_1 = \sqrt[3]{L_K D_K / D_A^2}$
$x_2 = \sqrt[3]{L_K D_K / (L_K + D_K)^2}$

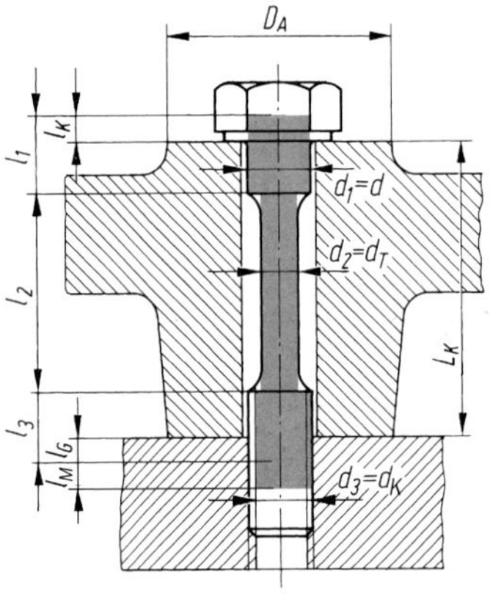

Bild 10.2 Verbindung mit Taillenschraube

Die Gleichungen gelten sowohl für Durchsteck- als auch für Sacklochverschraubungen. Gl. (10.8) ist für $D_K < D_A \leq 1{,}5D_K$ auf ein Klemmlängenverhältnis $L_K/d \leq 10$ begrenzt. Sinngemäß zur Nachgiebigkeit der Schraube beträgt die

Nachgiebigkeit der Bauteile $$\boldsymbol{\delta_B \approx \frac{1}{A_B}\left(\frac{L_1}{E_{B1}} + \frac{L_2}{E_{B2}} + \ldots\right)} \qquad (10.10)$$

δ_B	in mm/N	Nachgiebigkeit der Bauteile,
L_i	in mm	Einzeldicken der Bauteile, siehe Bild 10.3,
E_{Bi}	in N/mm^2	Elastizitätsmoduln der einzelnen Bauteilwerkstoffe (siehe Tab. 9.2),
A_B	in mm^2	Querschnittsfläche des Ersatzzylinders der Bauteile nach den Gln. (10.6) bis (10.9).

Darstellung des Druckspannungskörpers in den Bauteilen, den man sich durch einen zylindrischen Körper mit einer Querschnittsfläche A_B ersetzt denkt:

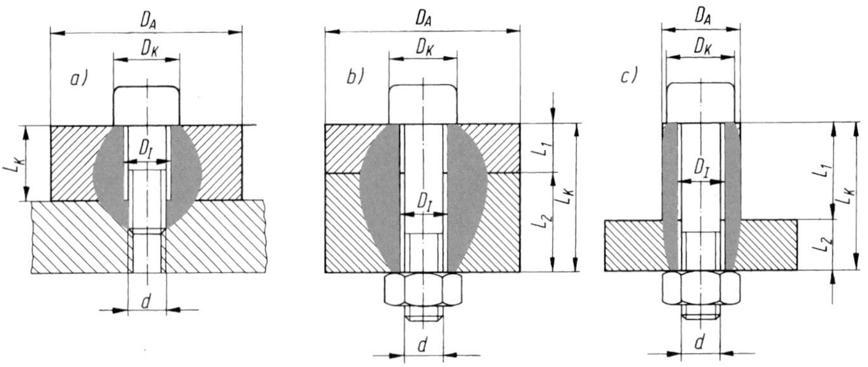

Bild 10.3 Schraubenverbindungen
a) Platte aufgeschraubt, b) Platten miteinander verschraubt, c) Hülse und Platte miteinander verschraubt

Formänderungen beim Anziehen einer Schraubenverbindung:

Verlängerung der Schraube $\boldsymbol{f_{SM} = F_M \cdot \delta_S}$,

Dickenabnahme der Bauteile $\boldsymbol{f_{BM} = F_M \cdot \delta_B}$.

F_M	in N	Montagespannkraft,
δ_S	in mm/N	Nachgiebigkeit der Schraube nach Gl. (10.6),
δ_B	in mm/N	Nachgiebigkeit der Bauteile nach Gl. (10.10).

Berechnung: Bleibende Verformung durch Setzen

Kraftverhältnis $$\boldsymbol{\Phi_K = \frac{\delta_B}{\delta_S + \delta_B}} \qquad (10.11)$$

δ_B	in mm/N	Nachgiebigkeit der Bauteile nach Gl. (10.10),
δ_S	in mm/N	Nachgiebigkeit der Schraube nach Gl. (10.6).

Mit dem Kraftverhältnis errechnet sich der

Vorspannkraftverlust $$F_Z = \frac{f_Z \cdot \Phi_K}{\delta_B} \qquad (10.12)$$

Fz Richtwert 3KN

F_Z	in N	Vorspannkraftverlust nach der Montage der Schraubenverbindung,
f_Z	in mm	Setzbetrag (Richtwerte nach Tab. 10.11),
δ_B	in mm/N	Nachgiebigkeit der Bauteile nach Gl. (10.10).

Damit verbleibt eine

Vorspannkraft $$F_V = F_M - F_Z \qquad (10.13)$$

F_M	in N	Montagevorspannkraft nach Gl. (10.3),
F_Z	in N	Vorspannkraftverlust nach Gl. (10.12).

10

Berechnung: Betriebskräfte Zug, Druck und Schwingungen auf vorgespannte Schraubenverbindungen

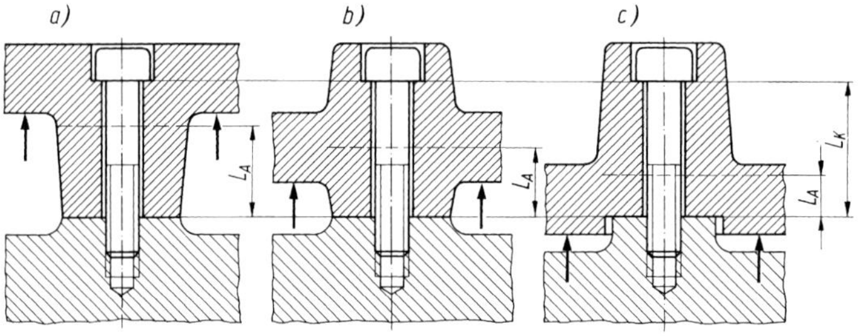

Bild 10.4 Schraubenverbindungen mit verschiedenen Kraftangriffspunkten
a) mit $L_A \approx 0{,}7 L_K$,
b) mit $L_A \approx 0{,}5 L_K$,
c) mit $L_A \approx 0{,}3 L_K$

Krafteinleitungsfaktor $$n = L_A / L_K \qquad (10.14)$$

Schraubenzusatzkraft in der Schraube $$F_{SA} = n \cdot \Phi_K \cdot F_A \qquad (10.15)$$

F_{SA}	in N	Kraftdifferenz zwischen der Größtkraft F_S und der Vorspannkraft F_V,
n		Krafteinleitungsfaktor nach Gl. (10.14),
Φ_K		Kraftverhältnis nach Gl. (10.11),
F_A	in N	Betriebslängskraft, die im Abstand L_A innerhalb der Klemmlänge L_K angreift.

Flanschentlastungskraft in den Bauteilen $$F_{BA} = F_A - F_{SA} = (1 - n \cdot \Phi_K) F_A \qquad (10.16)$$

Größtkraft in der Schraube $$F_S = F_V + F_{SA} \qquad (10.17)$$

Restklemmkraft der Bauteile $$F_K = F_S - F_A \qquad (10.18)$$

mit F_V als Vorspannkraft nach Gl. (10.13). Aus Sicherheitsgründen ist die Restklemmkraft F_K mit $F_{S\,min}$ zu berechnen.

Montagevorspannkraft $$F_{M\,max} = \alpha_A (F_K + F_{BA} + F_Z) \qquad (10.19)$$

α_A		Anziehfaktor nach Tab. 10.6,
F_K	in N	erforderliche Mindestklemmkraft der Bauteile,
F_{BA}	in N	Flanschentlastungskraft in den Bauteilen nach Gl. (10.16),
F_Z	in N	Vorspannkraftverlust durch Setzen nach Gl. (10.12).

Mit $F_{M\,max}$ kann das Schraubenanziehmoment M_A mit Gl. (10.4) errechnet und vorgeschrieben werden. M_A darf nicht größer als das zulässige nach Tab. 10.8 bzw. 10.9 sein.

Bei schwingender Betriebskraft

Kraftamplitude $$\boldsymbol{F_a = 0{,}5n \cdot \Phi_K(F_{Ao} - F_{Au})} \quad (10.20)$$

n		Krafteinleitungsfaktor nach Gl. (10.14),
Φ_K		Kraftverhältnis nach Gl. (10.11),
F_{Ao}	in N	Oberkraft des Lastspiels,
F_{Au}	in N	Unterkraft des Lastspiels.

Mittelkraft des Lastspiels in der Schraube $$\boldsymbol{F_m = F_S - F_a = F_M - F_Z + 0{,}5n \cdot \Phi_K(F_{Ao} + F_{Au})} \quad (10.21)$$

F_S	in N	Größtkraft in der Schraube $= F_{S\,max}$ nach Gl. (10.17),
F_a	in N	Kraftamplitude nach Gl. (10.20),
F_M	in N	Montagevorspannkraft $= F_{M\,max}$ nach Gl. (10.3), ggf. nach Gl. (10.19),
F_Z	in N	Vorspannkraftverlust nach Gl. (10.12),
n, Φ_K, F_{Ao}, F_{Au}		siehe Legende zur Gl. (10.20).

10

Unter einem **Lastspiel** versteht man eine volle Schwingung der Betriebskraft F_A. Ist $\boldsymbol{F_{Au}}$ eine **Druckkraft**, so ist ihr Betrag mit **negativem Vorzeichen** in die Gln. (10.20) und (10.21) einzusetzen. Bei $F_{Au} = 0$ ist $F_a = 0{,}5F_{SA}$.
Greift die Betriebslängskraft F_A **exzentrisch** zur Schraubenachse an, so wird die Schraube zusätzlich auf Biegung beansprucht. Wenn keine genaue Berechnung erforderlich ist, empfiehlt es sich, die Montagevorspannkraft $F_{M\,max}$ und damit das Schraubenanziehmoment M_A um einen gewissen Prozentsatz niedriger anzusetzen, damit Festigkeitsreserve für die Biegebeanspruchung verbleibt.

Haltbarkeit der Schraubenverbindungen

Spannungsdifferenz $$\boldsymbol{\sigma_{sa} = \frac{F_{SA}}{A_0} \leq 0{,}1R_{p0,2}} \quad (10.22)$$

σ_{sa}	in N/mm^2	Spannungszunahme gegenüber der Vorspannung durch die Betriebslängskraft F_A,
F_{SA}	in N	Schraubenzusatzkraft in der Schraube nach Gl. (10.15),
A_0	in mm^2	maßgebender Schraubenquerschnitt $= A_S$ bei Schaftschrauben und A_T bei Dehnschrauben (Tab. 10.1).

Bei einer schwingenden Betriebslängskraft F_A besteht die Gefahr eines **Dauerbruchs der Schraube**. Gefährdet sind alle Stellen, an denen stärkere Kerbwirkungen auftreten. Im allgemeinen ist ein Dauerbruch bei einer hohen, aber nicht zu hohen Vorspannung selten. Die Schwingbeanspruchung wird jedoch bei Verlust der Restklemmkraft oder bei unvorgespannten Schrauben besondes hoch. Der glatte Schaft von Taillenschrauben ist kaum dauerbruchgefährdet und bedarf meistens keiner Nachrechnung. Besonders gefährdet ist der Gewindebolzen an der Übergangsstelle zur Mutter oder zu einem Gewindeloch im Bauteil. Da die Kerbspannungen am Gewindegrund auftreten, ist für die Dauerhaltbarkeit der Kernquerschnitt A_K maßgebend. In diesem beträgt der

Spannungsausschlag $$\boldsymbol{\sigma_a = \frac{F_a}{A_S}} \quad (10.23)$$

σ_a	in N/mm^2	Spannungsausschlag im Schraubenkern bei schwingender Betriebslängskraft F_A,
F_a	in N	Kraftamplitude nach Gl. (10.20),
A_S	in mm^2	Spannungsquerschnitt der Schraube (Tab. 10.1).

Die **Ausschlagsfestigkeit** $\boldsymbol{\sigma_A}$ des Gewindekerns als Dauerhaltbarkeit ist in Tab. 10.11 angegeben. Die Tabellenwerte zeigen, dass mit größer werdendem Gewinde die Festigkeit abnimmt. Bei Verwendung von Stulpmuttern sind die Werte um etwa 8% höher, bei Zugmuttern um etwa 15%. Bei Feingewinden liegen die Werte für σ_A um etwa 15% niedriger. Als zulässiger Spannungsausschlag kann $\boldsymbol{\sigma_{a\,zul} \approx 0{,}9\sigma_A}$ gesetzt werden. Liegt zusätzlich Biegebeanspruchung vor, also exzentrischer Kraftangriff, so sind entspr. niedrigere Werte anzusetzen.

Flächenpressung $$\boldsymbol{p_B = \frac{F_S}{A_P}} \qquad (10.24)$$

p_B	in N/mm²	durch die Größtkraft F_S hervorgerufene Flächenpressung am Bauteil,
F_S	in N	Größtkraft $F_{S\,max}$ in der Schraube nach Gl. (10.17);
A_P	in mm²	am Bauteil vom Schraubenkopf oder von der Mutter gepresste Fläche.

10 Bei der Errechnung der gepressten Fläche A_P ist die übliche Lochanfasung zu berücksichtigen. In Tab. 10.12 sind Richtwerte für die zulässige Flächenpressung $p_{B\,zul}$ einiger Bauteilwerkstoffe angegeben. Sollte die Flächenpressung den zulässigen Wert überschreiten, so müssen Bundschrauben oder -muttern verwendet oder Scheiben untergelegt werden. Für nicht aufgeführte Werkstoffe kann $\boldsymbol{p_{B\,zul} \approx 1{,}2\,R_e}$ gesetzt werden (Streckgrenzen R_e verschiedener Metalle siehe Tabn. 2.2, 2.5 und 2.6). Eine nominelle Überschreitung der Streckgrenze schadet nicht, da es sich nicht um Zugbeanspruchung handelt.

Standardisierte Vorgehensweise

Berechnungsschritte

für durch eine Längskraft hoch beanspruchten Verbindungen mit Schrauben ab Festigkeitsklasse 8.8:

1. Schritt. Ermittlung der die Verbindung beanspruchenden Betriebslängskraft F_A. Befinden sich in einem Anschluss (Flansch, Deckel, u. dgl.) mehrere Schrauben, so muss die gesamte Betriebskraft entspr. auf die Schrauben aufgeteilt werden. Danach Abschätzen der Montagevorspannkraft $\boldsymbol{F_{M\,max} \approx 2 \ldots 3F_A}$, Wahl der Schraubenart (abhängig von der Konstruktion und den Montagemöglichkeiten) und deren Festigkeitsklasse (Tab. 10.2), vorläufige Wahl der Schraubengröße nach der zulässigen Montagevorspannkraft $F_{M\,zul}$ (Tab. 10.8 bzw. 10.9).

2. Schritt. Bestimmung des Anziehfaktors α_A nach der vorgesehenen Anziehmethode (Tab. 10.6).

3. Schritt. Falls erforderlich, Bestimmung der Mindestklemmkraft F_K nach den Erfordernissen der Konstruktion.

4. Schritt. Bestimmung der Nachgiebigkeiten δ_S und δ_B von Schraube und Bauteilen nach den Gln. (10.6) und (10.10) und des Kraftverhältnisses Φ_K nach Gl. (10.11), falls dieses nicht aus Erfahrung bekannt ist.

5. Schritt. Bestimmung des Vorspannkraftverlustes F_Z durch Setzen nach Gl. (10.12), falls auch für diesen kein Erfahrungswert bekannt ist.

6. Schritt. Bestimmung der erforderlichen Montagevorspannkraft $F_{M\,max}$ nach Gl. (10.19). Falls keine Mindestklemmkraft vorgeschrieben ist, also nicht mit Gl. (10.19) gerechnet werden muss, Wahl von $F_{M\,max}$ und Kontrolle mit Gl. (10.18), ob ein Abheben der Bauteile sicher vermieden wird. Bei zusätzlicher Biegebeanspruchung (exzentrischem Kraftangriff) $F_{M\,max} < F_{M\,zul}$!

7. Schritt. Bestimmung des Schraubenanziehmomentes M_A nach Gl. (10.4) mit $F_{M\,max}$; es darf das zulässige $M_{A\,zul}$ nach Tab. 10.8 bzw. 10.9 nicht überschreiten!

8. Schritt. Überprüfung der Haltbarkeit der Schraubenverbindung, d. h. Kontrolle nach den Gln. (10.22) bis (10.24), ob Spannungsdifferenz σ_{sa}, Spannungsausschlag σ_a und Flächenpressung p_B zulässig sind.

Für Schraubenverbindungen, von denen keine hohe Festigkeit verlangt wird, genügen Schrauben unter der Festigkeitsklasse 8.8. Selbstverständlich können auch sie nach der vorhergehend dargelegten Methode berechnet werden. Hierzu kann man sich der Tab. 10.8 bedienen, wenn man die dort angegebenen Montagevorspannkräfte und Schraubenanziehmomente mit dem Streckgrenzenverhältnis multipliziert, z. B. beträgt für eine Schraube der Festigkeitsklasse 4.8 die zulässige

$$\text{Montagevorspannkraft} \quad F_{M(4.8)} = \frac{F_{M(8.8)}}{R_{p0,2(8.8)}} R_{e(4.8)}$$

Die Streckgrenzen R_e bzw. 0,2%-Dehngrenzen $R_{p0,2}$ siehe Tab. 10.2. Falls die Reibzahlen im Gewinde und an der Kopfauflagefläche nicht bekannt sind, so setze man $\mu_G = \mu_K = 0{,}12$.

Berechnung querbeanspruchter Schraubenverbindungen

10

Scherspannung $$\boldsymbol{\tau_a = \frac{F_Q}{m \cdot A}} \qquad (10.25)$$

Leibung $$\boldsymbol{\sigma_l = \frac{F_Q}{d \cdot s}} \qquad (10.26)$$

τ_a	in N/mm²	Scherspannung im maßgebenden Querschnitt,
F_Q	in N	Betriebsquerkraft je Schraube bzw. Element,
m		Schnittzahl = Anzahl der Schnittflächen,
A	in mm²	maßgebender, auf Scheren beanspruchter Querschnitt der Schraube oder des Scherelements,
σ_l	in N/mm²	Leibungsdruck im Bauteilloch bzw. am Schaft des Scherelements,
d	in mm	Außendurchmesser des tragenden Teils von Schraube oder Scherelement,
s	in mm	kleinste tragende Länge an Schraube oder Scherelement im Bauteil.

Für den **Maschinenbau** sind in Tab. 10.14 einige Anhaltswerte für zulässige Scherspannungen $\tau_{a\,zul}$ und zulässige Leibungsspannungen $\sigma_{l\,zul}$ zusammengestellt.

Bei Querkraftübertragung durch **Reibhemmung** erforderliche

Haftsicherheit $$\boldsymbol{S_H = \frac{\mu \cdot F_V \cdot m}{F_Q}} \qquad (10.27)$$

μ		Haftreibwert an den Klemmflächen der Bauteile (siehe Tab. 10.15),
F_V	in N	Vorspannkraft der Schraube $= F_{V\,min}$ nach Gl. (10.13) oder Spannkraft $F_{M\,zul}/\alpha_A$ nach den Tabn. 10.8 und 10.9 unter Abzug eines geschätzten Vorspannkraftverlustes F_Z,
m		Anzahl der Bauteil-Reibflächenpaare = Schnittzahl,
F_Q	in N	Betriebsquerkraft je Schraube.

Einige Erfahrungswerte für Haftreibwerte und erforderliche Haftsicherheiten enthält die Tab. 10.15.

Wenn Schrauben eine Querkraft F_Q gleitfest aufzunehmen haben und **gleichzeitig durch eine Axialkraft F_A beansprucht werden**, so muss in die Gl. (10.27) anstelle der Vorspannkraft F_V die Mindestklemmkraft F_K eingesetzt werden. Um diese zu erreichen, ist die Montagevorspannkraft $F_{M\,max}$ nach Gl. (10.18) zu errechnen und mit dieser das vorzuschreibende Schraubenanziehmoment M_A nach Gl. (10.4) zu bestimmen.

11 Bewegungsschrauben

Gewinde, Wirkungsgrad

Gewinde

Abmessungen siehe Tab. 11.1

Bei einer mehrgängigen Spindel:

Steigung $\boldsymbol{P_h = P \cdot n}$ (11.1)

P in mm Teilung des Gewindes = Steigung eingängiger Gewinde,
n Gangzahl.

Winkel am Gewinde:

11

$$\tan\alpha = \frac{P_h}{d_2 \cdot \pi} \quad (11.2), \qquad \tan\beta_N = \tan\beta \cdot \cos\alpha \quad (11.3), \qquad \tan\varrho_G = \frac{\mu_G}{\cos\beta_N} \quad (11.4)$$

α Steigungswinkel des Gewindes,
P_h Steigung des Gewindes nach Gl. (11.1),
d_2 Flankendurchmesser des Gewindes (Tab. 11.1),
β_N Flankenwinkel im Normalschnitt,
β Flankenwinkel im Achsschnitt = 15° beim Trapezgewinde, = 3° beim Sägengewinde,
ϱ_G Reibwinkel des Gewindes,
μ_G Reibwert im Gewinde.

Anhaltswerte für Reibwerte im Gewinde bei gut geschmierten und bei fast trockenen Flanken enthält Tab. 11.2.

Wirkungsgrade und Drehmomente

Wirkungsgrad beim Arbeitshub $$\eta_A = \frac{\tan\alpha}{\tan(\alpha + \varrho_G)} \quad (11.5)$$

Wirkungsgrad beim Rückhub $$\eta_R = \frac{\tan(\alpha - \varrho_G)}{\tan\alpha} \quad (11.6)$$

Ist $\varrho_G > \alpha$, dann wird $\tan(\alpha - \varrho_G)$ negativ, also auch η_R negativ. Das bedeutet **Selbsthemmung**.

Antriebsdrehmoment $$M_A = M_{GA} + M_L = F_A \cdot \tan(\alpha + \varrho_G) \cdot r_2 + F_A \cdot \mu_L \cdot R_L \quad (11.7)$$

M_A	in Nmm	Antriebsdrehmoment einschl. Lagerreibung,
F_A	in N	Betriebslängskraft (Axialkraft),
α	in °	Steigungswinkel des Gewindes nach Gl. (11.2),
ϱ_G	in °	Reibwinkel des Gewindes nach Gl. (11.4),
r_2	in mm	Flankenradius des Gewindes = $d_2/2$ (Tab. 11.1),
μ_L		Reibwert im Lager (bei Gleitlagerung meistens etwa gleich μ_G),
R_L	in mm	mittlerer Radius der Lagerstützfläche.

Bei Abstützung der Spindel in einem Wälzlager (beispielsweise Axial-Rillenkugellager) ist die Reibung geringer (siehe Tab. 11.2). R_L ist der Radius, an dem sich die Wälzkörper befinden.

Rückdrehmoment $$M_R = M_L - M_{GR} = F_A \cdot \mu_L \cdot R_L - F_A \cdot \tan(\alpha - \varrho_G) \cdot r_2 \quad (11.8)$$

Wird M_R negativ, so ist F_A allein in der Lage, die Rückwärtsbewegung zu bewerkstelligen, das System ist dann nicht selbsthemmend.

Gesamtwirkungsgrad $$\eta = \frac{P_h}{\tan(\alpha + \varrho_G) \cdot d_2 \cdot \pi + \mu_L \cdot D_L \cdot \pi} \quad (11.9)$$

P_h in mm Steigung des Gewindes nach Gl. (11.1).

Berechnung der Haltbarkeit und der Stabilität

Spannungen

Zug- oder Druckspannung $$\sigma = \frac{F_A}{A_K} \quad (11.10)$$

Torsionsspannung $$\tau_t = \frac{T}{W_t} \quad (11.11)$$

11

σ	in N/mm²	Zug- bzw. Druckspannung in der Spindel,
F_A	in N	Betriebslängskraft,
A_K	in mm²	Kernquerschnitt der Spindel $= d_3^2 \cdot \pi/4$ (d_3 nach Tab. 11.1),
τ_t	in N/mm²	Torsionsspannung in der Spindel,
T	in Nmm	das die Spindel beanspruchende Torsionsmoment $= M_A$ nach Gl. (11.7). Wird das Lagerreibmoment nicht über die Spindel geleitet, dann ist $T = M_{GA}$ in Gl. (11.7),
W_t	in mm³	Widerstandsmoment des Kernquerschnitts gegen Torsion $\approx 0{,}2 d_3^3$.

Beide Beanspruchungen werden zusammengefasst zur

Vergleichsspannung $$\sigma_v = \sqrt{\sigma^2 + 3\tau_t^2} \quad (11.12)$$

Für die zulässige Vergleichsspannung $\sigma_{v\,zul}$ sind in Tab. 11.2 einige Erfahrungswerte angegeben. Sie gelten für den Regelfall. Wegen der gegenüber Trapezgewinde geringeren Kerbwirkung im Sägengewinde (größere Ausrundung des Gewindegrundes) liegen die Werte hierfür um ca. 25% höher.

Druckbeanspruchte Spindeln

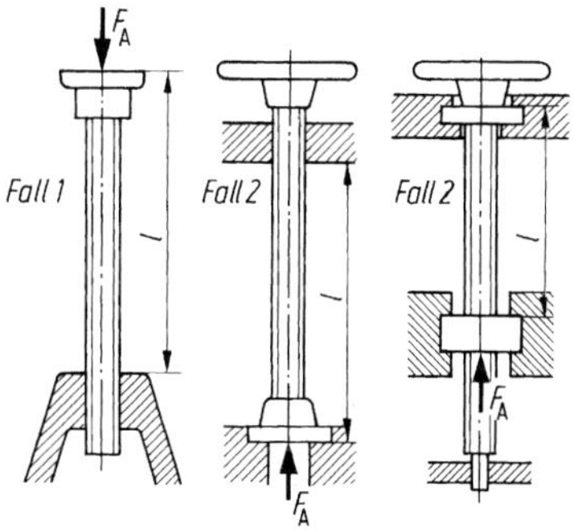

Bild 11.1 Übliche Knickfälle für Schraubenspindeln

bei $\lambda \geq 90$: *Knicksicherheit nach Euler* $$S_K = \frac{\pi^2 \cdot E}{\lambda^2 \cdot \sigma} \geq 2{,}6 \ldots 6 \quad (11.13)$$

bei $\lambda < 90$: *Knicksicherheit nach Tetmajer* $$S_K = \frac{\sigma_0 - \lambda \cdot k}{\sigma} \geq 1{,}7 \ldots 4 \quad (11.14)$$

E	in N/mm^2	Elastizitätsmodul des Spindelwerkstoffs $\approx 210\,000$ N/mm^2 für Stahl,
λ		Schlankheitsgrad der Spindel $= 8l/d_3$ bei Knickfall 1, $= 4l/d_3$ bei Knickfall 2 (freie Länge l und Knickfall siehe Bild 11.1),
σ	in N/mm^2	Druckspannung nach Gl. (11.10),
σ_0	in N/mm^2	ideelle Druckfestigkeit ≈ 350 N/mm^2 für E295 und E335,
k	in N/mm^2	Knickspannungsrate $\approx 0{,}6$ N/mm^2 für E295 und E335.

Kleine Werte für die Knicksicherheit sind bei seltenem Betrieb, größere bei Dauerbetrieb zu wählen, außerdem zunehmend mit steigendem Schlankheitsgrad λ. Bei $\lambda < 50$ ist eine Berechnung auf Knicksicherheit nicht erforderlich.

Beanspruchung der Gewindeflanken

11

Flankenpressung $$p = \frac{F_A \cdot P}{m \cdot d_2 \cdot \pi \cdot H_1 \cdot k} \quad (11.15)$$

p	in N/mm^2	Pressung der Flanken des Gewindes,
F_A	in N	Betriebslängskraft,
P	in mm	Teilung des Gewindes (Tab. 11.1),
m	in mm	tragende Mutternhöhe,
d_2	in mm	Flankendurchmesser des Gewindes (Tab. 11.1),
H_1	in mm	Gewindetragtiefe (siehe Tab. 11.1),
k		Gewindetragfaktor, im Allgemeinen $= 0{,}75$.

Zulässige Flankenpressung p_{zul} siehe Tab. 11.2, bei Kunststoffmuttern abhängig von der Gleitgeschwindigkeit $v \approx d \cdot \pi \cdot n$ (Spindelaußendurchmesser d in m, Drehzahl n in min^{-1}).

12 Formschlüssige Welle-Nabe-Verbindungen

Längskeilverbindungen

Flankenpressung $$p \approx \frac{F_u}{t_2 \cdot l_t \cdot i} \qquad (12.1)$$

p	in N/mm^2	Pressung der Keil- und Nutflanken in der Nabe,
F_u	in N	Umfangskraft an der Welle $= T/r = 2T/d$ mit T als zu übertragendes Drehmoment und r als Wellenradius bzw. d als Wellendurchmesser,
t_2	in mm	Nabennuttiefe (Tab. 12.2).
l_t	in mm	tragende Keillänge
i		Anzahl der am Umfang angeordneten Keile.

Erfahrungswerte für zulässige Flankenpressungen siehe Tab. 12.1, Abmessungen der Nutkeile nach Tab. 12.2.

Passfederverbindungen

Flankenpressung $$p \approx \frac{F_u}{(h - t_1)\, l_t \cdot i \cdot k} \qquad (12.2)$$

p	in N/mm^2	Pressung der Passfeder- und Nabennutflanken,
F_u	in N	Umfangskraft an der Welle $= T/r = 2\,T/d = 2T/d$ mit T als zu übertragendes Drehmoment und r als Wellenradius bzw. d als Wellendurchmesser,
h	in mm	Höhe der Passfeder (Tabn. 12.3 und 12.4),
t_1	in mm	Wellennuttiefe (Tabn. 12.3 und 12.4),
l_t	in mm	tragende Passfederlänge,
i		Anzahl der Passfedern am Umfang $= 1$ oder $= 2$,
k		Tragfaktor $= 1$ bei einer, $\approx 0{,}75$ bei zwei am Umfang angeordneten Passfedern.

Für die rundstirnigen Ausführungen beträgt bei einer Nabenlänge $> l$ die tragende Länge $l_t = l - b$. Nach DIN 6892 leisten Traglängen über $1{,}3d$ keinen nennenswerten Beitrag zur Drehmomentübertragung.
Erfahrungswerte für zulässige Flankenpressungen siehe Tab. 12.1, Abmessungen der Passfedern niedrige Form nach Tab. 12.3, hohe Form nach Tab. 12.4, Scheibenfedern nach Tab. 12.5.

Keilwellenverbindungen

Flankenpressung $$p \approx \frac{F_u}{h \cdot l_t \cdot i \cdot k} \qquad (12.3)$$

p	in N/mm^2	Pressung der Keil- und Nabennutflanken,
F_u	in N	Umfangskraft an der Welle $= T/r_m$ mit T als zu übertragendem Drehmoment und $r_m = 0{,}25(d_1 + d_2)$ als mittlerem Radius der Welle (Tab. 12.6),
h	in mm	Keilhöhe $= 0{,}5(d_2 - d_1)$ gemäß Tab. 12.6,
l_t	in mm	Traglänge der Verbindung,
i		Anzahl der Keile am Umfang,
k		Tragfaktor $\approx 0{,}75$ bei Innenzentrierung, $\approx 0{,}9$ bei Flankenzentrierung.

Erfahrungswerte für zulässige Flankenpressungen nach Tab. 12.1, Abmessungen der Keilwellen nach Tab. 12.6, Passungen für Keilwellen und Keilnaben je nach deren Funktion siehe Tab. 12.7 und DIN ISO 14.

Zahnwellenverbindungen

Flankenpressung $$p \approx \frac{F_u}{h \cdot l_t \cdot z \cdot k} \qquad (12.4)$$

p	in N/mm²	Flankenpressung der Zähne,
F_u	in N	Umfangskraft in der Zahnprofilmitte $= T/r_m$ mit T als zu übertragendem Drehmoment und $r_m = 0{,}25(d_3 + d_2)$,
h	in mm	tragende Zahnhöhe $= 0{,}5(d_3 - d_2)$ (Tabn. 12.8 und 12.9),
l_t	in mm	Traglänge der Verbindung,
z		Zähnezahl (Tabn. 12.8 und 12.9),
k		Tragfaktor $\approx 0{,}5$ bei Kerbverzahnung und $\approx 0{,}75$ bei Evolventenverzahnung.

Erfahrungswerte für zulässige Flankenpressungen nach Tab. 12.1, Abmessungen der Zahnprofile nach den Tabn. 12.8 und 12.9.

Polygonwellenverbindungen

12

Flächenpressung beim P3G-Profil $$p = \frac{T}{l_t(2{,}36 \cdot d_1 \cdot e_1 + 0{,}05 d_1^2)} \qquad (12.5)$$

Flächenpressung beim P4C-Profil $$p = \frac{T}{l_t(\pi \cdot d_r \cdot e_r + 0{,}05 d_r^2)} \qquad (12.6)$$

T	in Nmm	zu übertragendes Drehmoment,
l_t	in mm	Traglänge des Profils,
d_1	in mm	Gleichdickdurchmesser,
d_r	in mm	maßgebender, rechnerischer Durchmesser $= d_2 + 2e$,
e_1, e_r	in mm	Exzentrizität des Profils.

Anhaltswerte für zulässige Flächenpressungen siehe Tab. 12.1, Abmessungen der Profile Tab. 12.10.

Kegelverbindungen

Mit dem großen Kegeldurchmesser D, dem kleinen Kegeldurchmesser d und der Kegellänge L gilt nach DIN 254:

Kegel $C = \frac{D - d}{L}$ und für den **Kegelwinkel** α: $\tan\frac{\alpha}{2} = \frac{D - d}{2L} = \frac{C}{2}$

Beanspruchung

Fugenpressung $$p_F \approx \frac{F_V}{D_F \cdot \pi \cdot l_F \cdot \tan[(\alpha/2) + \varrho]} \qquad (12.7)$$

p_F	in N/mm²	Pressung der Kegelmantelfläche,
F_V	in N	Vorspannkraft der Schraube (siehe hierzu die nachfolgenden Hinweise),
D_F	in mm	Fugendurchmesser = mittlerer Kegeldurchmesser $= D - C \cdot L/2$, beim Kegel 1:10 ist $C = 0{,}1$,
l_F	in mm	Fugenlänge = Traglänge, in der Regel $= L$,
ϱ	in °	Reibwinkel, $\varrho = \arctan \mu$,
α	in °	Kegelwinkel. Beim Kegel 1:10 ist $\alpha = 5{,}724°$.

Beim gefühlsmäßigen Anziehen der Schraubenverbindung von Hand kann man erfahrungsgemäß mit den mittleren Vorspannungen σ_V im Spannungsquerschnitt A_S nach Tab. 10.13 rechnen, sodass eine Vorspannkraft $\boldsymbol{F_V} \approx \boldsymbol{A_S} \cdot \boldsymbol{\sigma_V}$ zu erwarten ist (A_S siehe Tab. 12.11). Beim Anziehen mit Drehmomentenschlüssel ist ein Anziehdrehmoment M_A nach Gl. (10.3) unter Berücksichtigung des Setzens und der Streuungen beim Anziehen vorzuschreiben.
Abmessungen der kegeligen Wellenenden DIN 1448 nach Tab. 12.11.
Mit der Fugenpressung p_F, die mit der Vorspannkraft F_V der Schraube nach Gl. (12.7) errechnet wurde, kann die Verbindung wie eine **Längspressverbindung** betrachtet werden: Gln. (9.1) und (9.2), Haftbeiwert $\mu \approx 0{,}1 \dots 0{,}12$ entspr. $\varrho \approx 6 \dots 7°$. Die Gln. (9.3) und (9.4) sowie (9.25) und (9.27) ermöglichen eine Überprüfung, ob eine elastische Beanspruchung der Fügeteile gewährleistet ist. Wird elastisch-plastische Beanspruchung des Außenteils zugelassen, so ist mit den Gln. (9.28) bis (9.30) zu rechnen.
Andererseits kann auch nach dem zu übertragenden Drehmoment T die erforderliche Vorspannkraft F_V errechnet und danach unter Berücksichtigung des Anziehfaktors α_A das Schraubenanziehmoment M_A ermittelt und vorgeschrieben werden, und zwar mit den Gln. (9.1, (9.2), (10.3), (10.4) und (12.7).
Selbsthemmung tritt ein, wenn $\alpha/2 < \varrho$ ist. Beim Demontieren würde sich die Kegelverbindung dann nämlich nicht von selbst lösen.

12

Stirnzahnverbindungen

Flankenpressung $$\boldsymbol{p} \approx \frac{\boldsymbol{F_u}}{\boldsymbol{z} \cdot \boldsymbol{b}(\boldsymbol{H} - 5\boldsymbol{S})\,\boldsymbol{k}} \cdot \frac{\boldsymbol{r_a}}{\boldsymbol{r_m}} \qquad (12.8)$$

p	in N/mm²	Pressung der Zahnflanken durch das zu übertragende Drehmoment,
F_u	in N	Umfangskraft $= T/r_m$ mit T als zu übertragendes Drehmoment und $r_m = 0{,}25\,(D_a + D_i)$ als mittlerem Radius der Verzahnung,
z		Zähnezahl (Tab. 12.12),
b	in mm	Zahnbreite $= 0{,}5(D_a - D_i)$,
H	in mm	Spitzenhöhe der Zähne (Tab. 12.12),
S	in mm	Kopfspiel der Verzahnung (Tab. 12.12),
k		Tragfaktor $\approx 0{,}75$,
r_a		Außenradius der Verzahnung,
r_m		mittlerer Radius der Verzahnung.

Als zulässige Flankenpressung können die Werte nach Tab. 12.1, Spalte Zahnwellen, angenommen werden.
Wird F_A durch Schrauben erzeugt, dann ist die Längsspannkraft $\boldsymbol{F_A} \approx \boldsymbol{F_u}$ festzulegen. Die Vorspannkraft je Schraube ist dann $\boldsymbol{F_V} = \boldsymbol{F_A}/\boldsymbol{i}$ mit i als Anzahl der Spannschrauben. Ermittlung der Vorspannkraft F_V bzw. der Schraubengröße wie bei den Klemmverbindungen.

13 Stift- und Bolzenverbindungen

Gelenkstifte oder Bolzen

Flächenpressungen $$\boldsymbol{p_a} = \frac{\boldsymbol{F}}{\boldsymbol{2a \cdot d}} \quad (13.1) \quad \text{und} \quad \boldsymbol{p_i} = \frac{\boldsymbol{F}}{\boldsymbol{b \cdot d}} \qquad (13.2)$$

Scherspannung $$\boldsymbol{\tau_a} = \frac{\boldsymbol{F}}{\boldsymbol{2A}} \qquad (13.3)$$

Biegespannung $$\boldsymbol{\sigma_b} \approx \frac{\boldsymbol{F(a + b/2)}}{\boldsymbol{4W_b}} \qquad (13.4)$$

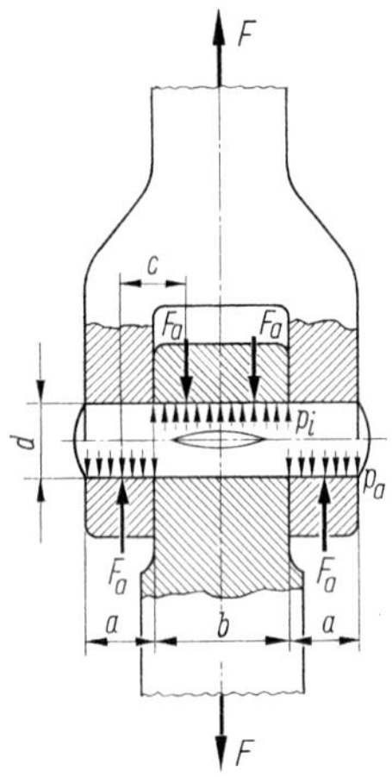

p_a, p_i	in N/mm²	Pressung der Lochwände der Bauteile,
F	in N	Belastungskraft der Verbindung,
a, b	in mm	Bauteildicken,
d	in mm	Stift- bzw. Bolzendurchmesser,
τ_a	in N/mm²	Scherspannung im Stift- bzw. Bolzenquerschnitt,
A	in mm²	Stift- bzw. Bolzenquerschnitt,
σ_b	in N/mm²	Biegespannung im Stift- bzw. Bolzenquerschnitt,
W_b	in mm³	Widerstandsmoment gegen Biegung $\approx 0{,}1d^3$ beim Vollquerschnitt.

Zulässige Beanspruchungen
für Stift- und Bolzenverbindungen siehe Tab. 13.1, genormte Durchmesser d und Längen l Tab. 13.3.

Bild 13.1 Gelenkstift oder -bolzen

Steckstifte unter Biegekraft

Flächenpressung $$\boldsymbol{p} = \frac{\boldsymbol{F}}{\boldsymbol{d \cdot s}}\left(\boldsymbol{1 + 6}\,\frac{\boldsymbol{L}}{\boldsymbol{s}}\right) \qquad (13.5)$$

Biegespannung $$\boldsymbol{\sigma_b} = \frac{\boldsymbol{F \cdot l}}{\boldsymbol{W_b}} \qquad (13.6)$$

p	in N/mm²	Flächenpressung der Lochwand im Bauteil,
F	in N	Belastungskraft,
d	in mm	Stiftdurchmesser,
s	in mm	tragende Länge der Lochwand,
L	in mm	Abstand der Kraft F von der Lochwandmitte,
σ_b	in N/mm²	Biegespannung im Stiftquerschnitt. **Als zulässig können die 0,7fachen Werte der Tab. 13.1 angenommen werden.**
l	in mm	Abstand der Kraft F vom biegebeanspruchten Stiftquerschnitt,
W_b	in mm³	Widerstandsmoment gegen Biegung $\approx 0{,}1d^3$ beim Vollquerschnitt.

Bei sehr kurzem Abstand l ist eine Kontrolle der Scherspannung im Stift sinnvoll, da diese gefährlicher als die Biegespannung sein kann.

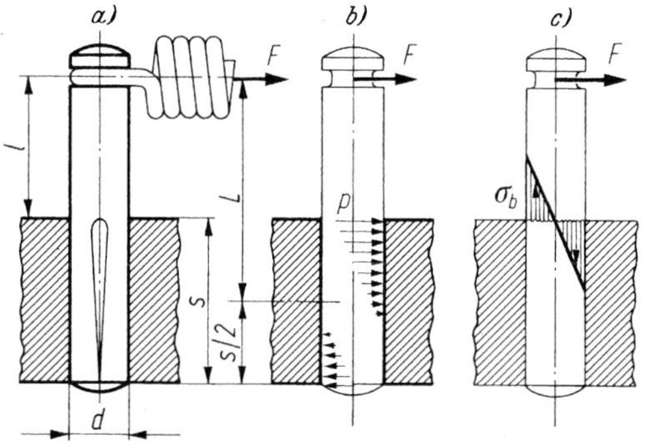

Bild 13.2 Steckstift unter Biegekraft
a) Stift mit eingehängter Zugfeder,
b) Flächenpressung im Bauteil,
c) Biegebeanspruchung des Stifts

Querstifte unter Drehmoment

Flächenpressungen $$\boldsymbol{p_a} = \frac{\boldsymbol{4T}}{(\boldsymbol{D_a^2} - \boldsymbol{D_i^2})\,\boldsymbol{d}} \quad (13.7), \qquad \boldsymbol{p_i} = \frac{\boldsymbol{6T}}{\boldsymbol{D_i^2} \cdot \boldsymbol{d}} \quad (13.8)$$

Scherspannung $$\boldsymbol{\tau_a} = \frac{\boldsymbol{T}}{\boldsymbol{D_i} \cdot \boldsymbol{S}} \quad (13.9)$$

13

p_a, p_i in N/mm² Flächenpressung der Lochwände in den Bauteilen,
T in Nmm zu übertragendes Drehmoment,
D_a, D_i in mm Naben- und Wellendurchmesser,
d in mm Stiftdurchmesser,
τ_a in N/mm² Scherspannung im Stiftquerschnitt,
S in mm² Stiftquerschnitt.

Längsstifte unter Drehmoment

Flächenpressung $$\boldsymbol{p} \approx \frac{\boldsymbol{4T}}{\boldsymbol{D} \cdot \boldsymbol{d} \cdot \boldsymbol{l}} \quad (13.10)$$

Scherspannung $$\boldsymbol{\tau_a} = \frac{\boldsymbol{2T}}{\boldsymbol{D} \cdot \boldsymbol{d} \cdot \boldsymbol{l}} = \boldsymbol{0{,}5p} \quad (13.11)$$

p in N/mm² Flächenpressung der Lochwände in den Bauteilen,
T in Nmm zu übertragendes Drehmoment,
D in mm Wellendurchmesser,
d in mm Stiftdurchmesser,
l in mm tragende Stiftlänge,
τ_a in N/mm² Scherspannung im Stiftlängsschnitt.

Es empfiehlt sich, diese Verbindungen mit den halben zulässigen Beanspruchungen der Tab. 13.1 zu berechnen.

Die Berechnung von Verbindungen mit **Spannstiften** DIN EN ISO 8752 und DIN EN ISO 13337 sowie mit **Spiral-Spannstiften** DIN ISO 8748 und 8750 ist ebenso mit den Gleichungen (13.1) bis (13.11) durchzuführen, es sind lediglich als Widerstandsmoment gegen Biegung $\boldsymbol{W_b \approx 0{,}785(d - s)^2 \cdot s}$ und als Querschnitt $\boldsymbol{A \approx \pi(d - s) \cdot s}$ zu setzen, wobei s die Wanddicke des Stifts bedeutet. Als zulässige Beanspruchung können die doppelten Werte der Tab. 13.1 für σ_b und τ_a beim Presssitz glatter Stifte angenommen werden.

14 Federn

Federsteifigkeit, Federarbeit, Schwingverhalten

Federn mit

Linearer Kennlinie:

Federsteifigkeit bei Zug-, Druck- und Biegefedern $$\boldsymbol{c = \frac{F}{s}} \qquad (14.1)$$

Federsteifigkeit bei Drehfedern $$\boldsymbol{c_t = \frac{M_t}{\varphi}} \qquad (14.2)$$

c	in N/mm,	Die Benennung der Federrate ist uneinheitlich. In manchen Federnormen heißt sie R, in anderen, z. B. DIN 2095, jedoch c. Da sind im allgemeinen technisch-physikalischen Gebrauch der Buchstabe c durchgesetzt hat, wird hier c bzw. c_t verwendet (wie auch in DIN 740). Es sei aber ausdrücklich darauf hingewiesen, dass in manchen DIN-Normen auch R bzw. R_t benutzt wird.
c_t	in Nmm/rad,	
s	in mm,	
M_t	in Nmm,	
φ	in rad	

Bei nichtlinearen Federkennlinien gilt:

$$c = \frac{dF}{ds}, \qquad c_t = \frac{dM_t}{d\varphi}$$

14

Ggf. wird die Federkennlinie abschnittsweise berechnet. Der Kehrwert der Federsteifigkeit (auch Federrate genannt) heißt **Federnachgiebigkeit $\boldsymbol{\delta}$**. Es gilt:

$$\boldsymbol{\delta = \frac{1}{c}} \quad \textit{bzw.} \quad \boldsymbol{\delta_t = \frac{1}{c_t}} \qquad (14.1a) \quad (14.2a)$$

Federarbeit bei linearer Kennlinie

Federarbeit von Zug-, Druck- und Biegefedern $$\boldsymbol{W = \frac{F}{2}\,s} \qquad (14.3)$$

Federarbeit von Drehfedern $$\boldsymbol{W_t = \frac{M_t}{2}\,\varphi} \qquad (14.4)$$

W, W_t	in Nmm	Federarbeit,	M_t	in Nmm	Federdrehmoment,
F	in N	Federkraft,	φ	in rad	Federdrehwinkel.
s	in mm	Federweg,			

allgemein gilt für die Federarbeit:

$$W = \int_0^{s_{max}} F \cdot ds \quad \text{bzw.} \quad W_t = \int_0^{\varphi_{max}} M_t \cdot d\varphi$$

Federschwingsysteme

Eigenfrequenz eines Schwingsystems mit Zug-, Druck- oder Biegefeder $$\boldsymbol{f_e = \frac{1}{2\pi}\sqrt{\frac{c}{m}}} \qquad (14.5)$$

f_e	in s^{-1} = Hz	Eigenfrequenz des Federschwingsystems (Hz = Hertz),
c	in N/m	Federsteifigkeit,
m	in kg	abgefederte Masse.

Eigenfrequenz eines Schwingsystems mit Drehfeder $\boldsymbol{f_e = \dfrac{1}{2\pi}\sqrt{\dfrac{c_t}{J}}}$ (14.6)

c_t in Nm/rad Federrate = Federkonstante,
J in $kg \cdot m^2$ Drehmasse oder Trägheitsmoment der abgefederten Masse zur Drehachse.

Zusammenwirken mehrerer Federn

Parallelschaltung von Federn (Bild 14.1a)

Gesamtfedersteifigkeit $\boldsymbol{c_{ges} = c_1 + c_2 + c_3 + \ldots}$ (14.7)

Es addieren sich also die Federsteifigkeiten.

Hintereinanderschaltung von Federn (Bild 14.1b)

Gesamtfedernachgiebigkeit $\boldsymbol{\delta_{ges} = \delta_1 + \delta_2 + \delta_3 + \ldots}$ (14.8)

Es addieren sich also die Federnachgiebigkeiten.

Mischschaltung von Federn (Bild 14.1c)

14

$$\boldsymbol{c_{ges} = \frac{1}{\dfrac{1}{c_1 + c_2} + \dfrac{1}{c_3 + c_4}}} \quad (14.9)$$

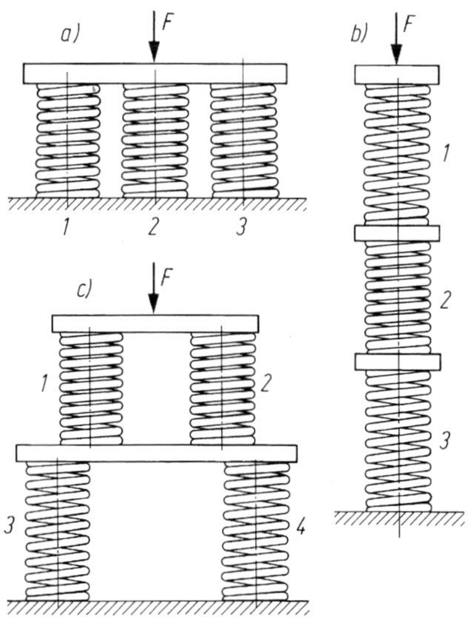

Bild 14.1 Zusammenwirken mehrerer Federn
a) Parallelschaltung
b) Hintereinanderschaltung
c) Mischschaltung

Zylindrische Schraubenfedern aus runden Drähten oder Stäben

Druckfedern

Mit n als Anzahl der federnden Windungen (wirksamen Windungen) beträgt bei **kaltgeformten Druckfedern** aus runden Drähten entspr. Bild 14.2 die

Gesamtwindungszahl $\boldsymbol{n_t = n + 2}$, d. h. $\boldsymbol{n = n_t - 2}$.

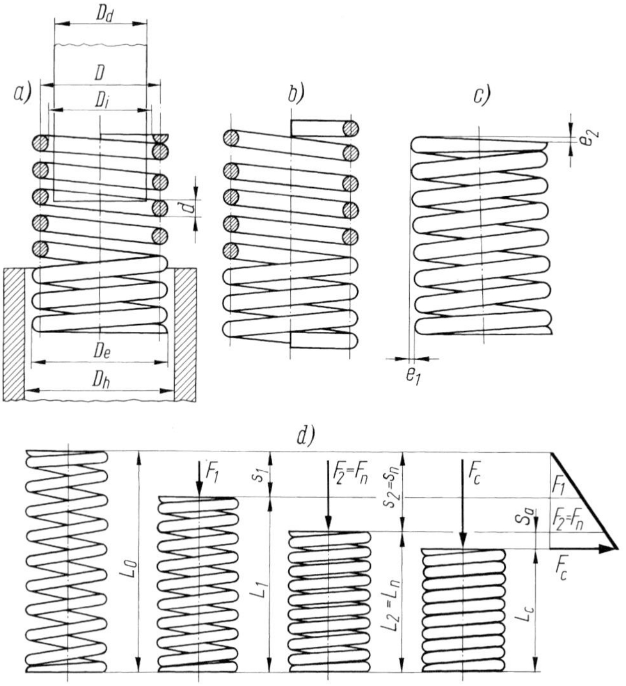

Bild 14.2 Kaltgeformte Druckfedern nach DIN EN 15800
a) Endwindungen angelegt und geschliffen,
b) Endwindungen angelegt,
c) Formabweichungen,
d) Kräfte und Federlängen

und bei **warmgeformten Druckfedern** aus runden Stäben entspr. Bild 14.3:

Gesamtwindungszahl $\boldsymbol{n_t = n + 1{,}5}$, d. h. $\boldsymbol{n = n_t - 1{,}5}$.

Die Gesamtwindungszahl einer Druckfeder soll auf 0,5 enden (n_t = 5,5, 6,5, 7,5 usw.).
Bei der kleinsten, zulässigen Federlänge $\boldsymbol{L_n = L_c + S_a}$ soll die *Summe der lichten Mindestabstände zwischen den einzelnen wirksamen Windungen* betragen für

kaltgeformte Federn	$\boldsymbol{S_a = \left(0{,}0015 \dfrac{D^2}{d} + 0{,}1d\right) n}$	(14.10)
warmgeformte Federn	$\boldsymbol{S_a = 0{,}02(D + d)\, n}$	(14.11)

D	in mm	mittlerer Windungsdurchmesser
d	in mm	Drahtdurchmesser,
n		Anzahl der wirksamen Windungen.

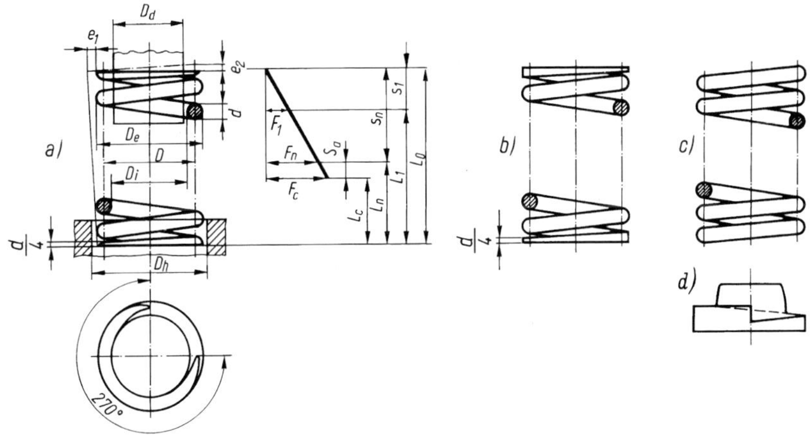

Bild 14.3 Warmgeformte Druckfedern aus Rundstäben nach DIN 2096
a) Federenden angelegt und aus dem Vollen geschliffen,
b) Federenden angelegt, geschmiedet und geschliffen,
c) Federenden unbearbeitet,
d) Steigungsteller

Bei dynamischer Beanspruchung der Federn ist der **S_a-Wert** bei warmgeformten Federn zu **verdoppeln,** bei kaltgeformten Federn muss er **das 1,5fache** betragen.
Im zusammengedrückten Zustand, wenn alle Windungen aneinander liegen, beträgt die größtmögliche

Blocklänge der Druckfeder $\mathbf{L_c = k_n \cdot d_{max}}$ (14.12)

k_n		Windungszahlbeiwert bei kaltgeformten Federn mit angelegten, geschliffenen Federenden $= n_t$, bei kaltgeformten Federn mit angelegten, unbearbeiteten Federenden $= n_t + 1{,}5$, bei warmgeformten Federn mit angelegten, planbearbeiteten Federenden $= n_t - 0{,}3$, bei warmgeformten Federn mit unbearbeiteten Federenden $= n_t + 1{,}1$.
n_t		Gesamtzahl der Windungen,
d_{max}	in mm	Nennmaß des Draht- bzw. Stabdurchmessers (Tab. 14.4 bis 14.6), vermehrt um das obere Abmaß (Tab. 14.13).

Damit beträgt die

kleinste zulässige Länge der mit F_n belasteten Druckfeder $\mathbf{L_n = L_c + S_a}$ (14.13)

Beim Zusammendrücken einer Schraubendruckfeder wird der Windungsdurchmesser geringfügig größer. Bei der Blocklänge L_c und freier Lagerung der Federenden beträgt die

Vergrößerung des äußeren Windungsdurchmessers $$\mathbf{\Delta D_e = 0{,}1\,\frac{m^2 - 0{,}8m \cdot d - 0{,}2d^2}{D}} \qquad (14.14)$$

m	in mm	Windungsabstand (Steigung) für Federn mit angelegten, planbearbeiteten Enden $= \frac{L_0 - d}{n}$, für Federn mit unbearbeiteten Enden $= \frac{L_0 - 2{,}5\,d}{n}$
L_0	in mm	Länge der ungespannten Feder,
n		Anzahl der wirksamen Windungen,
d, D		siehe Legende zur Gl. (14.11).

Zugfedern

Abstand der Öseninnenkante vom Federkörper $\boldsymbol{L_H = k_H \cdot D_i}$ (14.15)

k_H Hakenbeiwert (siehe Legende zum Bild 14.5),
D_i in mm Innendurchmesser der Feder.

Bei den Federn nach den Bildern 14.5a bis h ist die Anzahl der Gesamtwindungen n_t gleich der Anzahl der federnden Windungen n, also $n_t = n$, bei den anderen $n_t = n + n_s$ mit n_s als Anzahl der durch Einschrauben nicht federnden Windungen.

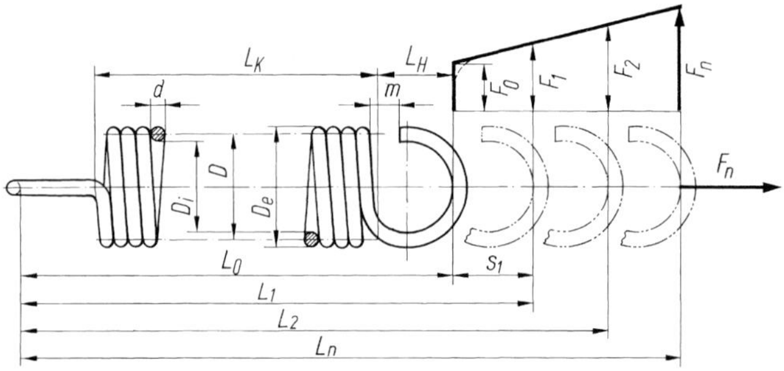

Bild 14.4 Zylindrische Schraubenzugfeder aus Runddraht mit eingewundener Vorspannung nach DIN 2097

Warmgeformte Zugfedern lassen sich nicht mit innerer Vorspannkraft herstellen.

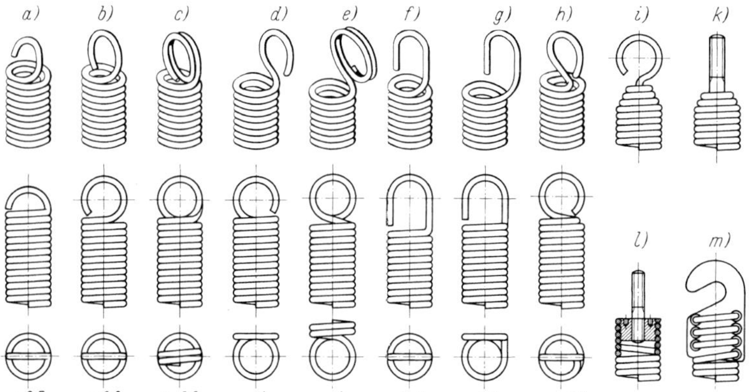

Bild 14.5 Ösenformen und Anschlusselemente von zylindrischen Schraubenzugfedern aus runden Drähten nach DIN 2097
a) halbe deutsche Öse, $k_H = 0{,}55 \dots 0{,}8$, b) ganze deutsche Öse, $k_H = 0{,}8 \dots 1{,}1$, c) doppelte deutsche Öse, $k_H = 0{,}8 \dots 1{,}1$, d) ganze deutsche Öse seitlich hochgestellt, $k_H \approx 1$, e) doppelte deutsche Öse seitlich hochgestellt, $k_H \approx 1$, f) Hakenöse, $k_H \approx 1$, g) Hakenöse seitlich hochgestellt, $k_H \approx 1$, h) englische Öse, $k_H \approx 1{,}1$, i) Haken eingerollt, k) Gewindebolzen eingerollt, l) Gewindestopfen eingeschraubt, $n_s = 2 \dots 4$, m) Lasche eingeschraubt, $n_s = 2 \dots 4$

Wenn die Windungen im unbelasteten Zustand der Feder aneinander liegen, ist die

Länge des Federkörpers $\boldsymbol{L_k \leq (n_t + 1)\, d_{max}}$ (14.16)

Länge der unbelasteten Feder $\boldsymbol{L_0 = L_K + 2L_H}$ (14.17)

n_t		Anzahl der Gesamtwindungen,
d_{max}	in mm	Nennmaß des Draht- bzw. Stabdurchmessers (Tab. 14.4 bis 14.6), vermehrt um das obere Abmaß (Tab. 14.13),
L_H	in mm	Abstand der Öseninnenkante vom Federkörper nach Gl. (14.15).

Für die Prüfkraft F_p (das kann F_1, F_n oder eine andere sein), sind je nach Gütegrad die folgenden *Abweichungen* A_F in N zulässig:

für kaltgeformte Druck- oder Zugfedern $$\mathbf{A_F = \pm(a_F \cdot k_f + 0{,}015 F_p)\, Q} \quad (14.18)$$

für warmgeformte Druckfedern $$\mathbf{A_F = \pm f(L_0 + s_p)\,(2/n + 1)\, c} \quad (14.19)$$

$$\mathbf{k_f = -\frac{1}{3 \cdot n^2} + \frac{8}{5 \cdot n} + 0{,}803}$$

$$\mathbf{a_F = 65{,}92 \cdot \frac{d^{3,3}}{D^{1,6}} \cdot \left[-0{,}84 \cdot \left(\frac{w}{10}\right)^3 + 3{,}781 \cdot \left(\frac{w}{10}\right)^2 - 4{,}244 \cdot \frac{w}{10} + 2{,}274\right]}$$

$$\mathbf{w = \frac{D}{d}}$$

F_p	in N	Prüfkraft,
f		Kraftbeiwerte
		= 0,015 bei Federn aus gewalzten Stäben,
		= 0,012 bei Federn aus spanend gefertigten Stäben (z. B. geschliffenen),
L_0	in mm	Länge der unbelasteten Feder,
s_p	in mm	Federweg, zugeordnet der Prüfkraft, siehe Gl. (14.23),
n		Anzahl der federnden Windungen,
c	in N/mm	Federsteifigkeit, siehe Gl. (14.22).
w		Wickelverhältnis

14

Für die Anwendung dieser Formeln muss das Wickelverhältnis $4 \leq w \leq 20$ betragen.
$Q = 0{,}63$ bei Gütegrad 1, $Q = 1{,}00$ bei Gütegrad 2, $Q = 1{,}60$ bei Gütegrad 3

Beanspruchung

Schubspannung $$\boldsymbol{\tau_t = \frac{8}{\pi} \cdot \frac{D}{d^3} F} \quad (14.20)$$

D	in mm	mittlerer Windungsdurchmesser der Feder,
d	in mm	Draht- bzw. Stabdurchmesser,
F	in N	Federkraft.

Infolge der Drahtkrümmung verteilt sich die Schubspannung aber nicht gleichmäßig über den Drahtumfang. An der Innenseite der Windung ist sie größer als an der Außenseite:

größte Schubspannung $$\boldsymbol{\tau_k = k \cdot \tau_t} \quad (14.21)$$

τ_k	in N/mm²	Schubspannung an der Innenseite der Windung,
k		Beiwert zur Berücksichtigung der Drahtkrümmung $\approx \frac{w + 0{,}5}{w - 0{,}75}$ mit $w = D/d$.
τ_t	in N/mm²	Schubspannung nach Gl. (14.20).

Federsteifigkeit, Federwege

Federsteifigkeit $$\mathbf{c = \frac{G \cdot d^4}{8D^3 \cdot n} = \frac{F}{s}} \quad (14.22)$$

c	in N/mm	Federsteifigkeit,
G	in N/mm²	Schubmodul des Federwerkstoffs (Tab. 14.8 und 14.9),
d	in mm	Draht- bzw. Stabdurchmesser,
n		Anzahl der federnden Windungen,
F	in N	Federkraft,
s	in mm	Federweg.

Federweg von Druckfedern und nicht vorgespannten Zugfedern $\boldsymbol{s = \frac{F}{c}}$ (14.23)

Federweg von vorgespannten Zugfedern $\boldsymbol{s = \frac{F - F_0}{c}}$ (14.24)

Federhub durch zwei Kräfte F_1 und F_2 $\boldsymbol{s_h = \frac{F_2 - F_1}{c}}$ (14.25)

s	in mm	Federweg,
s_h	in mm	Federhub = Arbeitsweg der Feder,
F	in N	Federkraft,
F_0	in N	eingewundene innere Vorspannkraft,
F_1, F_2	in N	Federkräfte, wobei $F_2 > F_1$,
c	in N/mm	Federsteifigkeit nach Gl. (14.22).

Zulässige Beanspruchungen von zylindrischen Schraubendruckfedern

1. Zulässige Schubspannung bei Blocklänge

Kaltgeformte Druckfedern: Aus fertigungstechnischen Gründen müssen alle Federn auf Blocklänge zusammengedrückt werden können. Hierbei beträgt die zulässige Schubspannung $\boldsymbol{\tau_{c\,zul} = 0{,}56 R_m}$ (siehe auch Tab. 14.11). Mindestzugfestigkeitswert R_m für den angelassenen bzw. warmausgelagerten Zustand siehe Tab. 14.4 bis 14.6.

2. Zulässige Schubspannung bei statischer bzw. quasistatischer Beanspruchung

14

Im Allgemeinen genügt die Auslegung einer Druckfeder nach der zulässigen Schubspannung $\tau_{c\,zul}$ bei der Blocklänge (siehe Tab. 14.11). Nur bei hohen Anforderungen an die Konstanz der Federkraft wird die zulässige Betriebsbeanspruchung durch die je nach Anwendungsfall vertretbare **Relaxation** (Erschlaffung, Nachlassen der Elastizität) begrenzt.

3. Zulässige Hubspannung bei dynamischer Beanspruchung

Es darf die

Hubspannung $\boldsymbol{\tau_{kh} = \tau_{k2} - \tau_{k1}}$ (14.26)

die Hubfestigkeit τ_{kH} der Zeit- bzw. Dauerfestigkeit des Federwerkstoffes nicht überschreiten.

Hubfestigkeit $\boldsymbol{\tau_{kH} = \tau_{kO} - \tau_{kU}}$ (14.27)

τ_{kH}	in N/mm^2	Hubfestigkeit, siehe Diagr. 14.1 bis 14.12
τ_{kO}	in N/mm^2	Oberspannung der Schwingfestigkeit
τ_{kH}	in N/mm^2	Unterspannung der Schwingfestigkeit = Unterspannung des Schwingspiels = τ_{k1}.

Die Oberspannung τ_{k2} des Schwingspiels darf einen zulässigen Wert nicht überschreiten, üblicherweise $\tau_{k2\,zul} = 0{,}45 R_m$. Zulässige Hubfestigkeiten entnehmen Sie den Diagr. 14.1 bis 14.12. Alle dynamisch beanspruchten Federn sollten zur Festigkeitserhöhung kugelgestrahlt werden. Das lässt sich im Allgemeinen bei Schraubendruckfedern mit einem Drahtdurchmesser $d \geq 1$ mm, einem Wickelverhältnis $w = D/d < 15$ und einem lichten Windungsabstand $a_0 > d$ durchführen.

Stabilitätsberechnung von zylindrischen Schraubendruckfedern

Eine schlanke Druckfeder knickt aus, wenn bei der Schlankheit L_0/D die Federung s/L_0 je nach Lagerungsfall der Feder einen bestimmten Grenzwert gemäß der Diagrammkurve nach Tab. 14.13 überschreitet bzw. wenn die *Knicklänge* L_K unterschritten wird. Der Lagerungsfall wird durch den Lagerungsbeiwert ν berücksichtigt. Wenn Knickgefahr besteht, muss die Konstruktion geändert werden.

Zulässige Beanspruchungen von zylindrischen Schraubenzugfedern

1. Zulässige Schubspannung bei statischer bzw. quasistatischer Beanspruchung

Kaltgeformte Zugfedern aus Runddrähten: Bei der größten auftretenden Federkraft ist $\tau_{zul} = 0{,}45\,R_m$ (siehe auch Tab. 14.11). Die Zugfestigkeit R_m von Federstahldraht siehe Tab. 14.4 bis 14.6.

Innere Vorspannung Wickeln auf Wickelbank: $$\boldsymbol{\tau_0 = \left(0{,}135 - 0{,}00625 \cdot \frac{D}{d}\right) \cdot R_m}$$

Winden auf Federwindeautomat: (14.28)

$$\boldsymbol{\tau_0 = \left(0{,}075 - 0{,}00375 \cdot \frac{D}{d}\right) \cdot R_m}$$

R_m in N/mm² Zugfestigkeit des Federdrahtes (für Federstahldraht nach Tab. 14.4 und 14.5),
D, d in N/mm² Feder- bzw. Drahtdurchmesser.

Warmgeformte Zugfedern aus runden Stäben: Die zulässige Schubspannung τ_{zul} bei der größten Federkraft F_n ist in Tab. 14.11 angegeben.

2. Zulässige Schubspannung bei dynamischer Beanspruchung

Die Lebensdauer von Zugfedern wird maßgeblich von der Form der Ösen und Endstücke beeinflusst. An den Übergängen vom Federkörper zu den Ösen treten zusätzliche Spannungsspitzen auf, die wesentlich über denen in den Windungen liegen können. Deshalb lassen sich keine Dauerfestigkeitswerte angeben.

Können Zugfedern mit schwingender Belastung nicht vermieden werden, so wähle man kaltgeformte Zugfedern mit eingerollten oder eingeschraubten Endstücken. Sind jedoch aus konstruktiven Gründen angebogene Ösen oder Haken notwendig, so muss der Krümmungsradius am Übergang möglichst groß sein. Wird die zulässige Grenze erreicht, d. h. ist $\tau_{k2} = \tau_{k2\,zul} = 0{,}45 R_m$, so muss damit gerechnet werden, dass nach einer gewissen Betriebszeit die Kraft F_2 kleiner wird, weil die Vorspannkraft F_0 nachlässt. Auch Brüche wegen Übermüdung des Werkstoffs sind nicht auszuschließen.

14

Tellerfedern als Druckfedern

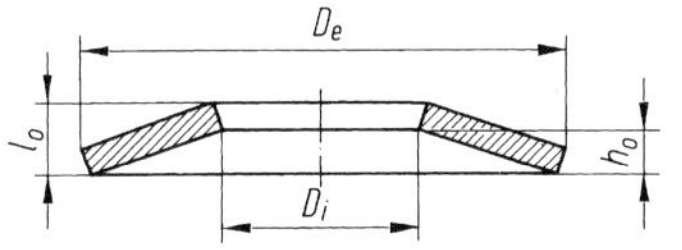

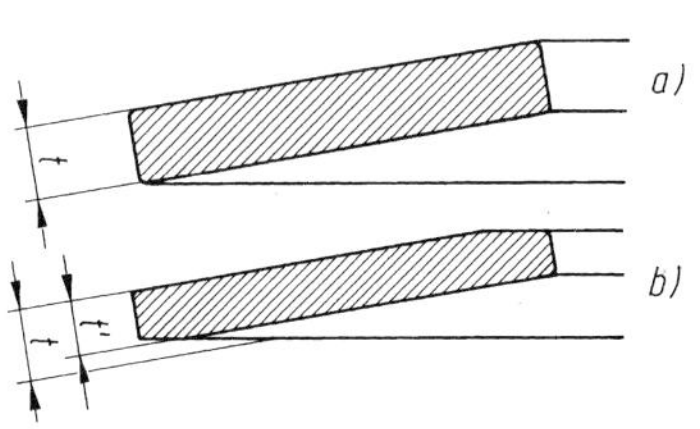

Bild 14.6 Tellerfedern
a) Einzelteller der Gruppen 1 und 2, b) Einzelteller mit Auflageflächen und reduzierter Dicke der Gruppe 3

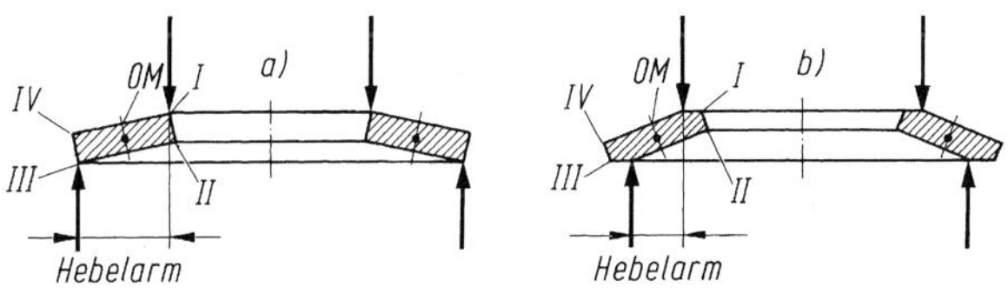

Bild 14.7 Krafteinleitung in Tellerfedern
a) der Gruppe 1 und 2,
b) der Gruppe 3

Federkraft $$F = \frac{4 \cdot E}{1-\nu^2} \cdot \frac{t^4}{K_1 \cdot D_e^2} \cdot \frac{s}{t} \cdot \left[\left(\frac{h_0}{t} - \frac{s}{t}\right) \cdot \left(\frac{h_0}{t} - \frac{s}{2t}\right) + 1\right] \quad (14.29)$$

Federsteifigkeit $$c = \frac{dF}{ds} = \frac{4 \cdot E}{1-\nu^2} \cdot \frac{t^3}{K_1 \cdot D_e^2} \left[\left(\frac{h_0}{t}\right)^2 - 3 \cdot \frac{h_0}{t} \cdot \frac{s}{t} + \frac{3}{2}\left(\frac{s}{t}\right)^2 + 1\right] \quad (14.30)$$

Federarbeit $$W = \int_0^s F \cdot ds = \frac{2 \cdot E}{1-\nu^2} \cdot \frac{t^5}{K_1 \cdot D_e^2} \cdot \left(\frac{s}{t}\right)^2 \cdot \left[\left(\frac{h_0}{t} - \frac{s}{2t}\right)^2 + 1\right] \quad (14.31)$$

Hilfswerte:

$$\left.\begin{aligned} \delta &= \frac{D_e}{D_i} \\ K_1 &= \frac{1}{\pi} \cdot \frac{\left(\frac{\delta - 1}{\delta}\right)^2}{\frac{\delta + 1}{\delta - 1} - \frac{2}{\ln \delta}} \\ K_2 &= \frac{6}{\pi} \cdot \frac{\frac{\delta - 1}{\ln \delta} - 1}{\ln \delta} \\ K_3 &= \frac{3}{\pi} \cdot \frac{\delta - 1}{\ln \delta} \end{aligned}\right\} \quad (14.32)$$

14

F	in N	Federkraft,
E	in N/mm²	Elastizitätsmodul,
ν	–	Querkontraktionszahl, für Stahl ist $\nu \approx 0{,}3$,
t	in mm	Dicke des Federtellers, bei Gruppe 3 t' einsetzen,
h_0	in mm	Innenhöhe des unbelasteten Federtellers,
s	in mm	Federweg,
D_e	in mm	Außendurchmesser des Federtellers,
D_i	in mm	Innendurchmesser des Federtellers.

Spannungen in den Punkten OM, I bis IV:

$$\sigma_I = -\frac{4 \cdot E}{1-\nu^2} \cdot \frac{t^2}{K_1 \cdot D_e^2} \cdot \frac{s}{t} \cdot \left[K_2 \cdot \left(\frac{h_0}{t} - \frac{s}{2t}\right) + K_3\right] \quad (14.33)$$

$$\sigma_{II} = -\frac{4 \cdot E}{1-\nu^2} \cdot \frac{t^2}{K_1 \cdot D_e^2} \cdot \frac{s}{t} \cdot \left[K_2 \cdot \left(\frac{h_0}{t} - \frac{s}{2t}\right) - K_3\right] \quad (14.34)$$

$$\sigma_{III} = -\frac{4 \cdot E}{1-\nu^2} \cdot \frac{t^2}{K_1 \cdot D_e^2} \cdot \frac{1}{\delta} \cdot \frac{s}{t} \cdot \left[(K_2 - 2 \cdot K_3) \cdot \left(\frac{h_0}{t} - \frac{s}{2t}\right) - K_3\right] \quad (14.35)$$

$$\sigma_{IV} = -\frac{4 \cdot E}{1-\nu^2} \cdot \frac{t^2}{K_1 \cdot D_e^2} \cdot \frac{1}{\delta} \cdot \frac{s}{t} \cdot \left[(K_2 - 2 \cdot K_3) \cdot \left(\frac{h_0}{t} - \frac{s}{2t}\right) + K_3\right] \quad (14.36)$$

$$\sigma_{OM} = -\frac{4 \cdot E}{1-\nu^2} \cdot \frac{t^2}{K_1 \cdot D_e^2} \cdot \frac{s}{t} \cdot \frac{3}{\pi} \quad (14.37)$$

F	in N	Federkraft,
E	in N/mm²	Elastizitätsmodul,
ν	–	Querkontraktionszahl, für Stahl ist $\nu \approx 0{,}3$,
t	in mm	Dicke des Federtellers, bei Gruppe 3 t' einsetzen,
h_0	in mm	Innenhöhe des unbelasteten Federtellers
s	in mm	Federweg,
D_e	in mm	Außendurchmesser des Federtellers,
D_i	in mm	Innendurchmesser des Federtellers.

Zu den Gleichungen 14.33 bis 14.37 ist anzumerken:
- die Spannung IV ist bedeutungslos
- bei statischer Beanspruchung ist Spannung I maßgebend
- bei dynamischer Beanspruchung sind die Spannungen II und III maßgebend.

Kombinationsmöglichkeiten der Federteller zu Federsäulen veranschaulicht Tab. 14.21. In dieser sind auch die Berechnungsgleichungen für die Säulenkräfte F_S, die Federwege s der Säulen, die Säulensteifigkeiten C_S und die Längen L_0 der unbelasteten Säulen je nach Schichtung angegeben.
Bei den in Tab. 14.21 dargestellten Beispielen betragen bei der
Schichtung **T:** $i = 8$ Einzelfederteller,
P: $n = 5$ Einzelfederteller,
GP: $n = 3$ Einzelfederteller, $i = 4$ Federpakete,
VT: $i_1 = 6$, $i_2 = 4$, $i_3 = 2$ Einzelfederteller,
VP: $n_1 = 5$, $n_2 = 3$, $n_3 = 2$ Einzelfederteller, $i_1 = 1$, $i_2 = 3$, $i_3 = 1$ Federpakete.

An den Führungen und zwischen den Federtellern eines Federpaketes tritt **Reibung** auf. Die erste kann wegen Geringfügigkeit vernachlässigt werden. Die Belastungskraft F_{SB} einer Federsäule mit Federpaketen muss beim Zusammendrücken um die axiale Komponente F_R der Reibkräfte größer als die Säulenkraft F_S sein, beim Zurückfedern (Entlasten) die Belastungskraft F_{SE} jedoch um F_R kleiner als F_S, also $F_{SB} = F_S + F_R$ und $F_{SE} = F_S - F_R$. Bei $n - 1$ Reibflächen in einem Paket mit n Federtellern kann näherungsweise gesetzt werden:

14

axiale Komponente der Reibkräfte in einer Federsäule mit Federpaketen

$$\boldsymbol{F_R \approx (n-1)^2 \cdot \mu \cdot F} \qquad (14.38)$$

F_R	in N	axiale Reibkraft,
n		Anzahl der Federteller in einem Paket,
μ		Reibbeiwert Tab. 14.21, bezogen auf leicht geölte, mit Molybdändisulfid behandelte oder mit Gleitlack bestrichene Federteller,
F	in N	auf einen Federteller entfallende theoretische Federkraft ohne Berücksichtigung der Reibung, Gl. (14.31).

Festigkeitsberechnung

1. bei ruhender Belastung

Bei diesem Lastfall dürfen die mit DIN 2093 genormten Tellerfedern (Tab. 14.16) bis $s_n = 0{,}75h_0$ gespannt werden, ohne dass es einer Spannungsberechnung bedarf. Darüber hinaus kann es zu Setzerscheinungen kommen (Nachlassen der Federwirkung durch Verringerung der Bauhöhe l_0). Bei nicht genormten Tellerfedern aus Edelstahl soll die Druckspannung am Punkt I, Gl. (14.33) $\sigma_n = 2000 \ldots 2400$ N/mm² nicht überschreiten, bei $s_c = h_0$ in Planlage $\sigma_c = 2600 \ldots 3000$ N/mm² und am Punkt OM, auf der Mantelfläche etwa der Streckgrenze $R_e = 1400 \ldots 1600$ N/mm² entsprechen.

2. bei schwingender Belastung

An den zugbeanspruchten Stellen ändert sich die Spannung ständig zwischen σ_1 und σ_2. Dort besteht die Gefahr eines Anrisses und damit eines Dauerbruches. Die höchste Zugspannung kann an der Stelle II oder an der Stelle III auftreten. Liegt das Verhältnis h_0/t bzw. $K_4 \cdot h_0'/t'$ unter dem im Folgenden angegebenen Bereich, so ist die Stelle II maßgebend, liegt es darüber, die Stelle III. Liegt es jedoch **im** angegebenen Bereich, so kann die höchste Zugspannung sowohl am Punkt II als auch am Punkt III auftreten.

$\delta = D_e/D_i =$	1,4	1,6	2	2,4	2,8	3,2	3,6	4
h_0/t bzw. $K_4 \cdot h'_0/T'$	0,35 bis 0,28	0,45 bis 0,35	0,67 bis 0,5	0,8 bis 0,6	0,93 bis 0,75	1,13 bis 0,85	1,15 bis 0,93	1,24 bis 1

Um einen Bruch vor Ablauf der geplanten Lebensdauer der Tellerfeder zu vermeiden, darf die

Hubspannung $\boldsymbol{\sigma_h = \sigma_2 - \sigma_1}$ (14.39)

an der maßgebenden Stelle II bzw. III die Zeit- bzw. Dauerhubfestigkeit des Federtellers nicht überschreiten.

Hubfestigkeit $\boldsymbol{\sigma_H \approx \sigma_F - 0{,}5\sigma_U}$ (14.40)

σ_F	in N/mm²	Hubfestigkeit einer Tellerfeder aus Edelstahl bei der Unterspannung $\sigma_U = 0$ nach Tab. 14.20,
σ_U	in N/mm²	Unterspannung der Schwingfestigkeit = Unterspannung des Schwingspiels = σ_1.

Die angegebene Hubfestigkeit gilt aber nur für Einzelfederteller und für Federsäulen mit $i \leq 6$ in Schichtung T (Tab. 14.21), wenn die Federteller mindestens mit einem Vorspannfederweg $s_1 = 0{,}15 \ldots 0{,}2\, h_0$ eingebaut wurden.

14 Außerdem darf die Oberspannung σ_2 des Schwingspiels die Grenze $\sigma_{O\,max}$ nach Tab. 14.20 nicht überschreiten.

Gewundene Schenkelfedern als Drehfedern

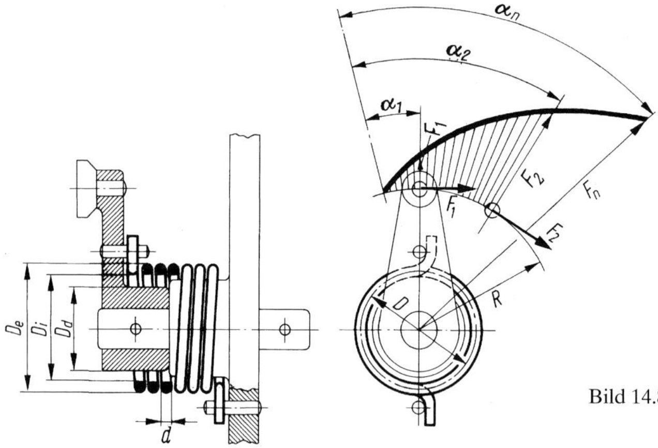

Bild 14.8 Schenkelfeder als Rückzugsfeder für einen Schalthebel

Berechnungsgleichungen

Biegespannung $\boldsymbol{\sigma = \dfrac{M_b}{W_b} = \dfrac{32F \cdot R}{\pi \cdot d^3}}$ (14.41)

M_b	in Nmm	Biegemoment = Federdrehmoment,
F	in N	Belastungskraft am Radius R,
W_b	in mm³	Widerstandsmoment,

R	in mm	Wirkabstand der Belastungskraft F zum Federdrehpunkt,
d	in mm	Draht- bzw. Stabdurchmesser.

Größte Biegespannung $\boldsymbol{\sigma_q = q \cdot \sigma}$ (14.42)

σ_q	in N/mm²	Biegespannung an der Innenseite der Windungen,
q		Spannungsbeiwert (Tab. 14.22) zur Berücksichtigung der Drahtkrümmung $= (w + 0{,}07)/(w - 0{,}75)$ bzw. $(2 \cdot r/d + 1{,}07)/(2 \cdot r/d + 0{,}25)$,
σ	in N/mm²	Biegespannung nach Gl. (14.41).

Drehwinkel des bewegten Federendes $\boldsymbol{\alpha = \frac{M_b \cdot l}{E \cdot I} = \frac{64F \cdot R \cdot l}{E \cdot \pi \cdot d^4}}$ (14.43)

α	in rad	Drehwinkel des Schenkels durch das Belastungsmoment M (1 rad = 57,3°),
M_b	in Nmm	Belastungsdrehmoment $= F \cdot R$,
l	in mm	gestreckte Länge der federnden Windungen nach Gl. (14.45),
E	in N/mm²	Elastizitätsmodul des Federwerkstoffes nach Tab. 14.9, für Federstahl ≈ 206000 N/mm²,
d	in mm	Draht- bzw. Stabdurchmesser (Tabn. 14.4 bis 14.6).

Federsteifigkeit $\boldsymbol{c_t = \frac{M_b}{\alpha} = \frac{E \cdot \pi \cdot d^4}{64l}}$ (14.44)

c_t	in Nmm/rad	Federsteifigkeit
M_b, α, E, d, l		siehe Legende zur Gl. (14.43).

14

Gestreckte Länge der federnden Windungen $\boldsymbol{l \approx D \cdot \pi \cdot n}$ (14.45)

Länge des unbelasteten Federkörpers ohne Windungsabstand $\boldsymbol{L_K \leq (n + 1{,}5)\, d_{max}}$ (14.46)

mit Windungsabstand $\boldsymbol{L_{K0} \leq n(a + d_{max}) + d_{max}}$ (14.47)

D	in mm	mittlerer Windungsdurchmesser,
n		Anzahl der federnden (wirksamen) Windungen,
d_{max}	in mm	Höchstmaß des Draht- oder Stabdurchmessers = Nennmaß d (Tabn. 14.4 bis 14.6) vermehrt, um das obere Abmaß (Tab. 14.13),
a	in mm	lichter Abstand zwischen den federnden Windungen der unbelasteten Feder.

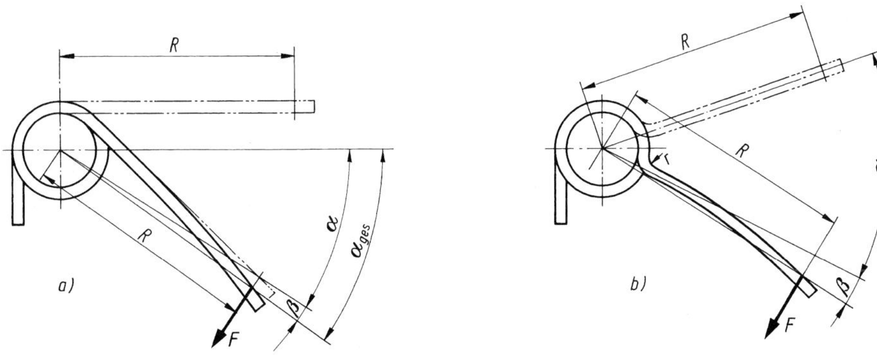

Bild 14.9 Durchbiegung eines langen Schenkels
a) tangentialer, b) radialer Schenkel

In der Gl. (14.43) ist der Teil des Drehwinkels vernachlässigt, der infolge der Durchbiegung langer Schenkel zusätzlich entsteht (Bild 14.9). Diese Durchbiegung ist etwa ab $R > 10d$ zu berücksichtigen. Es betragen:

Drehwinkelvergrößerung eines langen tangentialen Schenkels	$\boldsymbol{\beta \approx 1{,}7\,\dfrac{F(4R^2 - D^2)}{E \cdot d^4}}$	(14.48)
Drehwinkelvergrößerung eines langen radialen Schenkels	$\boldsymbol{\beta \approx 0{,}85\,\dfrac{F(2R - D)^3}{E \cdot R \cdot d^4}}$	(14.49)

β	in rad	Drehwinkelvergrößerung des langen, nicht fest eingespannten Schenkels infolge Durchbiegung nach Bild 14.9,
F	in N	Belastungskraft am Radius R,
R	in mm	Wirkabstand der Kraft F,
D	in mm	mittlerer Windungsdurchmesser,
E	in N/mm^2	Elastizitätsmodul des Federwerkstoffs (Tab. 14.9).

Die Gln. (14.48) und (14.49) gelten unabhängig davon, ob der lange Schenkel der bewegte oder der ruhende ist. Sind beide Schenkel einer Feder lang, so sind für beide die Winkel β zu berücksichtigen. Der gesamte Drehwinkel des Kraftangriffspunktes am bewegten Schenkel beträgt somit $\alpha_{\text{ges}} = \alpha + \beta$ (Bild 14.9), bei zwei langen Schenkeln mit β als Summe der Drehwinkel beider Schenkel, bei zwei gleichlangen Schenkeln ist $\alpha_{\text{ges}} = \alpha + 2\beta$.

14

Wird die Drehfeder auf einem Dorn oder in einer Hülse geführt, so ist darauf zu achten, dass zwischen Feder und Führung genügend Spiel bleibt, damit sich die Windungen nicht festklemmen. Als Anhalt für den Durchmesser eines Dornes kann $D_{\text{d}} = 0{,}8\ldots0{,}9D_{\text{i}}$, für den einer Hülse $D_{\text{h}} = 1{,}1\ldots1{,}2D_{\text{e}}$ angenommen werden.

Beim Spannen der Feder in ihrem Windungssinn verringert sich deren Innendurchmesser von D_{i} auf $D_{\text{i}\alpha}$, beim Spannen entgegen ihrem Windungssinn vergrößert sich ihr Außendurchmesser von D_{e} auf $D_{\text{e}\alpha}$. Es muss stets $D_{\text{i}\alpha} > D_{\text{d}}$ und $D_{\text{e}\alpha} < D_{\text{h}}$ sein.

Innendurchmesser der im Windungssinn gespannten Feder	$\boldsymbol{D_{\text{i}\alpha} \approx \dfrac{D \cdot n}{n + \alpha/2\pi} - d}$	(14.50)
Außendurchmesser der entgegen dem Windungssinn gespannten Feder	$\boldsymbol{D_{\text{e}\alpha} \approx \dfrac{D \cdot n}{n - \alpha/2\pi} + d}$	(14.51)

D	in mm	mittlerer Windungsdurchmesser der unbelasteten Feder,
n		Anzahl der federnden Windungen,
α	in rad	Federdrehwinkel nach Gl. (14.43),
d	in mm	Draht- bzw. Stabdurchmesser.

Festigkeitsberechnung

1. bei ruhender Belastung

Beim größten Drehwinkel α_{n} beträgt die zulässige Biegespannung $\sigma_{\text{zul}} = 0{,}7R_{\text{m}}$ (siehe auch Tab. 14.22), Zugfestigkeit R_{m} siehe Tab. 14.4 bis 14.6.

2. bei schwingender Belastung

Vorzugsweise wird der Federstahldraht Sorte DH nach Tab. 14.4 verwendet.

Da sich die Biegespannung ständig zwischen σ_{q1} und σ_{q1} ändert, besteht die Gefahr eines Anrisses und damit eines Dauerbruches. Um diesen zu vermeiden, darf die

Hubspannung $\boldsymbol{\sigma_{\text{qh}} = \sigma_{\text{q1}} - \sigma_{\text{q2}}}$	(14.52)

die Hubfestigkeit σ_{qH} des Federdrahtes bzw. die zulässige Hubspannung $\sigma_{\text{qh zul}}$ nicht überschreiten. Gemäß DIN EN 13906-3 folgt für $N \geq 10^7$ Schwingspiele die *zulässige Hubspannung* $\boldsymbol{\sigma_{\text{qh zul}} \approx \sigma_{\text{q0}} - 0{,}22\sigma_{\text{q1}}}$ (14.53)

σ_{q0}	in N/mm²	zulässige Hubspannung bei $\sigma_{q1} = 0$. Für Federstahldraht DH ist $\sigma_{q0} = 670$ N/mm², kugelgestrahlt ≈ 900 N/mm²,
σ_{q1}	in N/mm²	Unterspannung des Schwingspiels.

Außerdem darf die Oberspannung σ_{q2} des Schwingspiels nicht größer sein als $\sigma_{q2\,\text{zul}}$ nach Tab. 14.22. Es ist auch möglich, die Federn für eine begrenzte Lebensdauer (Zeitfestigkeit) auszulegen. Dann ist $\sigma_{qh} > \sigma_{qh\,\text{zul}}$.

Stabfedern als Drehfedern

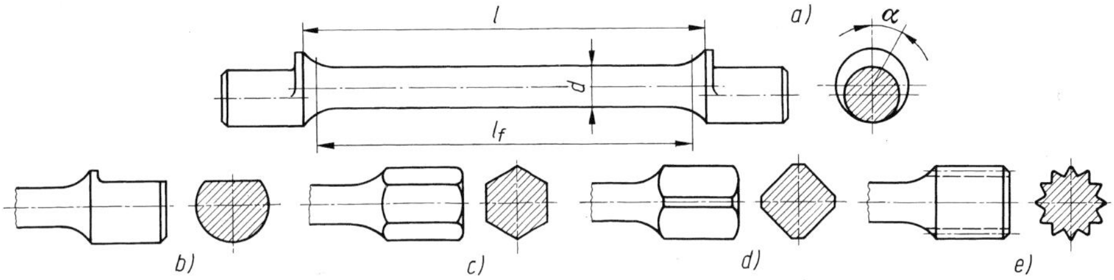

Bild 14.10 Runde Drehstabfeder mit verschiedenen Einspannenden
a) Exzenter, b) Anflächung, c) Sechskant, d) Vierkant, e) Kerbverzahnung

Berechnungsgleichungen

Schubspannung (Torsionsspannung) $\boldsymbol{\tau = \dfrac{T}{W_t} = \dfrac{16T}{\pi \cdot d^3}}$ (14.54)

Verdrehwinkel $\boldsymbol{\varphi = \dfrac{T \cdot l_f}{G \cdot I_t} = \dfrac{32T \cdot l_f}{G \cdot \pi \cdot d^4}}$ (14.55)

Federsteifigkeit $\boldsymbol{c_t = \dfrac{T}{\varphi} = \dfrac{G \cdot \pi \cdot d^4}{32 l_f}}$ (14.56)

τ	in N/mm²	Torsionsspannung im Schaftquerschnitt,
T	in Nmm	Federtorsionsmoment = Belastungsmoment = $F \cdot R$
W_t	in mm³	Drillwiderstandsmoment des Schaftquerschnittes = $\pi \cdot d^3/16$,
d	in mm	Schaftdurchmesser,
l_f	in mm	federnde Länge des Federschaftes (s. Bild 14.10), genauere Angaben sind in DIN 2091 zu finden,
G	in N/mm²	Schubmodul des Federwerkstoffs $\approx 78\,500$ N/mm² für Federstahl nach DIN EN 10089, für andere Werkstoffe Tab. 14.8 und 14.9,
I_t	in mm⁴	polares Flächenmoment 2. Grades des Schaftquerschnitts = $\pi \cdot d^4/32$,
c_t	in Nmm/rad	Drehfedersteifigkeit,
φ	in rad	Federdrehwinkel.

Zulässige Beanspruchungen

1. bei statischer Belastung

Bei Werkstoffen nach DIN EN 10089 (Tab. 14.1) gelten für τ_{zul} die Angaben im oberen Teil der Tab. 14.23.

Die durch Vergüten erreichte Zugfestigkeit beträgt $R_m = 1600$ bis 1800 N/mm².

14

2. bei dynamischer Belastung

Hubspannung $\boldsymbol{\tau_h = \tau_2 - \tau_1}$ (14.57)

Sie darf die Hubfestigkeit τ_H nicht überschreiten.

Hubfestigkeit $\boldsymbol{\tau_H \approx \tau_F - 0{,}3\tau_U}$ (14.58)

τ_F in N/mm^2 Hubfestigkeit bei $\tau_U = 0$ nach Tab. 14.23,
τ_U in N/mm^2 Unterspannung der Schwingfestigkeit $= \tau_1$ des Schwingspiels.

Außerdem darf die Oberspannung τ_2 des Schwingspiels bei vorgesetzten Federn $\tau_{2\,zul} = 1020\ N/mm^2$ nicht überschreiten.

Spiralfedern als Drehfedern

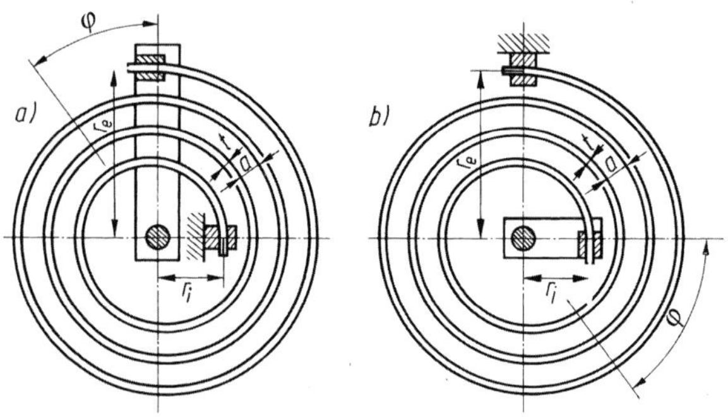

Bild 14.11 Spiralfedern
a) Außenbetätigung,
b) Innenbetätigung

14

Berechnungsgleichungen

Drehmoment = Biegemoment $\boldsymbol{M_b = F \cdot r}$ (14.59)

F in N Belastungskraft,
r in mm Wirkabstand der Kraft F zum Drehpunkt $= r_e$ bei Außenbetätigung, $= r_i$ bei Innenbetätigung.

Biegespannung $\boldsymbol{\sigma = \dfrac{M_b}{W_b}}$ (14.60)

M_b in Nmm Biegemoment nach Gl. (14.59),
W_b in mm^3 Widerstandsmoment des Windungsquerschnitts $= \pi \cdot d^3/32$ bei Runddraht, $= b \cdot t^2/6$ bei Flachband mit der Breite b und der Dicke t.

Verdrehwinkel $\boldsymbol{\varphi = \dfrac{M_b \cdot l}{E \cdot I}}$ (14.61)

φ in rad Verdrehwinkel,
l in mm gestreckte Länge der Windungen nach Gl. (14.62),
E in N/mm^2 Elastizitätsmodul des Federwerkstoffes (Tab. 14.9),
I in mm^4 axiales Flächenmoment 2. Grades des Windungsquerschnitts $= \pi \cdot d^4/64$ bei Runddraht, $= b \cdot t^3/12$ bei Flachband.

Gestreckte Länge der Windungen $\boldsymbol{l = \pi(r_e + r_i)\, n}$	(14.62)
Äußerer Radius $\boldsymbol{r_e = r_i + n(t + a)}$	(14.63)

r_i	in mm	innerer Radius nach Bild 14.11
n		Anzahl der Windungen (in Bild 14.11 ist $n = 3{,}25$),
t	in mm	Draht- bzw. Flachbanddicke,
a	in mm	Windungsabstand.

Bei **statischer Belastung** kann $\boldsymbol{\sigma_{zul} \approx 0{,}7R_m}$ gesetzt werden, bei **dynamischer Belastung** sind die Hubspannung σ_h nach Gl. (14.52) und die zulässige Hubspannung $\sigma_{h\,zul}$ nach Gl. (14.53) zu berechnen (ohne den Index q). Für Flachband aus warmgewalzten Stählen DIN EN 10089 kann $\sigma_0 \approx 500$ N/mm^2 angenommen werden. Für Federstahldraht nach DIN EN 10270-1 ist $\sigma_0 \approx 670$ N/mm^2, kugelgestrahlt ≈ 900 N/mm^2. Außerdem ist $\sigma_{2\,zul} \approx 0{,}7R_m$.

Blattfedern als Biegefedern

Aus Bild 14.13 ergibt sich, wie lang die einzelnen Blätter sein müssen. Wegen der Einspannung der Blätter in die Federmitte wird das unterste Blatt in der Regel je nach Halterung der Blätter um $a \approx 25 \ldots 40$ mm länger ausgeführt als theoretisch erforderlich wäre, d. h.

gestreckte Länge des untersten Federblattes
$$\boldsymbol{L_i = \frac{L}{i-1} + a} \qquad (14.64)$$

Daraus folgt für die weiteren Blätter die

Blattlängendifferenz
$$\boldsymbol{\Delta L = \frac{L - L_i}{i-2}} \qquad (14.65)$$

L	gestreckte Länge des Hauptblattes ohne eingerollte oder angebogene Enden,
L_i	gestreckte Länge des untersten Blattes,
i	Anzahl der Blätter,
a	Längenzugabe zum untersten Blatt $= 25 \ldots 40$ mm.

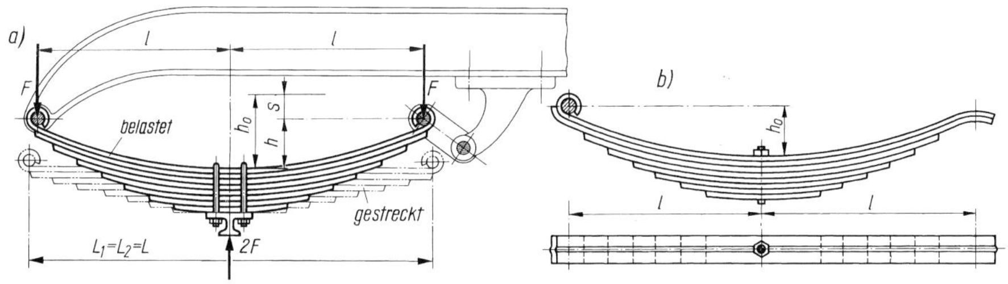

Bild 14.12 Geschichtete Blattfedern
a) mit Bügelhalterung,
b) mit Mittelbolzenhalterung nach DIN 11747 (Blattfedern für Transportanhänger)

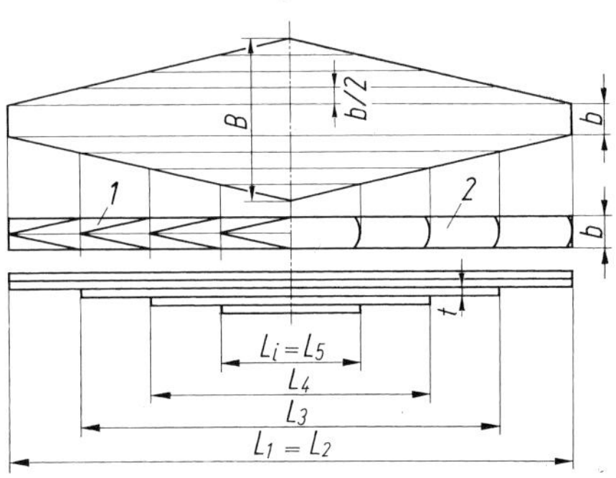

Bild 14.13 Entstehung der geschichteten Blattfeder
1 theoretische Form, 2 praktische Form

Mit ΔL werden $\boldsymbol{L_3 = L_2 - \Delta L}$, wobei $L_2 = L_1 = L$ ist, $\boldsymbol{L_4 = L_3 - \Delta L}$, $\boldsymbol{L_5 = L_4 - \Delta L}$ usw.

Berechnungsgleichungen

Biegespannung $$\sigma_b = \frac{M_b}{W_b} = \frac{F \cdot l}{W_b} \tag{14.66}$$

Federweg $$s \approx k_1 \cdot k_2 \frac{F \cdot l^3}{3E \cdot I_b} \tag{14.67}$$

Federsteifigkeit $$c = \frac{F}{s} = \frac{3E \cdot I_b}{k_1 \cdot k_2 \cdot l^3} \tag{14.68}$$

σ_b	in N/mm²	Biegespannung in den Blattquerschnitten der Federmitte, bei einarmigen Federn an der Einspannstelle,
M_b	in Nmm	Biegemoment,
F	in N	Belastungskraft am Federende = Federkraft,
l	in mm	Abstand der Kraft F vom maßgebenden Querschnitt,
W_b	in mm³	Widerstandsmoment des maßgebenden Querschnitts $= B \cdot t^2/6$ mit t als Blattdicke und B als Gesamtbreite der Feder, bei geschichteten Blattfedern $= i \cdot b$ mit i als Anzahl der Blätter und b als Blattbreite,
s	in mm	Federweg der Kraft F,
k_1		Formbeiwert nach Tab. 14.24, der die Trapezform berücksichtigt,
k_2		Federungsbeiwert = 1 bei einfachen Blattfedern, ≈ 0,75 bei geschichteten Blattfedern,
E	in N/mm²	Elastizitätsmodul ≈ 206 000 N/mm² für Federstahl, für andere Metalle nach Tab. 14.8 und 14.9,
I_b	in mm⁴	axiales Flächenmoment 2. Grades des maßgebenden Querschnitts $= B \cdot t^3/12$,
c	in N/mm	Federsteifigkeit.

14

Für die **Festigkeitsberechnung** liegen nur wenig Anhaltspunkte vor. Bei **einfachen Blattfedern** kann die zulässige Biegespannung $\sigma_{b\,zul}$ mit ca. 70% von R_m bei ruhender, ca. 50% bei schwellender und ca. 30% bei wechselnder Belastung angenommen werden (siehe auch Tab. 14.24, R_m = Zugfestigkeit des Federwerkstoffs).
Geschichtete Blattfedern werden schwellend beansprucht. Wegen der nicht erfassbaren Stöße und Schwingungen während des Fahrens kann die Beanspruchung nur mit der statischen Belastung durch die Gesamtlast des Fahrzeugs berechnet und bei dieser $\sigma_{b\,zul} \approx 0{,}5 R_m$ bei Straßenfahrzeugen, $\approx 0{,}55 R_m$ bei Schienenfahrzeugen gesetzt werden.

Ringfedern als Druckfedern

Rücklaufkraft F'

$$F' = F_r \cdot \tan(\alpha - \varrho) = F \frac{\tan(\alpha - \varrho)}{\tan(\alpha + \varrho)} \tag{14.69}$$

F	in N	(axiale) Federkraft,
α	in °	halber Kegelwinkel,
ϱ	in °	Reibwinkel = arctan μ,
μ	in °	Reibwert Stahl/Stahl.

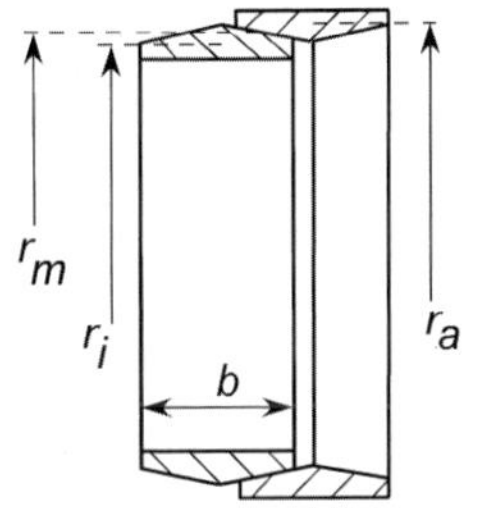

Bild 14.14 Ein Ringfederpaar

Bei z Ringpaaren wird der

$$\textit{Gesamtfederweg} \quad f = z \cdot \frac{\sigma_{ta} \cdot r_a + \sigma_{ti} \cdot r_i}{E \cdot \tan \alpha} \tag{14.70}$$

σ_{ta}, σ_{ti}	in N/mm²	Tangentialspannungen am Außen- und Innenring,
r_a, r_i	in mm	mittlere Radien für Aussen- und Innenring,
E	in N/mm²	E-Modul, für Stahl 206 000 N/mm².

Folgende Erfahrungswerte können verwendet werden: σ_{1a}, $\sigma_{ti} \approx 1000\,\text{N/mm}^2$, $\alpha \approx 15°$, $\varrho \approx 9°$ (nach Niemann).

Luftfedern

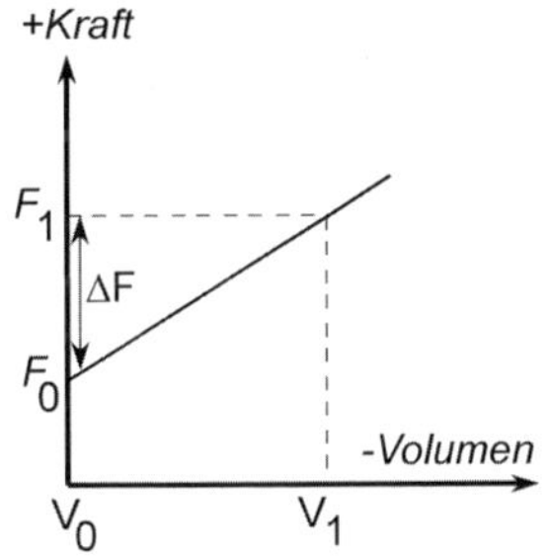

Bild 14.15 „Federkennlinie“ von Luftfedern

Die Kraftänderung ΔF ist

$$\Delta F = p_0 \cdot A \left[\left(\frac{V_0}{V_1} \right)^n - 1 \right] \tag{14.71}$$

ΔF	in N	Federkraft,
p_0	in N/mm²	Ursprungsdruck,
A	in mm²	Kolben- bzw. Membranfläche,
V_0	in mm³	Ursprungsvolumen,
V_1	in mm²	eingefedertes Volumen,
n		Polytropen-Exponent.

Wie wählt man den Polytropen-Exponent? Bei sehr langsamer Federbetätigung wäre $n = 1$, also isothermische Zustandsänderung. In der Praxis – gerade bei Fahrzeugen und Fahrbahnstößen – wird man jedoch eine eher adiabatische Zustandsänderung annehmen;

damit ist

$$n = \varkappa \approx 1{,}4 \quad \text{für Luft}$$

Bei Luftfedern mit zylindrischem Kolben kann man setzen:

$$V_0 = A \cdot h_0$$

$$V_1 = A \cdot h_1$$

Damit ist ΔF dann:

$$\Delta F = p_0 \cdot A \left[\left(\frac{h_0}{h_1} \right)^n - 1 \right]$$

die Federsteifigkeit, volumenbezogen ist:

$$\boldsymbol{c_{V_1} = \frac{dF}{dV_1} = -\frac{n \cdot A \cdot p_1}{V_1}} \tag{14.72}$$

Bei zylindrischen Kolben ist der Federweg $s_1 = \frac{V_1}{A}$, sodass die wegbezogene Federsteifigkeit c_{s1} ist:

14

$$\boldsymbol{c_{s1} = \frac{dF}{ds_1} = -\frac{n \cdot A^2 \cdot p_1}{V_1}} \tag{14.73}$$

A	in mm^2	Kolben- bzw. Membranfläche,
n	–	Polytropenexponent: quasistatische Belastung: $n = 1$, schwingende Belastung: $n = 1{,}4$ bei Luft,
p_1	in N/mm^2	Druck, eingefedert,
V_1	in mm^3	Volumen, eingefedert.

Die Federarbeit der Luftfeder erhält man, wenn man den Druck über das Volumen integriert. So entsteht für schwingende Belastung:

$$W = -\frac{p_0 \cdot V_0}{n-1} \left[\left(\frac{V_1}{V_0} \right)^{1-n} - 1 \right]$$

Gummifedern

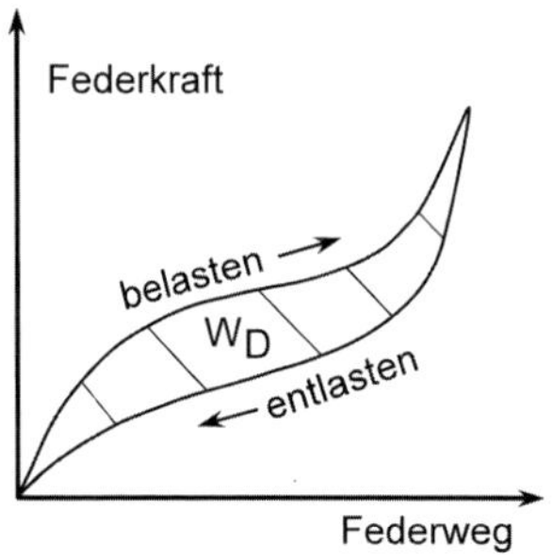

Bild 14.16 Federkennlinie für Elastomer- und Kautschukfedern

Die Form der Gummifedern wird durch einen **Formfaktor** $\boldsymbol{k_F}$ erfasst, der das Verhältnis der krafteinleitenden Oberfläche zur freien Oberfläche darstellt (Tab. 14.25). In Diagr. 14.2 ist der **Elastizitätsmodul** $\boldsymbol{E}$ in Abhängigkeit von Härte und Formfaktor angegeben, der allein von der Gummihärte abhängige **Schubmodul** $\boldsymbol{G}$ ist ebenfalls Diagr. 14.2 zu entnehmen.
Gummifedern haben gekrümmte Kennlinien. Bei kleinen Verformungen können diese näherungsweise als gerade angenommen werden, d. h. mit konstanter Federsteifigkeit c bzw. c_t. Bei schwingender Beanspruchung versteift sich die Feder, und ihre Kennlinie weicht von der statischen ab. Die Abweichung wird mit einem Faktor k erfasst:

dynamische Federsteifigkeit $\boldsymbol{c_{dyn} = k \cdot c}$ bzw. $\boldsymbol{c_{t\,dyn} = k \cdot c_t}$ (14.74)

c_{dyn}	in N/mm oder $c_{t\,dyn}$ in Nmm/rad	Federsteifigkeit bei Schwingbelastung,
c	in N/mm oder c_t in Nmm/rad	Federsteifigkeit bei statischer Belastung (Tab. 14.25),
k	–	Korrekturfaktor.

Es sei hier besonders darauf hingewiesen, dass die dynamische Federsteifigkeit auch von der Frequenz der Schwingungen und von der Höhe der Beanspruchung abhängt. Bei Schwingungen bis 50 Hz können E-Modul und G-Modul bis zu 20% zunehmen, über 50 Hz sogar bis etwa 50%. Der Faktor φ kann daher nur als grober Anhalt gewertet werden. Bei Elastomeren ist der Mullins-Effekt zu beachten: Bei Erstbelastung sind Festigkeit und Steifigkeit wesentlich höher als bei den darauf folgendem Lastspielen.
Die Elastomere dämpfen sehr gut, und zwar „verschlucken“ sie infolge innerer Reibung bis zu 30% der eingeleiteten Energie.
In Tab. 14.26 sind die erfahrungsgemäß zulässigen Spannungen angegeben.

15 Achsen und Wellen

Biegemomente, Längskräfte und Torsionsmomente

Stützkraftermittlung
für die Biegemomentenberechnung wie bei Trägern auf zwei Stützen (Stützträger) nach den

statischen Gleichgewichtsbedingungen $\boldsymbol{\Sigma F = 0}$ und $\boldsymbol{\Sigma M = 0}$.

Biegemomentenberechnung
sowie Quer- und Längskraftbestimmung nach dem Schnittverfahren (Freischneiden) und mit den statischen Gleichgewichtsbedingungen, bei räumlichen Kräftesystemen in der x- und der y-Ebene.

Resultierendes Biegemoment $\boldsymbol{M_b = \sqrt{M_x^2 + M_y^2}}$.

Berechnung der **Zahnkräfte** bei Getriebewellen siehe die Gln. (23.2) bis (23.16).

Torsionsmomente in Wellenquerschnitten

Torsionsmoment $\boldsymbol{T = F_u \cdot r}$ oder $\boldsymbol{T = P/(2\pi \cdot n)}$

F_u	in N	Umfangskraft = Tangentialkraft F_t (am Radius r),
r	in m	Radius (senkrecht zur Wirklinie von F_u),
P	in W	von der Welle zu übertragende Leistung,
n	in s^{-1}	Wellendrehzahl.

15

Überschlagrechnung auf Torsion und Biegung

Für **Vollwellen** mit dem Torsions-Widerstandsmoment $W_t \approx 0{,}2d^3$ erforderlicher

$$\textit{Mindestdurchmesser} \quad \boldsymbol{d_{min} \approx \sqrt[3]{\frac{T}{0{,}2\tau_{t\,zul}}}} \qquad (15.1)$$

d_{min}	in mm	erforderlicher kleinster Wellendurchmesser im torsionsbeanspruchten Wellenstrang,
T	in Nmm	Betriebsdrehmoment = Torsionsmoment,
$\tau_{t\,zul}$	in N/mm^2	zulässige Torsionsspannung nach Tab. 15.1.

Befindet sich im betr. Wellenstrang eine **Passfedernut**, so braucht für diese **kein Zuschlag** zu d_{min} gemacht zu werden, da $\tau_{t\,zul}$ niedrig angesetzt ist und die Nabe des Maschinenteils die Welle versteift.
Im jeweils gefährdeten Querschnitt beträgt die

$$\textit{Biegespannung} \quad \boldsymbol{\sigma_b = \frac{M_b}{W_b}} \qquad (15.2)$$

σ_b	in N/mm^2	Biegespannung im gefährdeten Querschnitt,
M_b	in Nmm	Biegemoment im gefährdeten Querschnitt,
W_b	in mm^3	Widerstandsmoment gegen Biegung des gefährdeten Querschnitts nach Tab. 15.2.

Achsen und Wellen gleicher Biegebeanspruchung

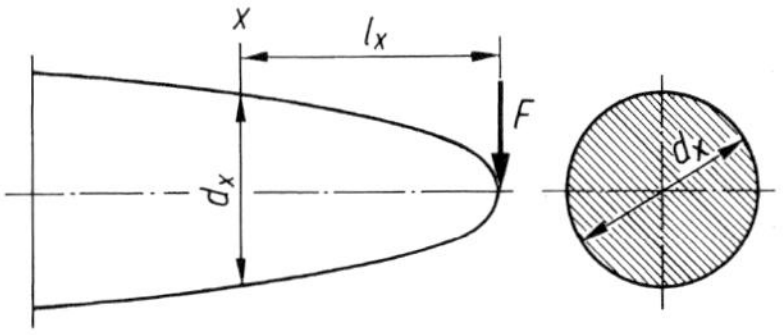

Bild 15.1 Kubische Parabel als Körper gleicher Biegebeanspruchung mit Kreisquerschnitt

Widerstandsmoment $\boldsymbol{W_{bx}} = \dfrac{\boldsymbol{M_{bx}}}{\boldsymbol{\sigma_{b\,zul}}}$ (15.3)

W_{bx} in mm^3 erforderliches Widerstandsmoment des Querschnitts x,
M_{bx} in Nmm Biegemoment an der Stelle x,
$\sigma_{b\,zul}$ in N/mm^2 zulässige Biegespannung (Tab. 15.1).

Beim Kreisquerschnitt mit $W_{bx} \approx 0{,}1 d_x^3$ ergibt sich der

Achsen- oder Wellendurchmesser $\boldsymbol{d_x} \approx \sqrt[3]{\dfrac{\boldsymbol{10 M_{bx}}}{\boldsymbol{\sigma_{b\,zul}}}} = \boldsymbol{C}\,\sqrt[3]{\boldsymbol{M_{bx}}}$ (15.4)

d_x in mm Durchmesser an der Stelle x,
$\sigma_{b\,zul}$ in N/mm^2 zulässige Biegespannung (Tab. 15.1),
$C = \sqrt[3]{10/\sigma_{b\,zul}}$ in $\sqrt[3]{mm^2/N}$ Berechnungskonstante,
M_{bx} in Nmm Biegemoment an der Stelle x.

Praktisch muss die Achse oder Welle so geformt werden, dass die sich ergebende kubische Parabel an keiner Stelle geschnitten wird.

Berechnung auf Gestaltfestigkeit (Dauerhaltbarkeit)

Biegespannung $\boldsymbol{\sigma_b} = \dfrac{\boldsymbol{M_b}}{\boldsymbol{W_b}}$ (15.5)

Zug- oder Druckspannung $\boldsymbol{\sigma_{z,d}} = \dfrac{\boldsymbol{F_l}}{\boldsymbol{A}}$ (15.6)

Torsionsspannung $\boldsymbol{\tau_t} = \dfrac{\boldsymbol{T}}{\boldsymbol{W_t}}$ (15.7)

σ_b, $\sigma_{z,d}$, τ_t in N/mm^2 Normal- und Tangentialspannungen im gefährdeten Querschnitt,
M_b, T in Nmm größtes Biege- bzw. Torsionsmoment im gefährdeten Querschnitt unter Berücksichtigung von betriebsbedingten Stößen oder Belastungsspitzen,
F_l in N Längskraft im betr. Querschnitt,
W_b, W_t in mm^3 Widerstandsmoment des betr. Querschnitts gegen Biegung bzw. Torsion nach Tab. 15.2,
A in mm^2 Querschnittsfläche.

In Achsen tritt keine Torsionsspannung τ_t auf. Wirken Biege- und Zug- oder Druckspannung in einem Querschnitt gleichzeitig, so sind sie zur größten Normalspannung arithmetisch zu addieren zur

Oberspannung $\boldsymbol{\sigma_o} = \boldsymbol{\sigma_{z,d}} + \boldsymbol{\sigma_b}$ (15.8)

In **umlaufenden** Achsen oder Wellen **wirkt die Biegespannung** trotz stillstehender Belastungskräfte **wechselnd**, weil während jeder halben Umdrehung Biegezug- und Biegedruckspannung an einem Querschnittsrandpunkt einander abwechseln, die **Zug-** oder **Druckspannung** aber **ruhend** bleibt. In derartigen Fällen ist die ruhende Spannung $\sigma_{z,d}$ gleich der Mittelspannung σ_m des Lastspiels (Schwingspiels), der sich die wechselnde Biegespannung σ_b als Spannungsausschlag σ_a überlagert (Bild 15.2), d. h., die Normalbeanspruchung beträgt $\sigma = \sigma_m \pm \sigma_a = \sigma_{z,d} \pm \sigma_b$.

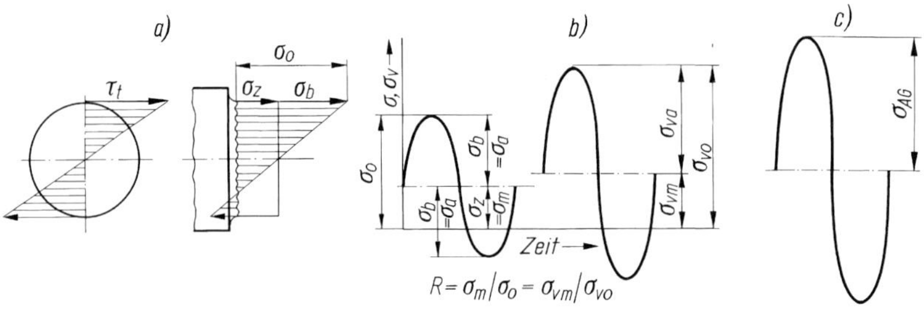

Bild 15.2 Beanspruchung eines Wellenquerschnitts bei Wechselbiegung und ruhender Zugbelastung
a) Spannungsverteilung, b) Schwingspiel (Lastspiel) der Vergleichsspannung, c) Schwingspiel der Gestaltfestigkeit (σ_{AG} = Spannungsausschlag der Gestaltfestigkeit)

Bei der Berechnung von Wellen können verschiedene Wege gegangen werden:
1. Anwendung relativ einfacher Verfahren (oft für die Praxis ausreichend)
2. Vorgehen nach DIN 743 *Tragfähigkeitsberechnung für Achsen und Wellen*
3. Ermittlung der Betriebsfestigkeit nach der FKM-Richtlinie 183

Ein relativ einfaches Verfahren:
Im Folgenden sei zunächst ein relativ einfaches Verfahren aus [15.10] dargestellt, das zwar nicht mehr den letzten Stand des Wissens darstellt, aber den Vorteil hat, dass es gerade für den Lernenden sehr durchsichtig und durchgängig ist – und mit Bedacht durchaus auch betrieblich genutzt werden kann:
Da bei Achsen und Wellen meist Biegespannungen σ_b und Torsionsspannungen τ_t, ggf. auch Zug-Druckspannungen $\sigma_{z,d}$ und Schubspannungen τ_s aus der Querkraft existieren, müssen diese Spannungen in einer Vergleichsspannungshypothese vereinigt werden, d. h. gedanklich auf einen einachsigen Zugspannungszustand zurückgeführt werden. Weil Achsen und Wellen meist aus duktilen, also zähen Stählen hergestellt werden, ist die **Gestaltänderungsenergie-Hypothese GEH**, im Englischen auch *v.-Mises-Spannung* genannt, richtig:

einachsiger Spannungszustand $$\boldsymbol{\sigma_V = \sqrt{\sigma_x^2 + 3\tau_{xy}^2}} \qquad (15.9)$$

Wenn nun gleichzeitig $\sigma_{z,d}$, σ_b, τ_t und τ_s wirken, dann dürfen jeweils die Zug-Druck- und die Biegespannungen und die Torsions- und Schubspannungen algebraisch addiert werden, weil sie jeweils gleichgerichtet sind:

Addition $$\boldsymbol{\sigma_V = \sqrt{(\sigma_{z,d} + \sigma_b)^2 + 3(\tau_t + \tau_s)^2}} \qquad (15.10)$$

Nun muss bei diesen Einzelspannungen jeweils die Kerbwirkung berücksichtigt werden, und zwar **bei Spannungen, die statisch wirken, die Formzahl α_k**, und **bei Spannungen, die dynamisch wirken, die Kerbwirkungszahl β_k**.

Nach Siebel (in [15.11]), vgl. Tab. 15.6, beträgt bei einem Wellenabsatz:

bezogenes Spannungsgefälle in Strängen mit Zugbeanspruchung	$\boldsymbol{\chi = \frac{2}{\varrho}}$	(15.11)
bezogenes Spannungsgefälle in Strängen mit Biegebeanspruchung	$\boldsymbol{\chi = \frac{4}{D+d} + \frac{2}{\varrho}}$	(15.12)
bezogenes Spannungsgefälle in Strängen mit Torsionsbeanspruchung	$\boldsymbol{\chi = \frac{4}{D+d} + \frac{1}{\varrho}}$	(15.13)

χ in mm^{-1} bezogenes Spannungsgefälle im Kerbquerschnitt. Bei gleichzeitiger Biegung und Torsion gilt Gl. (15.12),
d in mm Durchmesser des Kerbquerschnitts,
ϱ in mm Rundungsradius der Kerbe.

Bei scharfkantigen Kerben mit $\varrho = 0$ würde χ unendlich groß. Da das praktisch nicht möglich ist, rechnet man mit $\boldsymbol{\chi \leq 10}$ **mm**$^{\boldsymbol{-1}}$, wobei $\boldsymbol{\varrho = 0{,}25}$ **mm** in die Gln. (15.11) bis (15.13) einzusetzen ist. Bei glatten, ungekerbten Achsen- oder Wellensträngen ist $\varrho = \infty$ und damit $2/\varrho = 1/\varrho = 0$.
Die Kerbwirkung, die Kerbempfindlichkeit des Werkstoffs und die Stützwirkung berücksichtigt die von der Formzahl abhängige

Kerbwirkungszahl $\boldsymbol{\beta_k = \frac{\alpha_k}{n_\chi}}$ (15.14)

α_k Formzahlen nach den Tabn. 1.13, 15.3 bis 15.5,
n_χ dynamische Stützziffer.

15

Dann gilt, wenn α_k und β_k ermittelt sind:

$$\boldsymbol{\sigma_{max} = \alpha_k \cdot \sigma_m + \beta_k \cdot \sigma_a} \quad (15.15)$$

Damit können die Vergleichs-Mittelspannung σ_{Vm} und die Vergleichs-Ausschlagsspannung σ_{Va} berechnet werden, wobei der meist sehr kleine Anteil der Schubspannungen τ_s aus der Querkraft vernachlässigt wird:

Vergleichs-Mittelspannung

$$\boldsymbol{\sigma_{Vm} = \sqrt{(\alpha_{kz,d} \cdot \sigma_{z,dm} + \alpha_{kb} \cdot \sigma_{bm})^2 + 3(\alpha_{kt} \cdot \tau_{tm})^2}}$$
$$\boldsymbol{\sigma_{Va} = \sqrt{(\beta_{kz,d} \cdot \sigma_{z,da} + \beta_{kb} \cdot \sigma_{ba})^2 + 3(\beta_{kt} \cdot \tau_{ta})^2}} \quad (15.16)$$

$\alpha_{kz,d}$		Formzahl für Zug/Druck,
$\sigma_{z,dm}$	in N/mm^2	Zug- bzw. Druckspannung, mittlerer (= statischer) Anteil,
α_{kb}		Formzahl für Biegung,
σ_{bm}	in N/mm^2	Biegespannung, mittlerer (= statischer) Anteil,
α_{kt}		Formzahl für Torsion,
τ_{tm}	in N/mm^2	Torsionsspannung, mittlerer (= statischer) Anteil,
$\beta_{kz,d}$		Kerbwirkungszahl für Zug/Druck,
$\sigma_{z,da}$	in N/mm^2	Zug- bzw. Druckspannung, Ausschlagsanteil (= dynamisch),
β_{kb}		Kerbwirkungszahl für Biegung,
σ_{ba}	in N/mm^2	Biegespannung, Ausschlagsanteil (= dynamisch),
β_{kt}		Kerbwirkungszahl für Torsion,
τ_{ta}	in N/mm^2	Torsionsspannung, Ausschlagsanteil (= dynamisch).

Mit der mittleren Vergleichsspannung σ_{Vm} liest man im Smith-Diagramm nach DIN 50100 (Dauerfestigkeitsschaubild), die zulässige Ausschlagsspannung σ_A ab, wobei man bei Nichtvorliegen eines fertigen Smith-Diagramms dies auch entweder aus σ_w, σ_{schw} und R_e oder aus σ_w, R_m und R_e annähernd selbst konstruieren kann.

Bevor die zulässige Ausschlagsspannung σ_A mit dem gerade berechneten Wert der Vergleichs-Ausschlagsspannung σ_{Va} verglichen werden kann, müssen die Werkstoffkennwerte um den **Oberflächeneinfluss b_1** und den **Größeneinfluss b_2** (besonders im Kerbbereich) korrigiert werden, vgl. Diagr. 15.2, 15.3.
Nun kann der Festigkeitsnachweis auf zwei Arten geführt werden:
1. Möglichkeit: Ermittlung der

$$\text{oberen Vergleichsspannung} \quad \boldsymbol{\sigma_{Vo} = \sigma_{Vm} + \sigma_{Va}} \tag{15.17}$$

Nun muss gelten:

$$\boldsymbol{\sigma_{Vo} \leq \sigma_{D\,zul} = \frac{\sigma_D \cdot b_1 \cdot b_2}{S} = \frac{(\sigma_m + \sigma_A) \cdot b_1 \cdot b_2}{S}} \tag{15.18}$$

2. Möglichkeit: Mit σ_{Vm} im Dauerfestigkeitsschaubild σ_A ablesen, dann berechnen:

$$\boldsymbol{\sigma_{Va} \leq \frac{\sigma_A \cdot b_1 \cdot b_2}{S}} \tag{15.19}$$

Es empfiehlt sich, im Zweifelsfall das Dauerfestigkeitsschaubild für Zug/Druck zu verwenden, das auch die größten Sicherheitsreserven beinhaltet, weil die entsprechenden Schaubilder für Biegung praktisch immer höhere Festigkeitswerte liefern.
Welche Sicherheiten sind zu wählen? Behördlich vorgeschriebene Rechenverfahren und Sicherheitswerte gibt es nur für relativ wenige Bereiche, z. B. für den Kranbau, den Stahlhochbau und für Druckbehälter. Verblüffenderweise gibt es für den allgemeinen Maschinenbau, die Verfahrenstechnik, den Automotive-Bereich und die Luft- und Raumfahrtindustrie keine genormten, verbindlichen Sollsicherheiten! Orientierung für die Sollsicherheit S geben folgende Wertebereiche:

15

1. statische Beanspruchung:
- gegen Bruch: $S = 2 \ldots 4$
- gegen Instabilität: $S = 3 \ldots 5$
- gegen zu große Verformung: $S = 1{,}2 \ldots 2$

2. dynamische Beanspruchung (nach [15.11]):
- gegen Bruch: $S = 2 \ldots 4$
- gegen Instabilität: $S = 3 \ldots 5$
- gegen zu große Verformung: $S = 1{,}2 \ldots 2$
- gegen Dauerbruch: $S = 2 \ldots 3$

Diese Aussage hat weitgehende Konsequenzen. Da es für die meisten Bereiche des Maschinenbaus keine behördlichen Vorschriften hinsichtlich der Berechnung gibt, ist die Wahl des Rechenverfahrens und der Sicherheiten frei. Im Falle eines Schadens mit schwerer Schädigung von Gesundheit oder gar Todesfolge muss der verantwortliche Berechner darlegen, dass er verantwortlich und nach letztem Stand der Technik gehandelt hat.

Durchbiegung

Grundgleichungen der Balkenbiegung:

$$\boldsymbol{\begin{aligned} Q' &= -q & Q &= -\textstyle\int q \cdot dx \\ M' &= Q & M &= \textstyle\int Q \cdot dx \\ \psi' &= \frac{M}{EI} \quad \rightarrow & \psi &= \frac{1}{EI}\textstyle\int M \cdot dx \\ w' &= -\psi & w &= -\textstyle\int \psi \cdot dx \end{aligned}} \tag{15.20}$$

Die wichtigsten Fälle entnehmen Sie bitte dem Tabellenband (Tab. 15.7).

2. Der Satz von Castigliano

$$f_k \text{ bzw. } \beta_k = \int \frac{M\overline{M}_k}{EI} dx \quad \text{mit} \quad \overline{M}_k = \frac{\partial M}{\partial F_k} \quad \text{bzw.} \quad \overline{M}_k = \frac{\partial M}{\partial M_k} \tag{15.21}$$

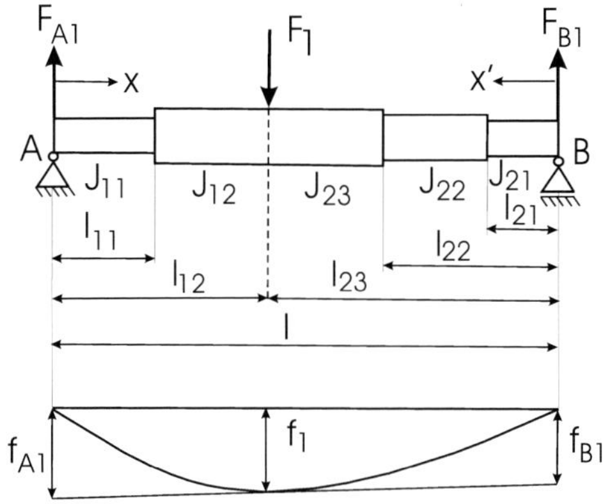

Bild 15.3 Berechnung der Wellendurchbiegung mit dem Satz von Castigliano

$$f_A = \frac{F_A}{E \cdot I_{11}} \left[\frac{x^3}{3}\right]_0^{l_{11}} + \frac{F_A}{E \cdot I_{12}} \left[\frac{x^3}{3}\right]_{l_{11}}^{l_{12}} = \frac{F_A}{E \cdot I_{11}} \left(\frac{l_{11}^3}{3}\right) + \frac{F_A}{E \cdot I_{12}} \left(\frac{l_{12}^3 - l_{11}^3}{3}\right)$$

$$f_A = \frac{F_A}{3 \cdot E} \left(\frac{l_{11}^3}{I_{11}}\right) + \frac{F_A}{3 \cdot E} \left(\frac{l_{12}^3 - l_{11}^3}{I_{12}}\right) + \ldots = \frac{F_A}{3 \cdot E} \left(\frac{l_{11}^3}{I_{11}} + \frac{l_{12}^3 - l_{11}^3}{I_{12}} + \ldots\right) \tag{15.22}$$

f_A	in mm	Absenkung,
F_A	in N	Querkraft,
E	in N/mm^2	E-Modul, bei Stahl 206 kN/mm^2,
l_{xy}	in mm	Länge,
I_{xy}	in mm^4	Biege-Trägheitsmoment.

Es wird also immer soweit integriert, solange das Trägheitsmoment der Welle sich nicht ändert. Für f_B berechnet man, wobei wir zweckmäßigerweise x' vom Auflager B nach links laufen lassen:

$$f_B = \frac{F_A}{3 \cdot E} \left(\frac{l_{21}^3}{I_{21}} + \frac{l_{22}^3 - l_{21}^3}{I_{22}} + \frac{l_{23}^3 - l_{22}^3}{I_{23}} + \ldots\right) \tag{15.23}$$

Die *Durchbiegung* f_1 unter der Last F_1 ist dann nach Bild 15.3 (Strahlensatz!):

$$f_1 = f_{A1} + (f_{B1} - f_{A1}) \frac{l_{12}}{l} \tag{15.24}$$

und die Gesamtdurchbiegung unter n Lasten ist dann:

$$f_{gesamt} = f_1 + f_2 + \ldots + f_n \tag{15.25}$$

Der Neigungswinkel ist:

$$\boldsymbol{\beta_A = \frac{F_A}{2 \cdot E}\left(\frac{l_{11}^2}{I_{11}}\right) + \frac{F_A}{2 \cdot E}\left(\frac{l_{12}^2 - l_{11}^2}{I_{12}}\right) + \ldots = \frac{F_A}{2 \cdot E}\left(\frac{l_{11}^2}{I_{11}} + \frac{l_{12}^2 - l_{11}^2}{I_{12}} + \ldots\right)} \qquad (15.26)$$

β_A	in rad	Neigungswinkel,
F_A	in N	Querkraft,
E	in N/mm²	E-Modul, bei Stahl 206000 N/mm²,
l_{xy}	in mm	Längen,
I_{xy}	in mm⁴	Biege-Trägheitsmoment.

	Belastungsfall	Berechnungsgleichung	Gl. Nr.
1	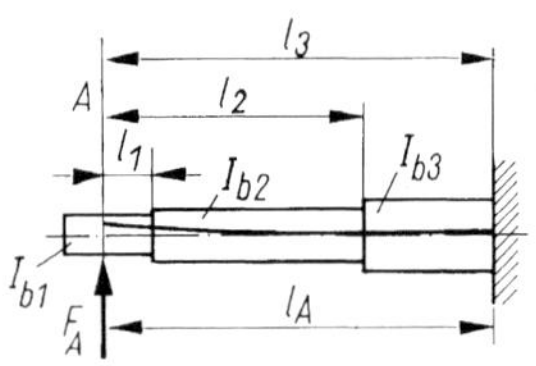	$\boldsymbol{\beta_{AA} = \frac{F_A}{2E}\left(\frac{l_1^2}{I_{b1}} + \frac{l_2^2 - l_1^2}{I_{b2}} + \frac{l_3^2 - l_2^2}{I_{b3}}\right)}$	(15.27)
		$\boldsymbol{f_{AA} = \frac{F_A}{3E}\left(\frac{l_1^3}{I_{b1}} + \frac{l_2^3 - l_1^3}{I_{b2}} + \frac{l_3^3 - l_2^3}{I_{b3}}\right)}$	(15.28)
2	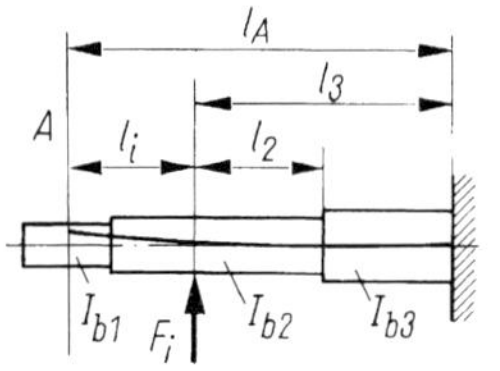	$\boldsymbol{\beta_{Ai} = \frac{F_i}{2E}\left(\frac{l_2^2}{I_{b2}} + \frac{l_3^2 - l_2^2}{I_{b3}}\right)}$	(15.29)
		$\boldsymbol{f_{Ai} = \frac{F_i}{3E}\left(\frac{l_2^3}{I_{b2}} + \frac{l_3^3 - l_2^3}{I_{b3}}\right) + \beta_{Ai} \cdot l_i}$	(15.30)
3	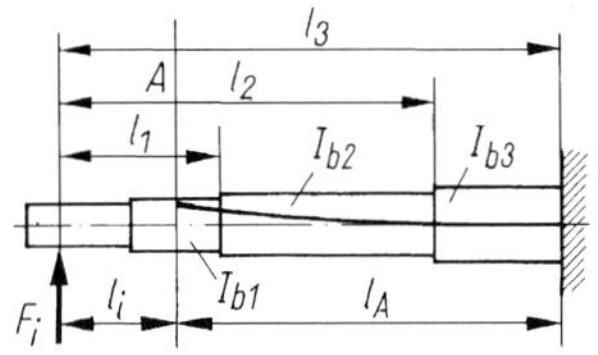	$\boldsymbol{\beta_{Ai} = \frac{F_i}{2E}\left(\frac{l_1^2 - l_i^2}{I_{b1}} + \frac{l_2^2 - l_1^2}{I_{b2}} + \frac{l_3^2 - l_2^2}{I_{b3}}\right)}$	(15.31)
		$\boldsymbol{f_{Ai} = \frac{F_i}{3E}\left(\frac{l_1^3 - l_i^3}{I_{b1}} + \frac{l_2^3 - l_1^3}{I_{b2}} + \frac{l_3^3 - l_2^3}{I_{b3}}\right) - \beta_{Ai} \cdot l_i}$	(15.32)
4	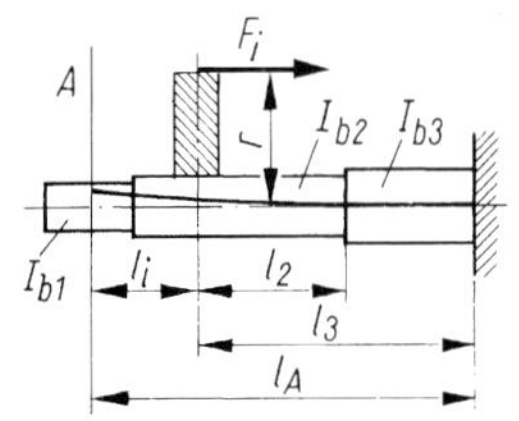	$\boldsymbol{\beta_{Ai} = \frac{F_i \cdot r}{E}\left(\frac{l_2}{I_{b2}} + \frac{l_3 - l_2}{I_{b3}}\right)}$	(15.33)
		$\boldsymbol{f_{Ai} = \frac{F_i \cdot r}{2E}\left(\frac{l_2^2}{I_{b2}} + \frac{l_3^2 - l_2^2}{I_{b3}}\right) + \beta_{Ai} \cdot l_i}$	(15.34)

Bild 15.4 Neigungswinkel β_{Ai} und Durchbiegungen f_{Ai} von Achsen und Wellen an der Lagerstelle A

	Belastungsfall	Berechnungsgleichung	Gl. Nr.
5	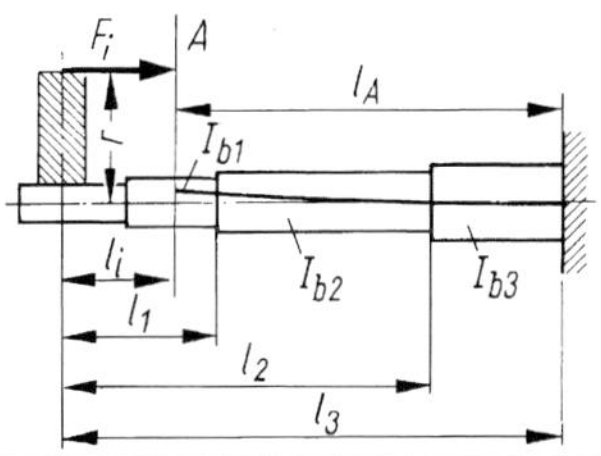	$\beta_{Ai} = \frac{F_i \cdot r}{E}\left(\frac{l_1 - l_i}{I_{b1}} + \frac{l_2 - l_1}{I_{b2}} + \frac{l_3 - l_2}{I_{b3}}\right)$	(15.35)
		$f_{Ai} = \frac{F_i \cdot r}{2E}\left(\frac{l_1^2 - l_i^2}{I_{b1}} + \frac{l_2^2 - l_1^2}{I_{b2}} + \frac{l_3^2 - l_2^2}{I_{b3}}\right) - \beta_{Ai} \cdot l_i$	(15.36)

β_A	in rad	Neigungswinkel an der Lagerstelle A,
f_A	in cm	Durchbiegung an der Lagerstelle A,
F_A, F_i	in kN	Belastungskräfte,
E	in kN/cm^2	Elastizitätsmodul $\approx 20{,}6 \cdot 10^3$ kN/cm^2 für Stahl,
l_i, l_n	in cm	Trägerteillängen (Index $n = 1, 2, 3 \ldots$),
I_{bn}	in cm^4	axiale Flächenmomente 2. Grades der Querschnitte (Tab. 15.2)

Bild 15.4 Neigungswinkel β_{Ai} und Durchbiegungen f_{Ai} von Achsen und Wellen an der Lagerstelle *A* *(Fortsetzung)*

$$\beta_B = \frac{F_A}{2 \cdot E}\left(\frac{l_{21}^2}{I_{21}} + \frac{l_{22}^2 - l_{21}^2}{I_{22}} + \frac{l_{23}^2 - l_{22}^2}{I_{23}} + \ldots\right) \qquad (15.37)$$

15

Nach den vorstehenden Grundgleichungen sind im Bild 15.4 für verschiedene Fälle die Berechnungsgleichungen für gestufte Stränge der Seite A mit dem Lagerabstand l_A zusammengestellt. Es ist besonders darauf zu achten, dass bei umgekehrter Kraftrichtung oder umgekehrtem Moment die Beträge der Kräfte mit **negativem Vorzeichen** einzusetzen sind.
Mit den Gleichungen des Bildes 15.4 berechnet man für jede Kraft F_i getrennt die Neigungswinkel β_{Ai} und β_{Bi} und die Durchbiegungen f_{Ai} und f_{Bi} an den Lagerstellen A und B, also für den Fall nach Bild 15.5: β_{AA} und f_{AA} mit der Kraft F_A; β_{A1} und f_{A1} mit der Kraft F_1 auf der Seite A; β_{BB} und f_{BB} mit der Kraft F_B; β_{B2} und f_{B2} mit der Kraft F_2 auf der Seite B. Auf jeder Seite sind die Neigungswinkel und Durchbiegungen dann unter Beachtung der Vorzeichen ihrer Beträge zu addieren:

$$\beta_A = \beta_{AA} + \beta_{A1} \quad \text{und} \quad f_A = f_{AA} + f_{A1}, \quad \beta_B = \beta_{BB} + \beta_{B2} \quad \text{und} \quad f_B = f_{BB} + f_{B2}\,.$$

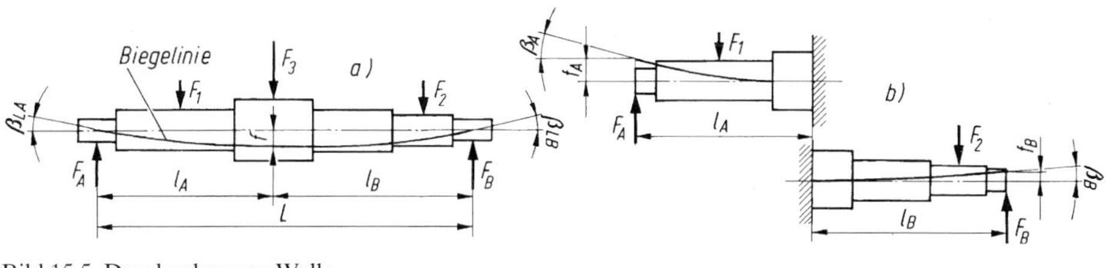

Bild 15.5 Durchgebogene Welle
a) Neigungswinkel β_{LA} und β_{LB} der Zapfen in den Lagern und Durchbiegung *f*,
b) in zwei Freiträger der Längen l_A und l_B zerlegt

Wirken noch mehr Kräfte oder sind noch mehr Stufen vorhanden, als im Bild 15.4 angegeben, so ist entsprechend zu verfahren.

Die beiden wieder zusammengefügten Biegelinien zeigt Bild 15.6a. Da die Lager A und B tatsächlich auf gleicher Höhe stehen, muss die Biegelinie entspr. Bild 15.6b verschoben werden. Erst in dieser Lage zeigen sich die wirklichen Neigungswinkel β_{LA} und β_{LB} der Zapfen in den Lagern.

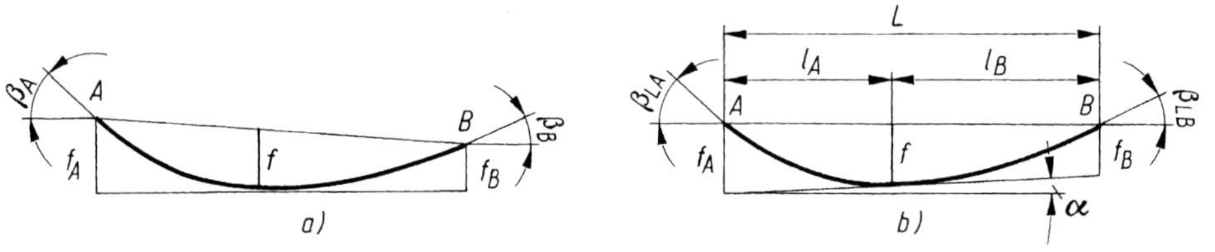

Bild 15.6 Zusammengefügte Freiträger der Längen l_A und l_B
a) Lagerstellen A und B nicht gleich hoch, b) Lagerstellen A und B auf gleiche Höhe geschoben

Neigungswinkel der Tangente an der Biegelinie $$\alpha = \frac{f_A - f_B}{L} \quad (15.38)$$

Mit diesem Winkel ergeben sich in der betr. Kraftebene:

Neigungswinkel der Zapfen in den Lagern $$\beta_{LA} = \beta_A - \alpha, \quad (15.39)$$

$$\beta_{LB} = \beta_B + \alpha \quad (15.40)$$

Durchbiegung $$f = f_A - \alpha \cdot l_A \quad (15.41)$$

15

In der Regel wirken die Biegekräfte an einer Achse oder Welle nicht in einer Ebene, sodass die Neigungswinkel und Durchbiegungen in der x- und in der y-Ebene errechnet werden müssen. Für die x-Ebene sind in die Gln. (15.38) bis (15.41) dann α_x, f_{Ax}, f_{Bx}, β_{Lax}, β_{LBx}, β_{Ax}, β_{Bx} und f_x, für die y-Ebene sinngemäß α_y, f_{Ay}, f_{By}, β_{LAy}, β_{LBy}, β_{Ay}, β_{By} und f_y zu setzen. Die Neigungswinkel und Durchbiegungen in den beiden Ebenen werden dann wie Biegemomente geometrisch addiert:

Gesamtneigungswinkel $$\beta_{LA} = \sqrt{\beta_{LAx}^2 + \beta_{LAy}^2}, \quad (15.42)$$

$$\beta_{LB} = \sqrt{\beta_{LBx}^2 + \beta_{LBy}^2} \quad (15.43)$$

Gesamtdurchbiegung $$f = \sqrt{f_x^2 + f_y^2} \quad (15.44)$$

β_{LAx}, β_{LAy}	in rad	Neigungswinkel des Zapfens im Lager A in der x- bzw. y-Ebene nach Gl. (15.39),
β_{LBx}, β_{LBy}	in rad	Neigungswinkel des Zapfens im Lager B in der x- bzw. y-Ebene nach Gl. (15.40),
f_x, f_y	in cm	Durchbiegung der Achse oder Welle in der x- bzw. y-Ebene nach Gl. (15.41).

Erfahrungsgemäß wird für die Gesamtneigungswinkel $\beta_{LA\,zul}$ und $\beta_{LB\,zul} = (1 \ldots 2) \cdot 10^{-3}$ **rad** gewählt (kleine Werte bei Langgleitlagern, große bei Kurzgleitlagern und Wälzlagern), für die Gesamtdurchbiegung $f_{zul} = (0{,}3 \ldots 0{,}5) \cdot 10^{-3} \cdot L$ (kleiner Wert bei Drehzahlen $n > 1500\,\text{min}^{-1}$). Wenn sich die Lager auf die Zapfenneigung einstellen können (siehe die Abschnitte 17.3 und 18.2), sind auch höhere Werte zulässig.

Verdrehwinkel

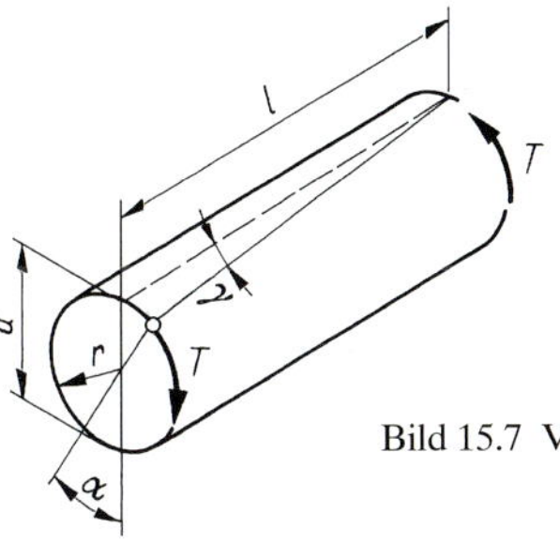

Bild 15.7 Verdrehung eines glatten Wellenstranges

Verdrehwinkel $\alpha = \dfrac{T \cdot l}{G \cdot I_t}$

Hierin ergibt sich α in rad. T ist das Torsionsmoment und I_t das polare Flächenmoment 2. Grades des Stabquerschnitts.

Ist die Welle innerhalb des torsionsbeanspruchten Stranges gestuft, so sind die Verdrehwinkel der einzelnen Stufen zu addieren:

Verdrehwinkel $\boldsymbol{\alpha = \dfrac{T}{G}\left(\dfrac{l_1}{I_{t1}} + \dfrac{l_2}{I_{t2}} + \ldots\right)}$ (15.56)

α	in rad	Verdrehwinkel des torsionsbeanspruchten Wellenstranges,
T	in Ncm	Torsionsmoment im Wellenstrang,
G	in N/cm^2	Gleitmodul des Wellenwerkstoffs $\approx 8300 \cdot 10^3$ N/cm^2 für Stahl,
l_i	in cm	Teillängen im torsionsbeanspruchten Wellenstrang,
I_{ti}	in cm^4	polare Flächenmomente 2. Grades der Wellenquerschnitte (Tab. 15.2). Für runde Vollquerschnitte ist $I_t \approx 0{,}1 d^4$.

Üblich ist $\boldsymbol{\alpha_{zul} = (4 \ldots 9) \cdot 10^{-3}}$ **rad/m** $\cdot \boldsymbol{L_T}$ mit L_T in m als Mittenabstand der Maschinenteile, die das Torsionsmoment übertragen. Kleine Werte gelten für Transmissionswellen, große für Getriebe-, Fahrwerks- und andere Wellen.

Kritische Drehzahl

Befindet sich nur eine einzige Masse m auf der Achse oder Welle, so gilt:

biegekritische Drehzahl $\boldsymbol{n_K \approx \dfrac{K}{2\pi}\sqrt{\dfrac{c}{m}} = \dfrac{K}{2\pi}\sqrt{\dfrac{g}{f_G}}}$ (15.57)

n_K	in s^{-1}	biegekritische Drehzahl bei nur einer aufgesetzten Masse m,
K		Lagerungsbeiwert = 1 für frei in Lagern umlaufende Achsen oder Wellen (Bild 15.8a), = 1,3 für beiderseits eingespannte Achsen (Bild 15.8b), = 0,9 für einseitig fliegende Achsen oder Wellen (Bild 15.8c),
c	in N/m	Federsteifigkeit des Schwingsystems an der Stelle des Schwerpunkts der Masse m, d. h. $c = m \cdot g/f_G$,
m	in kg	Masse des Schwingsystems,
g	in m/s^2	Fallbeschleunigung = 9,81 m/s^2,
f_G	in m	Durchbiegung durch die Gewichtskraft $F_G = m \cdot g$ der aufgesetzten Masse unter dem Schwerpunkt dieser Masse.

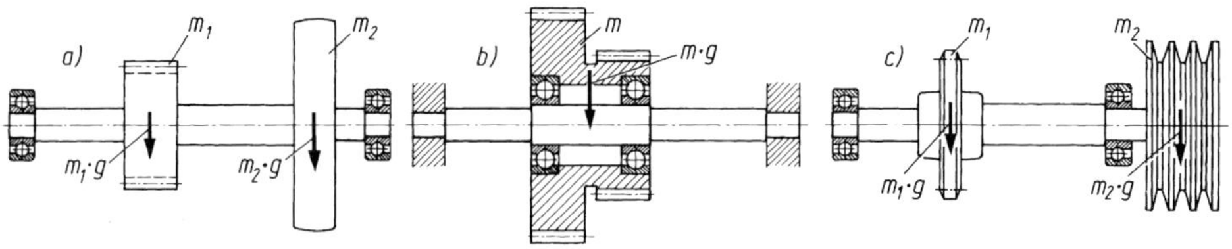

Bild 15.8 Schemata verschiedener Achsen- und Wellenlagerungen
a) frei in Lagern umlaufend, b) beidseitig eingespannt, c) einseitig fliegend

Befinden sich mehrere Massen $m_1, m_2, m_3 \ldots$ auf der Achse oder Welle, so ist mit jeder Einzelmasse nach Gl. (15.57) deren biegekritische Drehzahl $n_{K1}, n_{K2}, n_{K3} \ldots$ zu errechnen. Mit ausreichender Näherung kann dann empirisch nach *Dunkerley* die biegekritische Drehzahl n_K des gesamten Achsen- oder Wellensystems errechnet werden aus

$$\frac{1}{n_K^2} \approx \frac{1}{n_{K1}^2} + \frac{1}{n_{K2}^2} + \frac{1}{n_{K3}^2} + \ldots \qquad (15.58)$$

n_K	in s^{-1}	biegekritische Drehzahl des gesamten Schwingsystems, d. h. einer Achse oder Welle mit allen aufgesetzten Massen,
n_{Ki}	in s^{-1}	biegekritische Drehzahl der Achse oder Welle mit jeweils einer aufgesetzten Masse m_i nach Gl. (15.57).

Die biegekritische Drehzahl ist unabhängig von der Einbaulage der Achse oder Welle!

15

Tragfähigkeitsberechnung von Wellen und Achsen nach DIN 743

Die Berechnung nach DIN 743 geht vom **Nennspannungskonzept** aus: Hier wird nun auf der Spannungsseite **nur** mit den *Nennspannungen* gearbeitet:

Zug/Druckspannung $\sigma_{z,d} = \frac{F}{A}$

Biegespannung $\sigma_b = \frac{M_b}{W_b}$

Torsionsspannung $\tau_t = \frac{T}{W_t}$

Nachweis des Vermeidens von Dauerbrüchen nach DIN 743
Die Sicherheit S muss größer als die Mindestsicherheit S_{min} sein, die ihrerseits mindestens 1,2 betragen soll:

$$\boldsymbol{S = \frac{1}{\sqrt{\left(\frac{\sigma_{zda}}{\sigma_{zdADK}} + \frac{\sigma_{ba}}{\sigma_{bADK}}\right)^2 + \left(\frac{\tau_{ta}}{\tau_{tADK}}\right)^2}} \geq S_{min} \geq 1{,}2} \qquad (15.59)$$

σ_{zda}	in N/mm^2	vorhandene Ausschlagsspannung Zug/Druck,
σ_{ba}	in N/mm^2	vorhandene Ausschlagsspannung Biegung,
τ_{ta}	in N/mm^2	vorhandene Ausschlagsspannung Torsion,
σ_{zdADK}	in N/mm^2	ertragbare Ausschlagsspannung Zug/Druck,
σ_{bADK}	in N/mm^2	ertragbare Ausschlagsspannung Biegung,
τ_{tADK}	in N/mm^2	ertragbare Ausschlagsspannung Torsion.

$$\sigma_{zda} = \frac{F_{zda}}{A} \quad \text{mit} \quad A = \frac{\pi(d^2 - d_i^2)}{4}$$

$$\sigma_{ba} = \frac{M_{ba}}{W_b} \quad \text{mit} \quad W_b = \frac{\pi(d^4 - d_i^4)}{32 \cdot d} \tag{15.60}$$

$$\tau_{ta} = \frac{T_a}{W_t} \quad \text{mit} \quad W_t = \frac{\pi(d^4 - d_i^4)}{16 \cdot d}$$

d Bauteildurchmesser im Kerbquerschnitt,
d_i Innendurchmesser.

Gestaltfestigkeitswerte, d. h. ertragbare Ausschlagsspannungen

Wenn gilt:

$$\sigma_{mv} \leq \frac{\sigma_{zdFK} - \sigma_{zdWK}}{1 - \psi_{zd\sigma K}} \quad \text{bzw.}$$

$$\sigma_{mv} \leq \frac{\sigma_{bFK} - \sigma_{bWK}}{1 - \psi_{b\sigma K}} \quad \text{bzw.}$$

$$\tau_{mv} \leq \frac{\tau_{tFK} - \tau_{tWK}}{1 - \psi_{\tau K}}$$

dann ist:

$$\sigma_{zdADK} = \sigma_{zdWK} - \psi_{zd\sigma K} \cdot \sigma_{mv}$$

$$\sigma_{bADK} = \sigma_{bWK} - \psi_{b\sigma K} \cdot \sigma_{mv}$$

$$\tau_{tADK} = \tau_{tWK} - \psi_{\tau K} \cdot \tau_{mv}$$

andernfalls:

$$\sigma_{zdADK} = \sigma_{zdFK} - \sigma_{mv}$$

$$\sigma_{bADK} = \sigma_{bFK} - \sigma_{mv} \tag{15.61}$$

$$\tau_{tADK} = \tau_{tFK} - \tau_{mv}$$

σ_{zdADK}	in N/mm²	Gestaltfestigkeitswert Zug/Druck,
σ_{bADK}	in N/mm²	Gestaltfestigkeitswert Biegung,
τ_{tADK}	in N/mm²	Gestaltfestigkeitswert Torsion,
σ_{zdFK}	in N/mm²	Bauteilfließgrenze Zug/Druck,
σ_{bFK}	in N/mm²	Bauteilfließgrenze Biegung,
τ_{tFK}	in N/mm²	Bauteilfließgrenze Torsion,
σ_{zdWK}	in N/mm²	Wechselfestigkeit Zug/Druck,
σ_{bWK}	in N/mm²	Wechselfestigkeit Biegung,
τ_{tWK}	in N/mm²	Wechselfestigkeit Torsion,
$\psi_{zd\sigma K}$	–	Einflussfaktor Mittelspannungsempfindlichkeit Zug/Druck,
$\psi_{b\sigma K}$	–	Einflussfaktor Mittelspannungsempfindlichkeit Biegung,
$\psi_{\tau K}$	–	Einflussfaktor Mittelspannungsempfindlichkeit Torsion.

Um die Bedingung in den Gln. (15.61) prüfen zu können, müssen die Bauteilfließgrenzen, die Wechselfestigkeiten und die Einflussfaktoren der Mittelspannungsempfindlichkeit bestimmt werden.

Bauteilfließgrenzen

$$\begin{aligned} \sigma_{zdFK} &= K_1(d_{eff}) \cdot K_{2F} \cdot \gamma_F \cdot \sigma_S(d_B) \\ \sigma_{bFK} &= K_1(d_{eff}) \cdot K_{2F} \cdot \gamma_F \cdot \sigma_S(d_B) \\ \tau_{tFK} &= \frac{K_1(d_{eff}) \cdot K_{2F} \cdot \gamma_F \cdot \sigma_S(d_B)}{\sqrt{3}} \end{aligned} \tag{15.62}$$

$K_1(d_{eff})$	–	technologischer Größeneinfluss (Tab. 15.8),
d_{eff}	in mm	für die Wärmebehandlung maßgebender Durchmesser,
K_{2F}	–	statische Stützwirkung (Tab. 15.9),
γ_F	–	Erhöhung der Fließgrenze (Tab. 15.10),
$\sigma_s(d_B)$	in N/mm^2	Streckgrenze R_e, $R_{p0,2}$, mit d_B Bezugsdurchmesser.

Wechselfestigkeiten:

$$\begin{aligned} \sigma_{zdWK} &= \frac{\sigma_{zdW}(d_B) \cdot K_1(d_{eff})}{K_\sigma} \\ \sigma_{bWK} &= \frac{\sigma_{bW}(d_B) \cdot K_1(d_{eff})}{K_\sigma} \\ \tau_{tWK} &= \frac{\tau_{tW}(d_B) \cdot K_1(d_{eff})}{K_\tau} \end{aligned} \tag{15.63}$$

15

σ_{zdWK}	in N/mm^2	Zug/Druck-Wechselfestigkeit des gekerbten Bauteils,
σ_{bWK}	in N/mm^2	Biegewechselfestigkeit des gekerbten Bauteils,
τ_{tWK}	in N/mm^2	Torsions-Wechselfestigkeit des gekerbten Bauteils,
σ_{zdW}	in N/mm^2	Zug/Druck-Wechselfestigkeit des glatten Probestabs (DIN 743-3),
σ_{bW}	in N/mm^2	Biege-Wechselfestigkeit des glatten Probestabs (DIN 743-3),
τ_{tW}	in N/mm^2	Torsions-Wechselfestigkeit des glatten Probestabs (DIN 743-3),
$K_1(d_{eff})$	–	technologischer Größeneinfluss (vgl. Tab. 15.8),
d_{eff}	in mm	für die Wärmebehandlung maßgebender Durchmesser,
K_σ	–	Gesamteinflussfaktor für Zug/Druck und Biegung,
K_τ	–	Gesamteinflussfaktor für Torsion.

Bestimmung der Gesamteinflussfaktoren:

$$\begin{aligned} K_\sigma &= \left(\frac{\beta_\sigma}{K_2(d)} + \frac{1}{K_{F\sigma}} - 1\right) \cdot \frac{1}{K_V} \\ K_\tau &= \left(\frac{\beta_\tau}{K_2(d)} + \frac{1}{K_{F\tau}} - 1\right) \cdot \frac{1}{K_V} \end{aligned} \tag{15.64}$$

β_σ	–	Kerbwirkungszahl (nach DIN 743-2),
$K_2(d)$	–	geometrischer Größeneinfluss (Bild 15.9, Tab. 15.11),
$K_{F\sigma}$	–	Einflussfaktor der Oberflächenrauheit bei Zug/Druck und Biegung,
$K_{F\tau}$	–	Einflussfaktor der Oberflächenrauheit bei Torsion,
K_V	–	Einflussfaktor der Oberflächenverfestigung.

Kerbwirkungszahl:

$$\beta_\sigma = \frac{\alpha_\sigma}{n} \qquad \beta_\tau = \frac{\alpha_\tau}{n} \tag{15.65}$$

Dabei sind α_σ und α_τ die Formzahlen, n ist die Stützzahl (in Kap. 15.5 die Stützziffer n_χ). Hier soll exemplarisch nur der Fall des Wellenabsatzes (Bild 15.9) betrachtet werden. Andere Kerbformen sind der DIN 743-2 zu entnehmen. Die **Formzahlen für Wellenabsätze** können nach den Gln. (15.66) berechnet werden, wenn $r/t \geq 0{,}03$ und $d/D \leq 0{,}98$ sowie α_σ bzw. $\alpha_\tau \leq 6$ ist.

$$\begin{aligned}
&\textit{Zug:} && \boldsymbol{\alpha_\sigma = 1 + \frac{1}{\sqrt{0{,}62 \cdot \frac{r}{t} + 7 \cdot \frac{r}{d} \cdot \left(1 + 2 \cdot \frac{r}{d}\right)^2}}} \\
&\textit{Biegung:} && \boldsymbol{\alpha_\sigma = 1 + \frac{1}{\sqrt{0{,}62 \cdot \frac{r}{t} + 11{,}6 \cdot \frac{r}{d} \cdot \left(1 + 2 \cdot \frac{r}{d}\right)^2 + 0{,}2 \cdot \left(\frac{r}{t}\right)^3 \cdot \frac{d}{D}}}} \qquad (15.66) \\
&\textit{Torsion:} && \boldsymbol{\alpha_\tau = 1 + \frac{1}{\sqrt{3{,}4 \cdot \frac{r}{t} + 38 \cdot \frac{r}{d} \cdot \left(1 + 2 \cdot \frac{r}{d}\right)^2 + \left(\frac{r}{t}\right)^2 \cdot \frac{d}{D}}}}
\end{aligned}$$

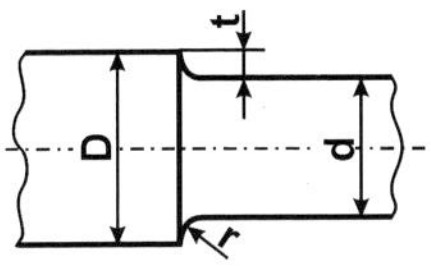

Bild 15.9 Wellenabsatz

Nun kann die Stützzahl n berechnet werden, wenn das bezogene Spannungsgefälle G' bekannt ist. Für das **bezogene Spannungsgefälle** gilt:

$$\begin{aligned}
&\textit{Zug/Druck:} && \boldsymbol{G' = \frac{2{,}3 \cdot (1 + \varphi)}{r}} \\
&\textit{Biegung:} && \boldsymbol{G' = \frac{2{,}3 \cdot (1 + \varphi)}{r}} \qquad (15.67) \\
&\textit{Torsion:} && \boldsymbol{G' = \frac{1{,}15}{r}}
\end{aligned}$$

Wenn $d/D > 0{,}67$ und $r > 0$:

$$\varphi = \frac{1}{4 \cdot \sqrt{\frac{t}{r}} + 2}$$

andernfalls $\varphi = 0$.

Damit kann die **Stützzahl** n berechnet werden, wobei zwei Fälle zu unterscheiden sind:

a) Bei vergüteten, normalisierten Wellen oder einsatzgehärteten Wellen mit nicht aufgekohlten Konturen gilt:

$$\boldsymbol{n = 1 + \sqrt{G' \cdot \mathrm{mm}} \cdot 10^{-\left(0{,}33 + \frac{\sigma_s(d)}{712\,\mathrm{N/mm^2}}\right)}} \qquad (15.68a)$$

mit $\sigma_s(d) = K_1(d_{eff}) \cdot \sigma_s(d_B)$

b) Bei harter Randschicht gilt:

$$\boldsymbol{n = 1 + \sqrt{G' \cdot \mathrm{mm}} \cdot 10^{-0{,}7}} \qquad (15.68b)$$

Einflussfaktor der Oberflächenrauheit: Tab. 15.12

Einflussfaktor der Oberflächenverfestigung: Tab. 15.13
Hier gilt K_V nur für die Erhöhung der Dauerfestigkeit der glatten, oberflächenverfestigten Probe gegenüber der glatten, nicht oberflächenverfestigten Probe. Werte für gekerbte Proben s. DIN 743-2, Tabelle 4.
Anmerkung: Alle drei Berechnungsbeispiele des Beiblatts 1 zur DIN 743 setzen für K_V gleich 1.

Einflussfaktoren der Mittelspannungsempfindlichkeit:

$$\psi_{zd\sigma K} = \frac{\sigma_{zdWK}}{2 \cdot K_1(d_{eff}) \cdot \sigma_B(d_B) - \sigma_{zdWK}}$$
$$\psi_{b\sigma K} = \frac{\sigma_{bWK}}{2 \cdot K_1(d_{eff}) \cdot \sigma_B(d_B) - \sigma_{bWK}} \qquad (15.69)$$
$$\psi_{\tau K} = \frac{\tau_{tWK}}{2 \cdot K_1(d_{eff}) \cdot \sigma_B(d_B) - \tau_{tWK}}$$

$K_1(d_{eff})$	–	technologischer Größeneinfluss,
d_{eff}	mm	für die Wärmebehandlung maßgebender Durchmesser,
σ_B	N/mm²	Zugfestigkeit für den Probendurchmesser d_B.

Vergleichsmittelspannungen:

$$\sigma_{mv} = \sqrt{(\sigma_{zdm} + \sigma_{bm})^2 + 3 \cdot \tau_{tm}^2}$$

sollte $\sigma_{zdm} + \sigma_{bm} < 0$ sein, dann gilt:

$$\sigma_{mv} = \frac{H}{|H|} \cdot \sqrt{|H|} \quad \text{mit} \quad H = \frac{(\sigma_{zdm} + \sigma_{bm})^3}{|(\sigma_{zdm} + \sigma_{bm})|} + 3 \cdot \tau_{tm}^2 \qquad (15.70)$$
$$\tau_{mv} = \frac{\sigma_{mv}}{\sqrt{3}}$$

Der Dauerfestigkeitsnachweis nach DIN 743 läuft in diesen Schritten ab:
1. Bestimmung der Gesamteinflussfaktoren für Zug/Druck, Biegung und Torsion, Gl. (15.64)
   a) Formzahlen bestimmen, Gl. (15.66)
   b) bezogene Spannungsgefälle bestimmen, Gl. (15.67)
   c) technologische Größeneinflüsse bestimmen, Tab. 15.8
   d) Stützzahlen bestimmen, Gl. (15.68)
   e) Kerbwirkungszahlen bestimmen, Gl. (15.65)
   f) geometrische Größeneinflussfaktoren bestimmen, Tab. 15.11
   g) Einflussfaktoren Oberflächenrauheit bestimmen, Tab. 15.12
   h) Einflussfaktoren Oberflächenverfestigung bestimmen, Tab. 15.13
   i) Gesamteinfussfaktoren berechnen, Gl. (15.64)
2. Vergleichsspannungen berechnen, Gl. (15.70)
3. Bauteilwechselfestigkeit berechnen, Gl. (15.63)
4. Einflussfaktoren der Mittelspannungsempfindlichkeit berechnen, Gl. (15.69)
5. Bauteilfließgrenzen bestimmen, Gl. (15.62)
6. Spannungsamplituden der Bauteilfestigkeit berechnen, Gl. (15.61)
7. vorhandene Sicherheitszahl berechnen, Gl. (15.59)

15

16 Tribologie: Reibung, Schmierung und Verschleiß

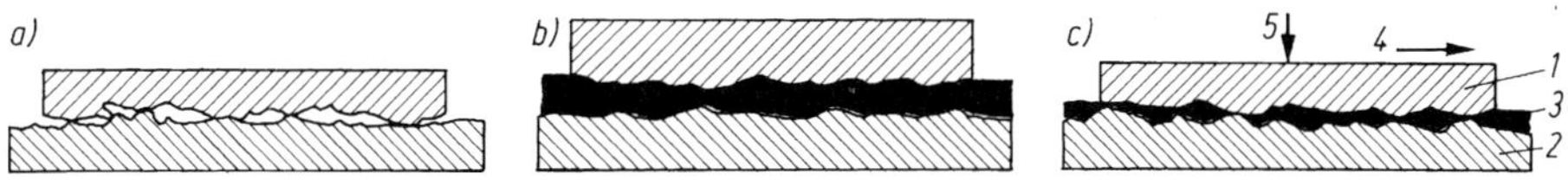

Bild 16.1 Reibungszustände
a) Trockenreibung ohne Trennschicht, b) Flüssigkeitsreibung (Schwimmreibung) mit Trennschicht, c) Mischreibung (teilweise Trockenreibung, teilweise Flüssigkeitsreibung)
1 sich bewegender Körper, 2 stillstehender Körper, 3 Zwischenschicht, 4 Bewegung, 5 Belastung

Amontons-Coulombsches Reibungsgesetz $\boldsymbol{F_R = \mu \cdot F_N}$ (16.1)

F_R	in N	Reibungskraft,
F_N	in N	Normalkraft,
μ	–	Reibwert (s. Tab. 16.1).

Die **Reibkraft** ist also direkt proportional der senkrecht auf die Reibfläche wirkenden Kraft, der Normalkraft und einem Faktor μ, dem Reibwert.

Schmieröle

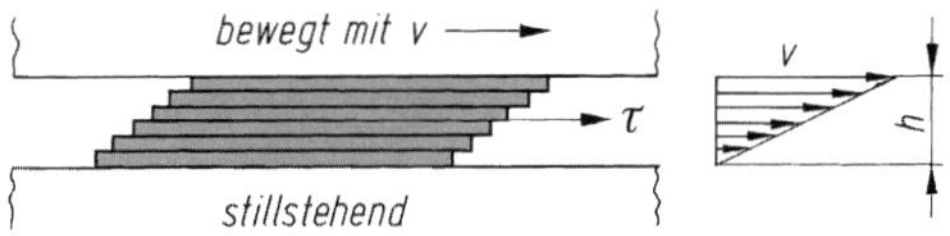

Bild 16.2 Verschiebung der Ölschichten im Schmierspalt

Schubspannung im Schmierspalt:

$$\boldsymbol{\tau = \eta \cdot \frac{dv}{dh}} \tag{16.2}$$

Das Geschwindigkeitsgefälle dv/dh ist bei sog. Newtonschen Flüssigkeiten – das sind die meisten fluiden Schmierstoffe in der Technik, also auch die Öle – konstant. Deshalb wird Gl. (16.2) zu

$$\boldsymbol{\tau = \eta \cdot \frac{v}{h}} \tag{16.3}$$

Damit ergibt sich nach Gl. (16.2) bzw. Gl. (16.3) die **dynamische** oder **absolute Viskosität** (Zähigkeit) η mit der Maßeinheit

$$[\eta] = \frac{\textbf{Kraft} \cdot \textbf{Zeit}}{\textbf{Länge}^2} = \frac{\textbf{N} \cdot \textbf{s}}{\textbf{m}^2} = \textbf{Pa s oder } \boldsymbol{10^{-3}} \frac{\textbf{N} \cdot \textbf{s}}{\textbf{m}^2} = \textbf{mPa s} = \textbf{1 cP (veraltet)} \tag{16.4}$$

Die Einheit Pa · s (also Druck · Zeit) ergibt sich formal (hat aber keinen physikalischen Sinn) und ist genormt. Die nach Jean-Louis-Marie Poiseuille benannte, SI-fremde Einheit Poise bzw. cP (Poise bzw. Centipoise, 1 cP = 1 mPa · s) wird häufiger verwendet. Wasser hat bei Normaldruck und einer Temperatur von 20,2 °C die dynamische Viskosität von 1 cP oder 1 mPa · s.

16

Für die Auslegung von hydrodynamischen Gleitlagern ist einzig und allein die dynamische oder absolute Viskosität η wichtig!
Technisch als Lieferangabe wird dagegen meist die **kinematische Viskosität ν** angegeben:

$$\nu = \frac{\eta}{\varrho} \quad \text{mit} \quad \varrho \quad \text{Dichte} \tag{16.5}$$

Die kinematische Viskosität hat die Maßeinheit

$$[\nu] = \frac{\text{Länge}^2}{\text{Zeit}} = \frac{\text{m}^2}{\text{s}} \quad \text{oder} \quad 10^{-6}\frac{\text{m}^2}{\text{s}} = \frac{\text{mm}^2}{\text{s}} = 1\ \text{cSt (veraltet)} \tag{16.6}$$

Die üblicherweise verwendete Einheit ist mm^2/s oder cSt (Centi-Stokes, nicht mehr genormte, SI-fremde Bezeichnung, benannt nach George Gabriel Stokes).
Fast allen Ölen ist gemeinsam, dass sie eine mehr oder weniger ausgeprägte Viskositäts-Temperaturabhängigkeit haben, vgl. Bild 16.6. Es sind in der Literatur mehrere Formeln dahingehend bekannt geworden, wobei die gängigste die Gleichung von Vogel ist:

$$\eta = a \cdot \exp\left(\frac{b}{\vartheta + c}\right) \tag{16.7}$$

mit den Koeffizienten a, b und c (siehe Tab. 16.5), die je nach SAE-Klasse unterschiedlich sind. So hat z. B. ein Öl SAE 30 die Koeffizienten $a = 0{,}1531 \cdot 10^8$, $b = 720$ und $c = 71$. Für die ISO-VG-Klassen kann aus dem Diagr. 16.1 die dynamische Viskosität η in mPa s bei Temperaturen von 20 ... 160 °C abgelesen werden.
Auch die Dichte des Öls ändert sich mit der Temperatur. Dabei kann die Gl. (16.8) nach Vogelpohl [16.7] verwendet werden:

16

$$\varrho = \varrho_{20}[1 - 65 \cdot 10^{-5} \cdot (\vartheta - 20)] \tag{16.8}$$

ϱ_{20} in g/cm^3 Dichte bei 20 °C,
ϑ in °C Temperatur.

Ferner ändert sich die Dichte des Öls mit dem Druck nach folgender Beziehung [16.7]:

$$\varrho = \varrho_0[1 + 45{,}89 \cdot 10^{-6} \cdot (p - p_0)] \tag{16.9}$$

ϱ_0 in g/cm^3 Dichte bei $p_0 = 0$ bar,
p in bar Druck.

17 Gleitlager

Berechnung der Radiallager

1. Spezifische Belastung und Reibleistung

Durch die Belastungskraft F werden die Gleitflächen gepresst. Man rechnet mit der mittleren Flächenpressung:

spezifische Lagerbelastung $\bar{p} = \dfrac{F}{D \cdot B}$ (17.1)

$\bar{p}$	in N/mm²	mittlere Pressung der Gleitflächen = mittlere Flächenpressung p_m,
F	in N	Belastungskraft,
D	in mm	Lagernenndurchmesser,
B	in mm	Lagerbreite.

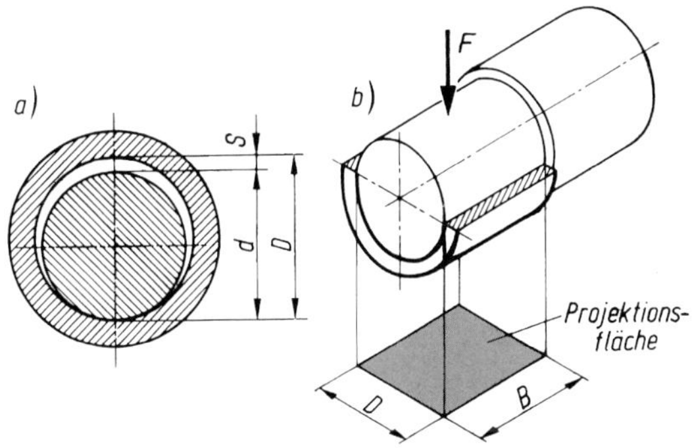

Bild 17.1
Prinzip des Radial-Gleitlagers
a) absolutes Lagerspiel,
b) belastete Projektionsfläche

17

Die Zapfenoberfläche bewegt sich in der Lagerbuchse oder -schale mit der

Gleitgeschwindigkeit $u = d \cdot \pi \cdot n$ (17.2)

Winkelgeschwindigkeit $\omega = 2\pi \cdot n$ (17.3)

u	in m/s	Gleitgeschwindigkeit,
ω	in rad/s	Winkelgeschwindigkeit,
d	in m	Zapfennenndurchmesser
n	in s⁻¹	Betriebsdrehzahl.

In der Tab. 17.11 sind Anhaltswerte für zulässige Gleitgeschwindigkeiten u und spezifische Lagerbelastungen $\bar{p}$ angegeben, in Tab. 17.12 Richtwerte für $\bar{p}$ hydrodynamischer Lager. Zapfen und Lager haben allgemein gleiche Nenndurchmesser.

Reibleistung $P_f = F \cdot \mu \cdot u$ (17.4)

P_f	in W	Reibleistung (Reibleistungsverlust) = abzuführender Wärmestrom P_0,
F	in N	Belastungskraft,
μ		Reibzahl, Erfahrungswerte siehe Tab. 17.13,
u	in m/s	Gleitgeschwindigkeit nach Gl. (17.2).

2. Wärmeabführung durch Konvektion

Wärmestrom über Gehäuse und Welle an die Umgebung $P_A = k \cdot A(t_B - t_a)$ (17.5)

P_A	in W	Wärmestrom, bei ausschließlicher Konvektion drucklos geschmierter Lager $= P_f$ nach Gl. (17.4),
k	in W/(m² · K)	Wärmeübergangszahl zwischen der Oberfläche A des Lagergehäuses und der Umgebungsluft = 15 ... 20 W/(m² · K) bei leicht bewegter Luft im Normalfall, sonst nach Gl. (17.6),
A	in m²	wärmeabgebende Oberfläche des Lagergehäuses, ggf. nach den Gln. (17.7) bis (17.9),
t_B	in °C	Temperatur an den Gleitflächen (Lagertemperatur) des betriebswarmen Lagers, die in der Regel 70 ... 100 °C nicht überschreiten soll,
t_a	in °C	Temperatur der umgebenden Luft (Umgebungstemperatur), im Normalfall = 20 °C.

Bei Anblasung des Lagergehäuses mit Luft bei $w_a > 1{,}2$ m/s ist die

Wärmeübergangszahl $\boldsymbol{k \approx 7 + 12\sqrt{w_a}}$ in $\mathrm{W/(m^2 \cdot K)}$, (17.6)

wenn die Luftgeschwindigkeit w_a in m/s eingesetzt wird.

Falls die *wärmeabgebende Oberfläche A* des Lagergehäuses nicht genau bekannt ist, kann nach DIN 31652-1 näherungsweise eingesetzt werden:

bei zylindrischen Gehäusen $\boldsymbol{A = \frac{\pi}{2}(D_H^2 - D^2) + \pi \cdot D_H \cdot B_H}$ (17.7)

bei Stehlagern $\boldsymbol{A = \pi \cdot H(B_H + H/2)}$ (17.8)

bei Lagern im Maschinenverband (z. B. in Werkzeugmaschinen) $\boldsymbol{A = (15 \ldots 20)\, D \cdot B}$ (17.9)

B_H in m Gehäusebreite in Achsrichtung, D_H in m Gehäuseaußendurchmesser,
H in m Stehlagergesamthöhe.

17

3. Wärmeabführung durch den Schmierstoff

Im Fall einer Druckumlaufschmierung oder einer Wasserkühlung wird ein Wärmestrom P_Q vom abfließenden Schmieröl bzw. Wasser abgeführt, der nur dann gleich der Reibleistung P_f anzunehmen ist, wenn die Konvektion nicht berücksichtigt wird. Es ist der

Wärmestrom über das Schmieröl bzw. das Kühlwasser $\boldsymbol{P_Q = \varrho \cdot c \cdot Q(t_2 - t_1)}$ (17.10)

P_Q	in W	Wärmestrom über das Schmieröl bzw. Kühlwasser,
ϱ	in kg/m³	Dichte des Schmieröls ≈ 900 kg/m³, des Kühlwassers = 1000 kg/m³,
c	in J/(kg · K)	spezifische Wärme des Schmieröls ≈ 2000 J/(kg · K), des Wassers ≈ 4200 J/(kg · K),
$\varrho \cdot c$	in J/(m³ · K)	volumenspezifische Wärme des Schmieröls $\approx 1{,}8 \cdot 10^6$ J/(m³ · K), des Kühlwassers $\approx 4{,}2 \cdot 10^6$ J/(m³ · K),
Q	in m³/s	Schmieröldurchsatz (siehe unter 5.) bzw. Kühlwasserdurchsatz,
t_2	in °C	Austrittstemperatur des Schmieröls bzw. Wassers,
t_1	in °C	Eintrittstemperatur des Schmieröls bzw. Wassers, in der Regel wird in beiden Fällen von $t_2 - t_1 = 20$ K ausgegangen.

Als effektive **Schmierfilmtemperatur** $\boldsymbol{t_{eff}}$ der hydrodynamischen Lager ist näherungsweise der Mittelwert aus t_2 und t_1 des Schmieröls anzunehmen, also $t_{eff} = t_B = 0{,}5(t_2 + t_1)$ mit t_B als Betriebstemperatur des Lagers.

4. Lagerspiel

Unter dem **absoluten Lagerspiel** $\boldsymbol{S}$ versteht man die Differenz zwischen Bohrungs- und Zapfendurchmesser (siehe Bild 17.1). Das auf eine Längeneinheit des Lagernenndurchmessers D (ohne Abmaße) bezogene Lagerspiel heißt **relatives Lagerspiel** $\boldsymbol{\psi = S/D}$. Man rechnet mit einem **mittleren relativen Lagerspiel** ψ_m. Für verschiedene mittlere relative Lagerspiele sind die Abmaße der Welle und die absoluten Spiele in Tab. 17.10 angegeben. Es hat sich nach DIN 31652-3 für **hydrodynamische Schmierung** bewährt ein

mittleres relatives Lagerspiel $\boldsymbol{\psi_m \approx 0{,}8\,\sqrt[4]{u}}$ in ‰, (17.11)

wenn die Gleitgeschwindigkeit u in m/s eingesetzt wird.

Hiernach wählt man nach Tab. 17.10 das nächstliegende, ggf. höhere mittlere relative Lagerspiel und die zugehörigen Passmaße.
Sofern sich die Längenausdehnungskoeffizienten α_S der Welle und α_B des Lagers nicht unterscheiden, ist das Warmspiel gleich dem Kaltspiel. Anderenfalls beträgt die

thermische Änderung des relativen Lagerspiels $\boldsymbol{\Delta\psi = (\alpha_B - \alpha_S) \cdot (t_B - 20\,°C)}$ (17.12)

α_B	in K^{-1}	Längenausdehnungskoeffizient des Lagers (Lagerschale und Gehäuse),
α_S	in K^{-1}	Längenausdehnungskoeffizient der Welle,
t_B	in °C	Lagertemperatur (Betriebstemperatur).

Längenausdehnungskoeffizienten verschiedener Werkstoffe siehe Tab. 9.2. In die Berechnung ist dann das **effektive relative Lagerspiel** $\boldsymbol{\psi_{eff} = \psi_m + \Delta\psi}$ einzusetzen.

5. Schmieröldurchsatz
Durch den im Schmierspalt entwickelten Druck (Eigendruck) wird Schmieröl seitlich aus dem Lager hinausgefördert und fließt in den Ölbehälter zurück. Daraus folgt der

Schmieröldurchsatz infolge Eigendruckentwicklung $\boldsymbol{Q_1 = D^3 \cdot \psi_{eff} \cdot \omega \cdot q_1}$ (17.13)

Q_1	in m^3/s	Schmierstoffdurchsatz infolge Eigendrucks,
D	in m	Lagernenndurchmesser,
ψ_{eff}		effektives relatives Lagerspiel $= \psi_m$ nach Tab. 17.10 bzw. $= \psi_m + \Delta\psi$ mit $\Delta\psi$ nach Gl. (17.12),
ω	in s^{-1}	Winkelgeschwindigkeit der Gleitfläche nach Gl. (17.3),
q_1		bezogener Schmieröldurchsatz nach Tab. 17.18.

Wird das Schmieröl jedoch unter einem Überdruck p_E zugeführt (üblich $p_E = 0{,}5 \ldots 5$ bar), der deutlich unter der spezifischen Lagerbelastung $\bar{p}$ liegen soll, so wird über Q_1 hinaus zusätzlich Schmieröl aus dem Lager herausgefördert:

zusätzlicher Schmieröldurchsatz infolge Zuführdruck $\boldsymbol{Q_2 = \dfrac{D^3 \cdot \psi_{eff}^3 \cdot p_E}{\eta}\, q_2}$ (17.14)

Q_2	in m^3/s	zusätzlicher Schmieröldurchsatz,
D, ψ_{eff}		siehe Legende zur Gl. (17.13),
p_E	in Pa	Ölzuführdruck, 10^5 Pa = 1 bar
η	in Pa · s	effektive dynamische Viskosität des Schmieröls im Betriebszustand,
q_2		bezogener Schmieröldurchsatz je nach Anforderung der Schmieröl-Zuführungselemente nach Tab. 17.19.

Der bezogene Schmieröldurchsatz q_1 bzw. q_2 ist abhängig von der relativen Exzentrizität ε nach Gl. (17.16). Bei **druckloser Schmierung** ist der gesamte Schmieröldurchsatz $\boldsymbol{Q = Q_1}$, bei **Druckschmierung** $\boldsymbol{Q = Q_1 + Q_2}$.

6. Vermeidung thermischer Überbeanspruchung (nach DIN 31652-3)
Bei der Gleitlager-Berechnung ist es ausreichend, die thermische Lagerbeanspruchung durch die Lagertemperatur t_B bzw. die Schmieröllaustrittstemperatur t_2 zu beschreiben und sicherzu-

17

stellen, dass diese die zulässige nicht überschreitet. Die in Tab. 17.14 enthaltenen Angaben stellen allgemeine Erfahrungswerte für die Grenze von t_B dar, bei denen berücksichtigt ist, dass der Maximalwert des Temperaturfeldes über der berechneten Lagertemperatur t_B liegt.

7. Berechnung hydrodynamischer Radiallager

Bei der Berechnung von hydrodynamischen Radial-Gleitlagern im stationären Betrieb (Berechnung von Kreiszylinderlagern) nach DIN 31652 wird u. a. vorausgesetzt, dass alle Strömungsvorgänge des Schmierstoffs laminar sind (ohne Wirbel).

Ob eine laminare Störung zu erwarten ist, wird überprüft mit der

Reynolds-Zahl $$\boldsymbol{Re = \frac{\varrho \cdot u \cdot S}{2\eta} \leq 41{,}3\sqrt{\frac{D}{S}}} \qquad (17.15)$$

ϱ	in kg/m³	Dichte des Schmierstoffs, für Öl ≈ 900 kg/m³,
u	in m/s	Gleitgeschwindigkeit nach Gl. (17.2),
S	in m	absolutes Lagerspiel $= D - d = \psi_{eff} \cdot D$,
η	in Pa · s	dynamische Viskosität des Schmieröls im betriebswarmen Zustand.

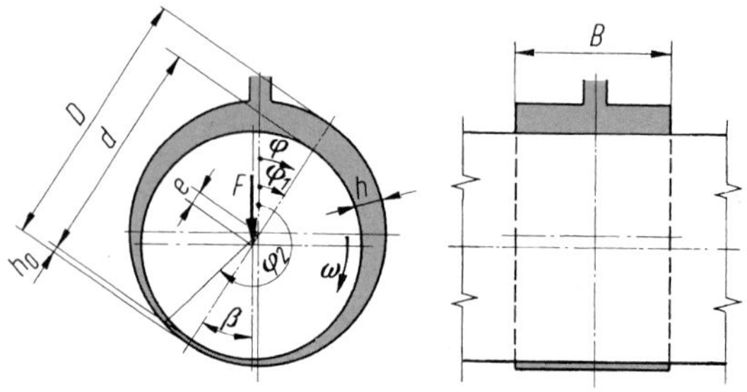

Bild 17.2
Skizze zur Berechnung hydrodynamischer Radial-Gleitlager (Kreiszylinderlager)

Relative Exzentrizität $$\boldsymbol{\varepsilon = \frac{e}{S/2} = \frac{e}{(D-d)/2}} \qquad (17.16)$$

e	Exzentrizität der Zapfen- zur Bohrungsmitte während des Laufs,
S	absolutes Lagerspiel.

Mit einer dimensionslosen Kennzahl, der **Sommerfeld-Zahl *So***, lassen sich hydrodynamische Radiallager hinsichtlich ihres Lauf- und Reibverhaltens miteinander vergleichen:

Sommerfeld-Zahl $$\boldsymbol{So = \frac{\bar{p} \cdot \psi_{eff}^2}{\eta \cdot \omega}} \qquad (17.17)$$

$\bar{p}$	in N/mm²	mittlere Flächenpressung nach Gl. (17.1),
ψ_{eff}		relatives Lagerspiel $= S/d$,
η	in N · s/mm²	dynamische Viskosität des Schmieröls in betriebswarmen Zustand bei der Lagertemperatur t_B (siehe hierzu Diagr. 16.1), beachte: 10^{-9} N · s/mm² = 1 mPa · s
ω	in rad/s = s^{-1}	Winkelgeschwindigkeit nach Gl. (17.3).

Die Sommerfeldzahl hängt von der relativen Exzentrizität ε und von der relativen Lagerbreite B/D ab (Tab. 17.15). Umgekehrt kann bei gegebener Sommerfeldzahl aus Tab. 17.15 die relative Exzentrizität ε ermittelt werden. Weiterhin hängt der Verlagerungswinkel β (Bild 17.2) von der relativen Exzentrizität ε und von der relativen Lagerbreite B/D ab (Tab. 17.16). Außerdem kann aus Tab. 17.17 die bezogene Reibzahl μ/ψ_{eff} entnommen werden. Zur expliziten Berechnung dienen die folgenden Gleichungen:

Sommerfeld-Zahl *So* als Funktion von ε:

$$So = \left(\frac{B}{D}\right)^2 \cdot \frac{\varepsilon}{2(1-\varepsilon^2)^2} \cdot \sqrt{\pi^2(1-\varepsilon^2)+16\varepsilon^2} \cdot \frac{a_1(\varepsilon-1)}{a_2+\varepsilon}$$

mit

$$a_1 = 1{,}1642 - 1{,}9456\left(\frac{B}{D}\right) + 7{,}1161\left(\frac{B}{D}\right)^2 - 10{,}1073\left(\frac{B}{D}\right)^3 + 5{,}0141\left(\frac{B}{D}\right)^4 \tag{17.18}$$

$$a_2 = -1{,}000026 - 0{,}023634\left(\frac{B}{D}\right) - 0{,}4215\left(\frac{B}{D}\right)^2 - 0{,}038817\left(\frac{B}{D}\right)^3 - 0{,}090551\left(\frac{B}{D}\right)^4$$

Meist braucht man jedoch ε als Funktion von *So* (Achtung: nicht DIN 31652):

$$0{,}125 < B/D \le 0{,}167: \quad \varepsilon = 10^{0{,}0614368(\lg So)^3 + 0{,}0459025(\lg So)^2 + 0{,}0761622 \lg So - 0{,}0350305}$$

$$0{,}167 < B/D \le 0{,}20: \quad \varepsilon = 10^{0{,}0609246(\lg So)^3 - 0{,}0009578(\lg So)^2 + 0{,}0644066 \lg So - 0{,}0502757}$$

$$0{,}20 < B/D \le 0{,}25: \quad \varepsilon = 10^{0{,}0624507(\lg So)^3 - 0{,}0251849(\lg So)^2 + 0{,}0715752 \lg So - 0{,}0594245}$$

$$0{,}25 < B/D \le 0{,}33: \quad \varepsilon = 10^{0{,}0608744(\lg So)^3 - 0{,}0657667(\lg So)^2 + 0{,}0868669 \lg So - 0{,}0710114}$$

$$0{,}33 < B/D \le 0{,}40: \quad \varepsilon = 10^{0{,}0592091(\lg So)^3 - 0{,}114519(\lg So)^2 + 0{,}129530 \lg So - 0{,}0912981}$$

$$0{,}40 < B/D \le 0{,}50: \quad \varepsilon = 10^{0{,}0583217(\lg So)^3 - 0{,}145226(\lg So)^2 + 0{,}168221 \lg So - 0{,}108936}$$

$$0{,}50 < B/D \le 0{,}75: \quad \varepsilon = 10^{0{,}0545729(\lg So)^3 - 0{,}183951(\lg So)^2 + 0{,}228868 \lg So - 0{,}136875}$$

$$0{,}75 < B/D \le 1{,}00: \quad \varepsilon = 10^{0{,}0191334(\lg So)^3 - 0{,}288190(\lg So)^2 + 0{,}501590 \lg So - 0{,}281377}$$

(17.19)

Der Verlagerungswinkel β ist:

$$\beta = \left[\sum_{i=1}^{5} a_i \varepsilon^{i-1}\right] \cdot \arctan\left(\frac{\pi \cdot \sqrt{1-\varepsilon^2}}{2\varepsilon}\right)$$

mit

$$a_1 = 1{,}152624 - 0{,}105465\left(\frac{B}{D}\right)$$

$$a_2 = -2{,}5905 + 0{,}798745\left(\frac{B}{D}\right) \tag{17.20}$$

$$a_3 = 8{,}73393 - 2{,}3291\left(\frac{B}{D}\right)$$

$$a_4 = -13{,}3415 + 3{,}424337\left(\frac{B}{D}\right)$$

$$a_5 = 6{,}6294 - 1{,}591732\left(\frac{B}{D}\right)$$

Für ein Radiallager mit exzentrischer Wellenlage lautet die

Spaltfunktion $$\boldsymbol{h = 0{,}5D \cdot \psi_{\text{eff}}(1 + \varepsilon \cdot \cos\varphi)} \tag{17.21}$$

h	in mm	Spalthöhe (siehe Bild 17.2),
D	in mm	Lagernenndurchmesser,
ψ_{eff}		effektives relatives Lagerspiel, meistens $= \psi_{\text{m}}$ oder $\psi_{\text{m}} + \Delta\psi$,
ε		relative Exzentrizität entspr. Gl. (17.16), ggf. nach Tab. 17.15 oder Gl. (17.19),
φ	in rad	Polarwinkel des Gleitlagers nach Bild 17.2.

Damit lässt sich die Spalthöhe h für jeden Polarwinkel φ_1, φ_2 usw. berechnen. Daraus folgt die

minimale Schmierfilmdicke $$\boldsymbol{h_0 = 0{,}5D \cdot \psi_{\text{eff}}(1 - \varepsilon)} \tag{17.22}$$

h_0	in mm	kleinste, sich einstellende Schmierfilmdicke,
D, ψ_{eff}, ε		siehe Legende zur Gl. (17.21).

Diese **mindestens erforderliche Schmierfilmdicke** $h_{0\,\text{min}}$ muss größer sein als die Rauhigkeiten R_{z} von Welle und Lagerschale. *Peeken* [17.14] gibt hier folgende Formel an:

$$\boldsymbol{h_{0\,\text{min}} = 1{,}5 \cdot R_{\text{z Welle}} + 0{,}5 \cdot R_{\text{z Bohrung}} + \text{Formabweichungen}} \tag{17.23}$$

Die **Reibungsverluste** in einem hydrodynamischen Gleitlager werden durch das *Amonton'sche Reibungsgesetz* (auch Coulomb'sches Reibungsgesetz genannt) beschrieben:

$$\boldsymbol{F_{\text{f}} = \mu \cdot F} \tag{17.24}$$

F	in N	Lagerkraft,
F_{f}	in N	Reibkraft,
μ	–	Reibwert.

17

Die **Reibleistung** bzw. der durch die Reibung erzeugte Wärmestrom ist dann einfach:

$$\boldsymbol{P_{\text{f}} = P_0 = F_{\text{f}} \cdot u_{\text{s}}} \tag{17.25}$$

P_{f}	in W	Reibleistung im Lager,
P_0	in W	Wärmestrom, bedingt durch Reibung,
F_{f}	in N	Reibkraft,
u_{s}	in m/s	Gleitgeschwindigkeit der Welle.

Der **Reibwert** wird über die bezogene Reibungszahl μ/ψ_{eff} berechnet:

$$\boldsymbol{\frac{\mu}{\psi_{\text{eff}}} = 10^{\text{Y}}}$$

mit

$$\boldsymbol{Y = C + E \cdot \lg So + F \cdot (\lg So)^2 + G \cdot (\lg So)^3 + H \cdot (\lg So)^4}$$

$$\boldsymbol{C = 1{,}153423 - 2{,}69332 \cdot \left(\frac{B}{D}\right) + 6{,}552763 \cdot \left(\frac{B}{D}\right)^2 - 7{,}81938 \cdot \left(\frac{B}{D}\right)^3 + 3{,}405146 \cdot \left(\frac{B}{D}\right)^4}$$

$$\boldsymbol{E = -0{,}7441784 + 0{,}104245 \cdot \left(\frac{B}{D}\right) - 0{,}343503 \cdot \left(\frac{B}{D}\right)^2 + 0{,}4677244 \cdot \left(\frac{B}{D}\right)^3 - 0{,}215028 \cdot \left(\frac{B}{D}\right)^4}$$

$$\begin{aligned}
F &= -0{,}0105921 + 0{,}342048 \cdot \left(\frac{B}{D}\right) - 0{,}459955 \cdot \left(\frac{B}{D}\right)^2 \\
&\quad + 0{,}381193 \cdot \left(\frac{B}{D}\right)^3 - 0{,}1056112 \cdot \left(\frac{B}{D}\right)^4 \\
G &= -0{,}000397154 - 0{,}01669 \cdot \left(\frac{B}{D}\right) + 0{,}00966612 \cdot \left(\frac{B}{D}\right)^2 \\
&\quad - 0{,}0191126 \cdot \left(\frac{B}{D}\right)^3 - 0{,}01094135 \cdot \left(\frac{B}{D}\right)^4 \\
H &= 0{,}00258444 - 0{,}00870384 \cdot \left(\frac{B}{D}\right) - 0{,}00157289 \cdot \left(\frac{B}{D}\right)^2 \\
&\quad + 0{,}01759905 \cdot \left(\frac{B}{D}\right)^3 - 0{,}006688832 \cdot \left(\frac{B}{D}\right)^4
\end{aligned} \tag{17.26}$$

Der Übergang in die Mischreibung erfolgt beim Kontakt der Rauheitsspitzen von Welle und Lager entsprechend dem Kriterium für $h_{0\,\mathrm{lim}}$, wobei auch Verformungen zu berücksichtigen sind. Diesem Wert kann eine

relative Übergangs-Exzentrizität $$\varepsilon_{\ddot{u}} = 1 - \frac{2\,h_{0\,\mathrm{lim}}}{D \cdot \psi_{\mathrm{eff}}} \tag{17.27}$$

sowie eine

Übergangs-Sommerfeld-Zahl $$So_{\ddot{u}} = \frac{\bar{p} \cdot \psi_{\mathrm{eff}}^2}{\eta \cdot \omega} \tag{17.28}$$

17

zugeordnet werden. Daraus können die einzelnen Übergangsbedingungen (Last, Viskosität, Drehzahl) ermittelt werden. Der Übergangszustand kann also nur durch diese drei gekoppelten Angaben beschrieben werden. Um eine davon ermitteln zu können, müssen die beiden übrigen in der diesem Zustand angemessenen Weise eingesetzt werden.

Zum **Berechnungsverfahren**: Im Berechnungsablauf sind zunächst nur die Betriebsdaten t_a (Temperatur der umgebenden Luft) bzw. t_1 (Temperatur des zulaufenden Öls) bekannt, nicht jedoch die effektive Temperatur t_{eff} des Schmierfilms, die bereits am Anfang der Berechnung benötigt wird. Die Lösung erfolgt in der Weise, dass man zunächst mit einer geschätzten Temperaturerhöhung im Fall

der Wärmeabführung durch Konvektion $t_{B.0} - t_a = 20$ K,
der Wärmeabführung durch Schmieröl $t_{2.0} - t_1 = 20$ K

und den dazu entsprechenden Betriebstemperaturen t_{eff} den Berechnungsgang beginnt. Aus der Wärmebilanz ergeben sich korrigierte Temperaturen $t_{B.1}$ und $t_{2.1}$, die durch Mittelwertbildung mit den vorher zu Grunde gelegten Temperaturen $t_{B.0}$ bzw. $t_{2.0}$ solange iterativ (durch Wiederholung) verbessert werden, bis die Differenz zwischen den Werten mit dem Index 0 und 1 vernachlässigbar klein wird, beispielsweise 2 K. Der dann erreichte Zustand entspricht dem Beharrungszustand (Wärmegleichgewicht). Die Iteration konvergiert in der Regel rasch. Sie kann in der Weise ersetzt werden, dass für die Berechnung des Wärmestroms infolge Reibleistung $P_0 = P_f$ und des Wärmestroms durch Gehäuse und Welle P_A bzw. des Wärmestroms durch das Schmieröl P_Q mehrere Temperaturstufen vorgegeben werden.

Die Differenz der Schmieröltemperaturen $t_2 - t_1$ darf nicht beliebig hoch angenommen werden, weil das Öl Zeit braucht, die Wärme aufzunehmen. Deshalb ist mit $t_2 - t_1 \leq 20$ K zu rechnen.

Der Berechnungsablauf ist in Bild 17.3 in Form eines Ablaufplanes wiedergegeben.

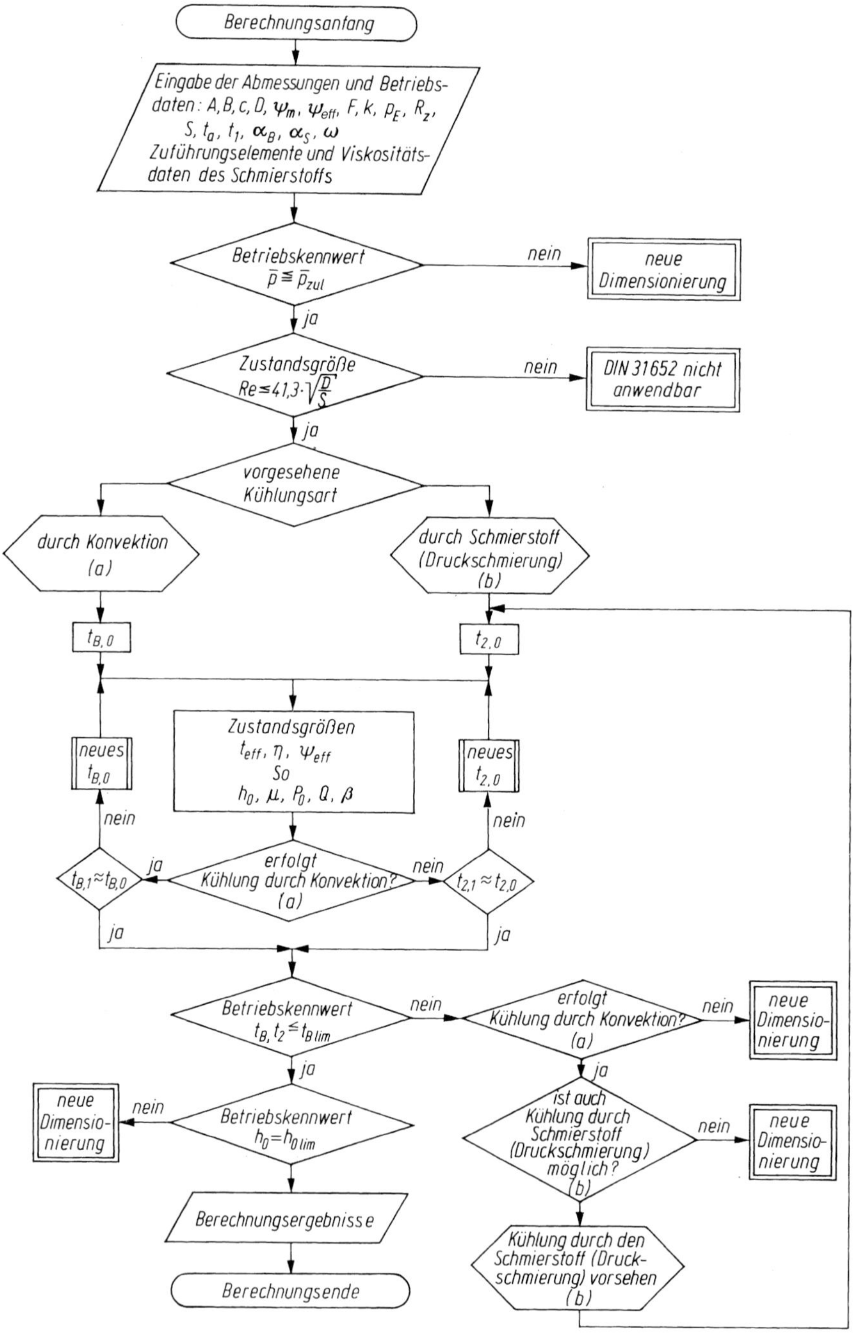

Bild 17.3 Ablaufplan für die Berechnung von hydrodynamisch geschmierten Radial-Gleitlagern nach DIN 31652

Berechnung der Axiallager

Prinzipiell sind die Berechnungsgleichungen dieselben wie bei den Radiallagern, unterscheiden sich von diesen lediglich in den geometrischen Verhältnissen:

$$\textit{spezifische Lagerbelastung} \quad \bar{p} = \frac{F}{A_L} \tag{17.29}$$

$\bar{p}$	in N/mm^2	durchschnittliche Flächenpressung der Gleitfläche, d. h. spez. Lagerbelastung
F	in N	Belastungskraft,
A_L	in mm^2	gedrückte Fläche $= (d_a^2 - d_i^2)\,\pi/4 = d_m \cdot \pi \cdot b$ bei Ringspurlagern, $= z \cdot b \cdot l$ bei hydrodynamischen Segment-Spurlagern. z ist die Anzahl der Segmente, b deren Breite und l deren mittlere Länge.

Die Anzahl z der Segmente soll eine gerade Zahl sein, erfahrungsgemäß $z = 4 \dots 12$.
Es wird mit der **mittleren** Gleitgeschwindigkeit u gerechnet. Sie ergibt sich mit Gl. (17.2), wenn $d = d_m = 0{,}5(d_a + d_i)$ gesetzt wird. Reibleistung P_f nach Gl. (17.4), Anhaltswerte für Reibzahlen μ nach Tab. 17.13, Lagertemperatur im Normalfall $t_B = 70 \dots 90\,°C$.
Anstelle der Sommerfeldzahl So bei den Radiallagern tritt bei hydrodynamischen Axiallagern die dimensionslose

$$\textit{Tragzahl} \quad So_{ax} = \frac{\bar{p} \cdot h_0^2}{\eta \cdot u \cdot b} \tag{17.30}$$

$\bar{p}$	in N/mm^2	spezifische Lagerbelastung nach Gl. (17.29),
h_0	in mm	minimale Schmierfilmdicke,
η	in $N \cdot s/mm^2$	dynamische Viskosität des Schmieröls (siehe hierzu Diagr. 16.1), $(10^{-9}\,N \cdot s/mm^2 = 1\,mPa \cdot s)$
u	in mm/s	mittlere Gleitgeschwindigkeit nach Gl. (17.2),
b	in mm	Lagerbreite $= 0{,}5(d_a - d_i)$.

17

In Bild 17.4 sind die Abmessungsverhältnisse an Fest- und Kippsegment-Axiallagern dargestellt. Wenn So_{ax} nach Tab. 17.26 gewählt wird, lässt sich bei gegebener Ölviskosität die sich einstellende Schmierfilmdicke h_0 aus Gl. (17.30) errechnen. Falls aber So_{ax} und h_0 gewählt werden können, folgt die erforderliche Ölviskosität η aus Gl. (17.30).
Unter der **relativen Schmierfilmdicke** $\boldsymbol{\delta = h_0/H}$ (auch Keilspaltverhältnis genannt) versteht man das Verhältnis der Schmierfilmdicke h_0 zur Keilhöhe H. Bei gewähltem δ muss der Unterstützungspunkt bei kippbeweglichen Segmenten im Abstand $\boldsymbol{x = \varepsilon \cdot l \cdot d_s/d_m}$ von der ablaufenden Kante des Segments liegen. d_s ist das geometrische Mittel aus Außen- und Innendurchmesser des Lagers: $\boldsymbol{d_s = \sqrt{0{,}5(d_a^2 + d_i^2)}}$. Zwischen der relativen Schmierfilmdicke δ und dem Faktor ε besteht folgender Zusammenhang:

$\delta =$	∞	2	1,25	1	0,8	0,67	0,5	0,4
$\varepsilon =$	0,5	0,462	0,445	0,432	0,42	0,408	0,39	0,378

Die **größte Tragfähigkeit** ergibt sich bei $\boldsymbol{\delta = 0{,}8}$ und $\boldsymbol{\varepsilon = 0{,}42}$. Daraus folgt der günstigste Unterstützungsabstand x.
Bei Flüssigkeitsreibung beträgt die

$$\textit{Reibzahl} \quad \mu \approx \frac{K \cdot h_0}{b\sqrt{So_{ax}}} \tag{17.31}$$

K		Reibbeiwert nach Tab. 17.26,
h_0	in mm	Schmierfilmdicke,
b	in mm	Lagerbreite,
So_{ax}		Tragzahl nach Tab. 17.26.

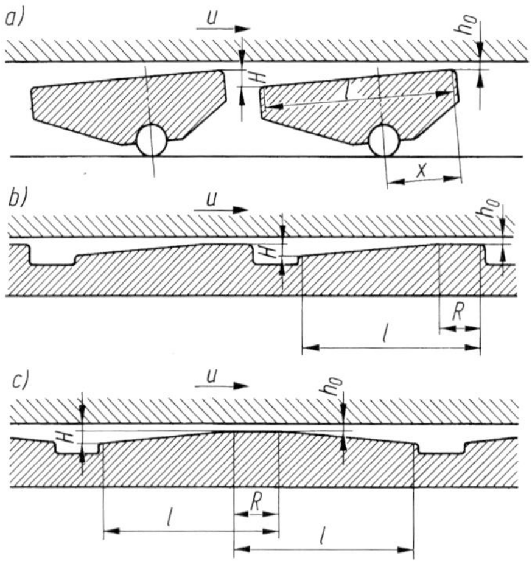

Bild 17.4
Gleitraumformen von Axiallagern
a) ebener Keilspalt durch selbsttätige Einstellung kippbeweglicher Elemente,
b) ebener Keilspalt durch eingearbeitete Keilflächen,
c) wie b, jedoch für beide Drehrichtungen
l wirksame Keilspalt- oder Staufeldlänge,
R Länge der Rastfläche $\approx 0{,}25\,l$,
h_0 kleinster Schmierspalt,
H Keil- bzw. Staufeldhöhe,
u Gleitgeschwindigkeit,
x Unterstützungsabstand

Weiterhin sind zu errechnen die

Übergangsdrehzahl $$\boldsymbol{n_{ü} = \left(\frac{h_{ü}}{h_0}\right)^2 \cdot n} \tag{17.32}$$

Mindestdrehzahl $$\boldsymbol{n_{min} = \left(\frac{h_{0\,lim}}{h_0}\right)^2 \cdot n} \tag{17.33}$$

$h_{ü}$	in mm	Schmierfilmdicke beim Übergang von der Mischreibung zur Flüssigkeitsreibung nach Tab. 17.27,
$h_{0\,lim}$	in mm	kleinste Schmierfilmdicke zum sicheren Arbeiten des Lagers mit Flüssigkeitsreibung nach Tab. 17.27,
h_0	in mm	Schmierfilmdicke bei der Betriebsdrehzahl,
n	in mm^{-1}	Betriebsdrehzahl.

Bei der Mindestdrehzahl n_{min} wird die Flüssigkeitsreibung gewährleistet. Die Betriebsdrehzahl n sollte deshalb mindestens so groß wie n_{min} sein, somit $h_0 > h_{0\,lim}$.
Zur Aufrechterhaltung der Flüssigkeitsreibung ist erforderlich ein

Schmieröldurchsatz infolge Eigendruckentwicklung $$\boldsymbol{Q_1 = \varphi \cdot b \cdot h_0 \cdot u \cdot z} \tag{17.34}$$

Q_1	in m^3/s	Tragöldurchsatz = erforderlicher Ölvolumenstrom,
φ		Durchsatzfaktor $\approx 0{,}7$,
b	in m	Lagerbreite,
h_0	in m	Schmierfilmdicke bei der Betriebsdrehzahl,
u	in m/s	Gleitgeschwindigkeit nach Gl. (17.2) mit $d = d_m$,
z		Anzahl der Segmente.

Die Wärmebilanz ist grundsätzlich wie bei den Radiallagern vorzunehmen, d. h., es ist zunächst durch Iteration festzustellen, ob die Wärmeabführung durch Konvektion allein ausreicht. Ist dies nicht der Fall, so ist eine Ölumlaufschmierung vorzusehen. Die Schmierölmenge Q_1 nach Gl. (17.34) reicht mitunter zur Kühlung nicht aus, und der Schmieröldurchsatz muss auf $Q > Q_1$ erhöht werden. Bei großen Lagern wird die Wärmeabführung durch Konvektion meistens mit in Ansatz gebracht, und es ist:

Wärmestrom durch Konvektion und über das Schmieröl

$$\boldsymbol{P_0 = P_A + P_Q = k \cdot A(t_B - t_a) + \varrho \cdot c \cdot Q(t_2 - t_1)} \quad (17.35)$$

P_0	in W	gesamter Wärmestrom infolge Reibleistung P_f nach Gl. (17.4),
P_A	in W	Wärmestrom über Lager und Gehäuse nach Gl. (17.5),
P_Q	in W	Wärmestrom über das Schmieröl nach Gl. (17.10),
k	in W/(m^2 · K)	Wärmeübergangszahl zwischen der Oberfläche A des Lagergehäuses und der Umgebungsluft = 15...20 W/(m^2 · K) bei leicht bewegter Luft im Normalfall, sonst nach Gl. (17.6),
A	in m^2	wärmeabgebende Oberfläche des Lagergehäuses,
t_B	in °C	Temperatur an den Gleitflächen (Lagertemperatur) des betriebswarmen Lagers, die in der Regel 70...90 °C nicht überschreiten soll,
t_a	in °C	Temperatur der umgebenden Luft (Umgebungstemperatur), im Normalfall = 20 °C,
$\varrho \cdot c$	in J/(m^3 · K)	volumenspezifische Wärme des Schmieröls ≈ 1,8 · 10^6 J/(m^3 · K),
Q	in m^3/s	gesamter Schmieröldurchsatz,
t_2	in °C	Temperatur des abfließenden Öls (Austrittstemperatur),
t_1	in °C	Temperatur des zerfließenden Öls (Eintrittstemperatur), in der Regel wird von $t_2 - t_1 = 15...20$ K ausgegangen.

Setzt man voraus, dass bis auf Q alle Daten bekannt sind, so ergibt sich mit der effektiven Schmierfilmtemperatur $t_{eff} = t_B = 0{,}5(t_2 + t_1)$ wie bei den Radiallagern:

gesamter erforderlicher Schmieröldurchsatz

$$\boldsymbol{Q = \frac{P_0 - k \cdot A(t_B - t_a)}{\varrho \cdot c \cdot 2(t_2 - t_B)}} \quad (17.36)$$

Legende hierzu siehe Gl. (17.35).

17

18 Wälzlager

Tragfähigkeit und Lebensdauer

Dynamisch äquivalente Belastung $\boldsymbol{P = X \cdot F_r + Y \cdot F_a}$ (18.1)

X		Radialfaktor (Tabn. 18.3, 18.4, 18.8 und 18.9),
Y		Axialfaktor (Tabn. wie für X),
F_r	in kN	radiale Belastungskraft während des Laufs,
F_a	in kN	axiale Belastungskraft während des Laufs.

Bei Rillenkugellagern sind X und Y auch vom Faktor f_0 (Tab. 18.3) abhängig.
Für Nadellager und Zylinderrollenlager (Tabn. 18.5 bis 18.7) ist $P = F_r$. Bei den Axiallagern (Tab. 18.10) ist $P = F_a$, mit Ausnahme $P = F_a + 1{,}2F_r$ bei Axial-Pendelrollenlagern, wenn $F_r \leq 0{,}55F_a$ ist ($F_r > 0{,}55F_a$ ist unzulässig!).
Ist die im Betrieb auftretende Belastung kleiner als die dynamische Tragzahl C, so ist die Lebensdauer entsprechend größer als 10^6 Umdrehungen, nämlich

nominelle Lebensdauer $\boldsymbol{L_{10} = \left(\frac{C}{P}\right)^p \cdot 10^6}$ (18.2)

L_{10}	Anzahl der Umdrehungen unter der Belastung P bis zur Werkstoffermüdung,
C	dynamische Tragzahl (Tabn. 18.3 bis 18.10),
P	Belastung während des Laufs, bei kombinierter Belastung nach Gl. (18.1),
p	Lebensdauerexponent; für Rollenlager: $p = 10/3$ für Kugellager: $p = 3$

Umgerechnet in Betriebsstunden beträgt bei konstanter Drehzahl die

nominelle Lebensdauer $\boldsymbol{L_{10h} = \frac{L_{10}}{n}}$ (18.3)

18

L_{10}		nominelle Lebensdauer in Umdrehungen nach Gl. (18.2),
n	in h^{-1}	Betriebsdrehzahl des Lagers ($1\ min^{-1} = 60\ h^{-1}$).

Bei Betriebstemperaturen über etwa $t = 120\,°C$ ist der Tabellenwert von C mit einem Temperaturfaktor f_T nach Tab. 18.11 zu multiplizieren. Übliche nominelle Lebensdauer von Wälzlagerungen siehe Tab. 18.12.
Wenn die Betriebsbedingungen (z. B. Belastungskräfte, Drehzahlen, Schmierung, Temperatur, Wellendurchbiegung) und die spezielle Ausführung eines Lagers genau bekannt sind, so kann nach DIN ISO 281 die **erweiterte modifizierte Lebensdauer L_{nm}** für eine erwünschte Erlebenswahrscheinlichkeit (bzw. Ausfallwahrscheinlichkeit) errechnet werden.

erweiterte modifizierte Lebensdauer $\boldsymbol{L_{nm} = a_1 \cdot a_{ISO} \cdot L_{10}}$ (18.4)

Index n	Ausfallwahrscheinlichkeit in %
a_1	Lebensdauerbeiwert für eine Erlebenswahrscheinlichkeit, die von 90 % abweicht (vgl. Tab. 18.16),
a_{ISO}	Lebensdauerbeiwert für die Betriebsbedingungen $a_{ISO} = f\left(\frac{e_c \cdot C_u}{P}, \kappa\right)$ (vgl. Tab. 18.17),
L_{10}	nominelle Lebensdauer in Umdrehungen nach Gl. (18.2)

Der Index n gibt die Ausfallwahrscheinlichkeit in % an. Bei 90 % Erlebenswahrscheinlichkeit (10 % Ausfallwahrscheinlichkeit) ist $a_1 = 1$ (Normalfall) und $L_{10m} = a_{ISO} \cdot L_{10}$ mit L_{10} nach Gl. (18.2). Bei z. B. 96 % Erlebenswahrscheinlichkeit (4 % Ausfallwahrscheinlichkeit) wird

L_{4m} mit $a_1 = 0{,}55$ gerechnet. Der **Lebensdauerbeiwert** a_{ISO} wird in Abhängigkeit von dem Verunreinigungsbeiwert e_c, dem Verhältnis der Ermüdungsgrenzbelastung C_u zur dynamisch äquivalenten Lagerbelastung P und dem Viskositätsverhältnis κ bestimmt.
Wälzlager können auch während des Stillstands hoch beansprucht sein. Nach DIN ISO 76 bestimmt man analog zur dynamisch äquivalenten Belastung die

Statisch äquivalente Belastung $$\boldsymbol{P_0 = X_0 \cdot F_{r0} + Y_0 \cdot F_{a0}} \quad (18.5)$$

X_0		Radialfaktor (Tabn. 18.3, 18.4, 18.8 und 18.9),
Y_0		Axialfaktor (Tabn. wie für X_0),
F_{r0}	in kN	radiale Belastungskraft während des Stillstands,
F_{a0}	in kN	axiale Belastungskraft während des Stillstands.

Bei Axiallagern ist $P_0 = F_{a0}$, mit Ausnahme $P_0 = F_{a0} + 2{,}7F_{r0}$ bei Axial-Pendelrollenlagern, wenn $F_{r0} \leq 0{,}55F_{a0}$ ist. Bei Zylinderrollenlagern ist $P_0 = F_{r0}$. Keinesfalls darf $P_0 < F_{r0}$ sein.

Statische Kennzahl $$\boldsymbol{f_s = \frac{C_0}{P_0}} \quad (18.6)$$

C_0 statische Tragzahl des Lagers (Tabn. 18.3 bis 18.10),
P_0 statische Belastung, ggf. nach Gl. (18.5).

Allgemein gilt: $f_s = 1{,}5 \ldots 2{,}5$ bei hohen, $= 1{,}0 \ldots 1{,}5$ bei normalen, $= 0{,}7 \ldots 1{,}0$ bei geringen Ansprüchen an Laufruhe und Reibverhalten. Für Axial-Pendelrollenlager sollte $f_s \geq 4$ sein. Wenn $f_s > 8$ ist, gelten Wälzlager als dauerfest.

Berechnung von Kegelrollen- und Schrägkugellagern

In der Tab. 18.13 sind die für die Lebensdauerberechnung maßgebenden Axialbelastungen F_{aA} bzw. F_{aB} für die vier Möglichkeiten nach Bild 18.1 zusammengestellt. Hierbei spielt es keine Rolle, ob F_{rA} und F_{rB} gleichsinnig oder gegensinnig zueinander wirken. Die Lager A und B können auch verschieden groß sein.
Für paarweise eingebaute **Schrägkugellager** in Tandem-, O- oder X-Anordnung gilt: Die dynamische **Tragzahl des Lagerpaares** ist das 1,625fache der dynamischen Tragzahl C eines Einzellagers, bei O- oder X-Anordnung: Radialfaktor $X = 1$, Axialfaktor $Y = 0{,}55$ bei $F_a/F_r \leq e$ (e nach Tab. 18.4), jedoch $X = 0{,}57$ und $Y = 0{,}93$ bei $F_a/F_r > e$. Bei Tandem-Anordnung ist sonst wie bei einem Einzellager zu verfahren. Die statische Tragzahl eines Lagerpaares ist jeweils das Zweifache von C_0 eines Einzellagers, bei O- oder X-Anordnung sind $X_0 = 1$ und $Y_0 = 0{,}52$.
Sind zwei gleiche **Kegelrollenlager** unmittelbar nebeneinander in O- oder X-Anordnung eingebaut, so ist die dynamische **Tragzahl des Lagerpaares** das 1,715fache eines Einzellagers, bei $F_a/F_r \leq e$ gilt $X = 1$ und der 1,12fache Tabellenwert für Y, bei $F_a/F_r > e$ ist $X = 0{,}67$ und Y der 1,68fache Tabellenwert. Für die statische Tragzahl C_0 und X_0 gilt dasselbe wie bei Schrägkugellagern in O- oder X-Anordnung, Y_0 ist der zweifache Tabellenwert (Tabn. 18.8 und 18.9).

18

Besondere Belastungsfälle

Wenn sich die Lagerbelastung zwischen einem Höchstwert P_{max} und einem Kleinstwert P_{min} periodisch ändert, so ist zu errechnen die

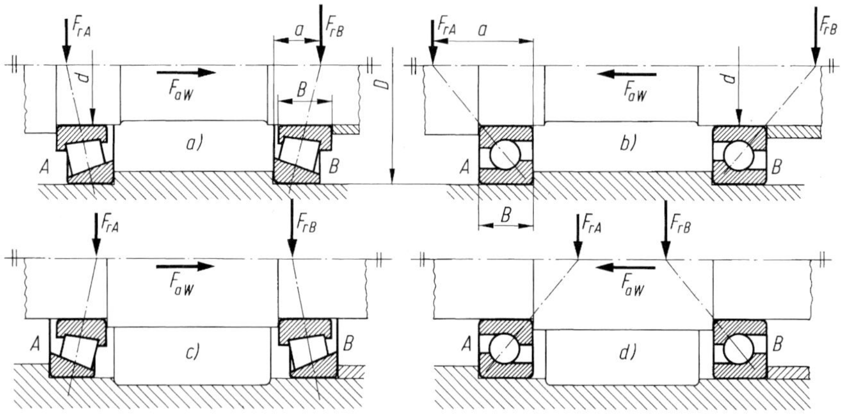

Bild 18.1 Anordnung von Kegelrollen- und Schrägkugellagern
a) und b) Drucklinien nach außen (O-Anordnung), c) und d) Drucklinien nach innen (X-Anordnung)

$$\textit{äquivalente Belastung} \quad \boldsymbol{P} = \frac{\boldsymbol{P}_{\mathbf{min}} + 2\boldsymbol{P}_{\mathbf{max}}}{3} \qquad (18.7)$$

P_{min}, P_{max} in kN äquivalente Belastungen nach Gl. (18.1).

Bei veränderlichen Belastungen P_1, P_2, $P_3, \ldots$ während der Zeiten t_1, t_2, $t_3, \ldots$, jedoch gleich bleibenden Drehzahlen, beträgt die

$$\textit{äquivalente Belastung} \quad \boldsymbol{P} = \left(\frac{\boldsymbol{P}_1^3 \cdot t_1 + \boldsymbol{P}_2^3 \cdot t_2 + \boldsymbol{P}_3^3 \cdot t_3 + \ldots}{t_{\mathbf{ges}}}\right)^{1/3} \qquad (18.8)$$

Anstelle der tatsächlichen Zeiten t_i können diese auch mit ihren prozentualen Anteilen eingesetzt werden, sodass dann $t_{ges} = 100$ ist.
Ändern sich außerdem die Drehzahlen, so ist die

$$\textit{äquivalente Belastung} \quad \boldsymbol{P} = \left(\frac{\boldsymbol{P}_1^3 \cdot \boldsymbol{N}_1 + \boldsymbol{P}_2^3 \cdot \boldsymbol{N}_2 + \boldsymbol{P}_3^3 \cdot \boldsymbol{N}_3 + \ldots}{\boldsymbol{N}_{\mathbf{ges}}}\right)^{1/3} \qquad (18.9)$$

N_i Anzahl der Überrollungen mit der Belastung P_i,
N_{ges} Anzahl der Gesamtüberrollungen (z. B. Lebensdauer L).

Anstelle der tatsächlichen Überrollungen N_i können diese auch mit ihren prozentualen Anteilen eingesetzt werden, sodass dann $N_{ges} = 100$ ist.

Grenzdrehzahl

Für Normallager gilt als **Richtwert**:

$$\textit{Grenzdrehzahl} \quad n_g \approx \frac{K \cdot Z_S \cdot Z_K}{K_D} \qquad (18.10)$$

n_g	in $\min^{-1}$	Grenzdrehzahl der Normallager,
K	in $\min^{-1}$	Drehzahlkonstante in Abhängigkeit von der Lagerbauform nach Tab. 18.14,
Z_S		Beiwert zur Berücksichtigung der Schmierungsart und Lagergröße nach Tab. 18.15,
Z_K		Beiwert zur Berücksichtigung kombinierter Belastung nach Tab. 18.15,
K_D		Durchmesserbeiwert nach Tab. 18.15.

Die Grenzdrehzahl nach Gl. (18.10) gilt nur für Lager in normaler Ausführung, wenn $F_r \leq 0{,}1C$ bei Radiallagern und $F_a \leq 0{,}1C$ bei Axiallagern ist! Bei $n > n_g$ müssen die Lager eine erhöhte Laufgenauigkeit erhalten.

Schmierung der Wälzlager

Fettschmierung
Für die **Fettauswahl** gilt erfahrungsgemäß: Bei $n/n_g \leq 1$ und $f \cdot P/C \leq 0{,}16$ kommen die normalen Wälzlagerfette nach DIN 51825 in Betracht, bei $n/n_g = 0{,}3 \ldots 0{,}5$ und $f \cdot P/C \geq 0{,}16$ Hochdruckfette (z. B. Calcium-Komplex-Seifenfette), bei $n/n_g > 1$ Fette für schnelllaufende Lager (z. B. Barium-Komplex-Seifenfette oder Polyharnstoff-Fette). Hierbei ist f der Belastungsfaktor, und zwar $f = 1$ für beliebig belastete Kugellager und überwiegend radial belastete Rollenlager ($F_a/F_r \leq 1$), $f = 2$ für überwiegend axial belastete Rollenlager ($F_a/F_r > 1$).

18

Ölschmierung
Für **Ölumlaufschmierung** wählt man etwa bei

D = 30	50	100	200	500	1000 mm
Q_s = 0,001	0,003	0,01	0,05	0,3	0,5 dm³/min
Q_k = 0,003	0,07	0,3	1	7	12 dm³/min

Hierin ist Q_s der zur Schmierung ausreichende Schmieröldurchsatz, Q_k der zur Kühlung maximal mögliche Öldurchsatz (bei unsymmetrischen Lagern noch etwas höher).
Als grundsätzliche Richtlinie gilt, dass die kinematische Viskosität des Schmieröls **mindestens 12 mm²/s** bei der Betriebstemperatur betragen soll.

19 Lager- und Wellendichtungen

Die weit verbreiteten **Radial-Wellendichtringe** DIN 3760 (Abmessungen siehe Tab. 19.3) besitzen Manschetten mit Dichtlippe aus den Elastomeren Acrylnitril-Butadien-Kautschuk **NBR** (weiß gekennzeichnet) und Fluor-Kautschuk **FKM** (rot). In der Tab. 19.2 sind die abdichtbaren Medien und die geeigneten Elastomere aufgeführt. Aus Bild 19.1 ist zu entnehmen, welche Elastomere in Abhängigkeit von der Umfangsgeschwindigkeit v der Welle und vom Wellendurchmesser d_1 geeignet sind. Der Druckunterschied des Mediums gegenüber der Außenluft darf betragen bei

$n \leq$	1000	2000	3000 min^{-1}
$v \leq$	2,8	3,15	5,6 m/s
$p \leq$	0,5	0,35	0,2 bar

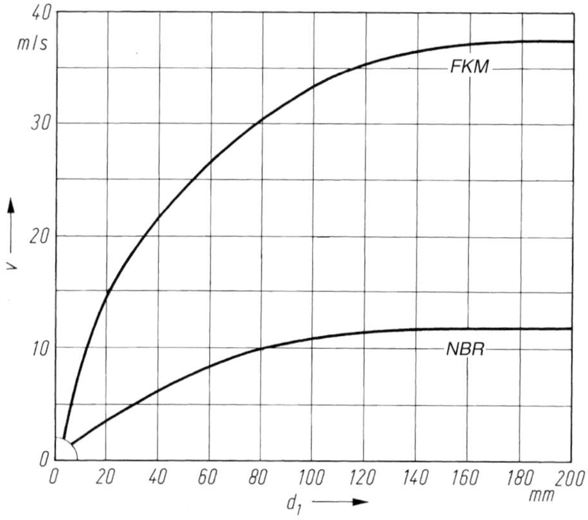

Bild 19.1 Einsatzfähigkeit der Elastomere für Radialdichtringe nach DIN 3760

19

20 Wellenkupplungen und -bremsen

Kupplungsmomente bei Ausgleichskupplungen

$$\boldsymbol{T_{KN} \geq T_{LN} = \frac{P_{LN}}{\omega} = \frac{P_{LN}}{2\pi n}} \qquad (20.1)$$

T_{LN} in Nm Nenn-Lastmoment,
P_{LN} in W Nenn-Leistung der Arbeitsmaschine, also der Lastseite,
ω in s^{-1} Winkelgeschwindigkeit,
n in s^{-1} Drehzahl.

Diese Gleichung ist die Basis für Verfeinerungen, denn in der Realität müssen ungleichförmige Belastungen, Anfahrstöße, Schwingungsvorgänge, Temperatureinflüsse und vieles mehr berücksichtigt werden. Dann wird das *Nenn-Lastmoment* T_{LN} mit verschiedenen Faktoren modifiziert, z. B. $T_{K\,max} \geq T_{LN} \cdot K$. Dabei ist der *Kupplungsbeiwert* K (eigentlich ein Korrekturfaktor) meist eine Kombination aus mehreren Faktoren, welche die o. g. Einflüsse mehr oder weniger gut abbilden.

Dämpfung bei elastischen Kupplungen

Die Dämpfungseigenschaften werden wie folgt beschrieben:

Dämpfungskonstante k_t,

Abklingkonstante $\delta = \frac{k_t}{2 \cdot J}$,

Dämpfungsgrad $D = \frac{\delta}{\omega_0} = \frac{k_t \cdot \omega_0}{2 \cdot c_t} = \frac{\psi}{4 \cdot \pi}$.

Zwischen dem Dämpfungsgrad D und der verhältnismäßigen Dämpfung ψ besteht ein direkter linearer Zusammenhang. Anhaltswerte für den Dämpfungsgrad sind (Literatur):

$D = 0{,}001 \ldots 0{,}01$ Wellen aus Stahl,
$D = 0{,}04 \ldots 0{,}08$ Getriebeverzahnungen,
$D = 0{,}04 \ldots 0{,}2$ elastische Kupplungen,
$D = 0{,}01 \ldots 0{,}04$ Zahnkupplungen, Gelenkwellen, Ganzstahlkupplungen.

20

Der Dämpfungsgrad D kann nicht direkt bestimmt werden. Im Versuch wird die verhältnismäßige Dämpfung ψ ermittelt und umgerechnet:

$$\boldsymbol{D = \frac{\psi}{4\pi}} \qquad (20.2)$$

$$\boldsymbol{\psi = \frac{\text{Dämpfungsarbeit}}{\text{elastische Verformungsarbeit}} = \frac{A_D}{A_e}} \qquad (20.3)$$

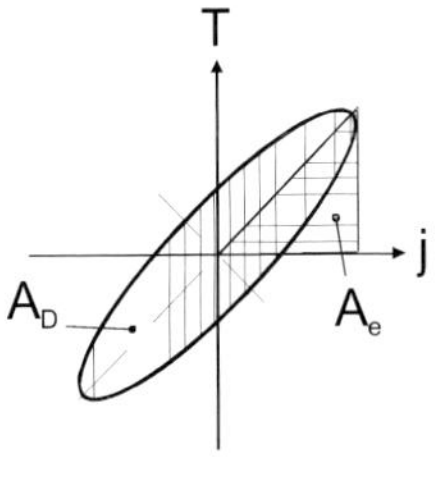

Bild 20.1 Theoretische Kupplungskennlinie einer elastischen Kupplung

Herstellerangaben für ψ:
$\psi = 0{,}3 \ldots 0{,}5$ R+W Elastomerkupplungen EK (bei 20 °C),
$\psi = 0{,}6 \ldots 1{,}2$ KTR BoWex-ELASTIK hochelastische Kupplungen (bei 60 °C).

Schwingungsverhalten
Es wird von einem Einmassen-Drehschwinger (Bild 20.2) oder Zweimassen-Drehschwinger (Bild 20.3) ausgegangen. Die Schwingungs-Differenzialgleichung lautet beim Einmassenschwinger analog zum Einmassen-Linearschwinger:

$$\boldsymbol{J \cdot \ddot{\varphi} + k_t \cdot \dot{\varphi} + c_t \cdot \varphi = T(t)} \qquad (20.4)$$

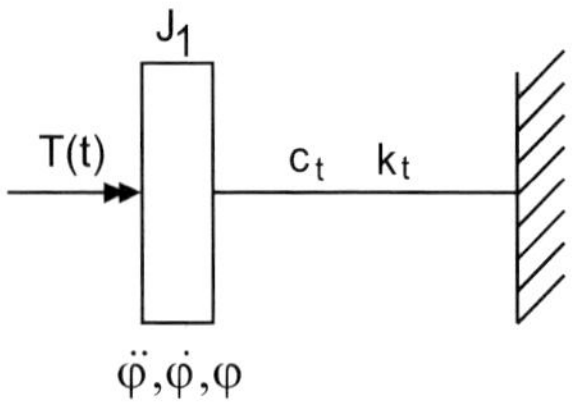

Bild 20.2 Einmassen-Drehschwinger mit Erregermoment $T(t)$

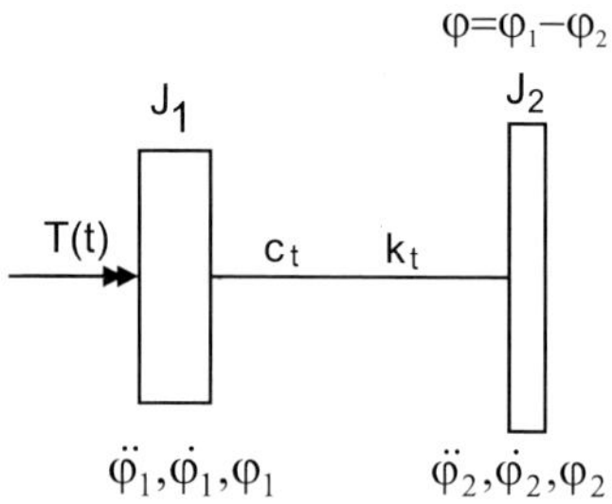

Bild 20.3 Zweimassen-Drehschwinger mit Erregermoment $T(t)$

Zweimassenschwinger

$$\ddot{\varphi} + \frac{k_t}{J^*}\dot{\varphi} + \frac{c_t}{J^*}\varphi = \frac{T(t)}{J_1} \quad \text{mit} \quad \varphi = \varphi_1 - \varphi_2$$
$$\text{und} \quad J^* = \frac{J_1 \cdot J_2}{J_1 + J_2} \qquad (20.5)$$

Dann wird die erste Eigenkritische der Torsion ohne Berücksichtigung der Dämpfung:

20

$$\omega_0 = \sqrt{\frac{c_t}{J}} \quad \text{bzw.} \quad \omega_0 = \sqrt{\frac{c_t}{J^*}}$$
$$\omega = 2 \cdot \pi \cdot f, \quad \textit{Schwingungsdauer} \quad T = \frac{2\pi}{\omega}, \quad f = \frac{1}{T} \qquad (20.6)$$

ω	in s^{-1}	Kreisfrequenz,
f	in s^{-1}	Frequenz,
T	in s	Schwingungsdauer,
c_t	in Nm/rad	Torsionssteifigkeit,
J	in kgm^2	Drehmasse, Massenträgheitsmoment – Anmerkung: Mitunter wird auch der (veraltete) Begriff Schwungmoment GD^2 verwendet. Die Umrechnung ist: $J = GD^2/(4g)$ mit g Erdbeschleunigung.

Für einen Kreiszylinder (typisch für Schwungräder, Kupplungen, Elektromotorenläufer) mit der Masse m und dem Radius r gilt:

$$J = \frac{1}{2} m r^2 \qquad (20.7)$$

Vergrößerungsfunktion:

$$V = \frac{1}{\sqrt{(1-\eta^2)^2 + 4D^2\eta^2}} = \frac{T}{T_0^*} \tag{20.8}$$

Das Diagramm der Vergrößerungsfunktion (Bild 20.4) zeigt, wie bei einer völlig ungedämpften Schwingung ($D = 0$) die Vergrößerungsfunktion V den Wert ∞ annimmt, also zu extrem starken Schwingungsausschlägen führt. Man kann in der Praxis beobachten, dass ein fast ungedämpfter Antriebsstrang, der in der Resonanzkreisfrequenz ω_0 läuft, in kürzester Zeit zerstört wird. Umgekehrt ist bei genügender Dämpfung D (>0,3 ... 0,5) ein Aufschaukeln des Strangs theoretisch kaum noch möglich. Theoretisch deshalb, weil derart starke Dämpfungen, wie oben ausgeführt, schwer zu realisieren sind. Selbst eine hochelastische Flanschkupplung (z. B. BoWex-ELASTIC) mit $\psi = 1{,}2$ liefert (Gl. 20.2) nur einen Dämpfungsgrad $D = 0{,}1$!

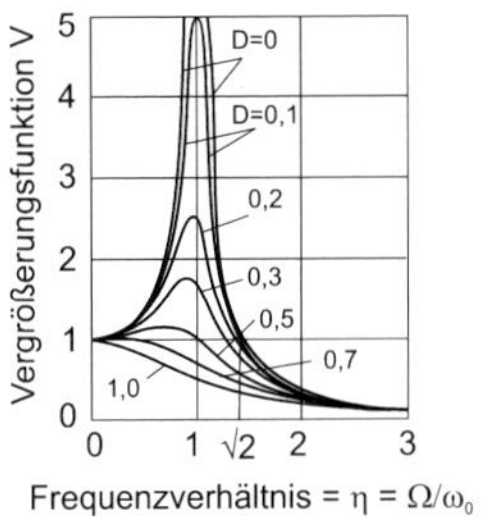

Bild 20.4 Vergrößerungsfunktion

Übersetzungen werden wie folgt berücksichtigt (Bild 20.5):

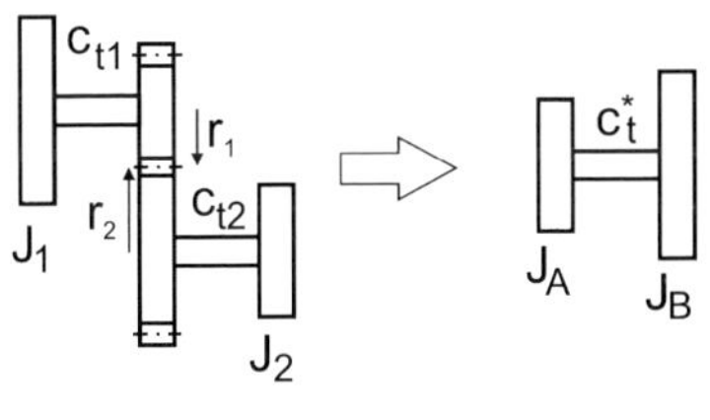

Bild 20.5 Übersetzungen

Eigenkritische des Zweimassenschwingers:

$$\omega_0 = \sqrt{c_t^* \cdot \frac{J_A + J_B}{J_A \cdot J_B}} \tag{20.9}$$

Ersatz-Drehfedersteifigkeit:

$$\frac{1}{c_t^*} = \frac{1}{c_{t2}} \cdot \left(\frac{r_2}{r_1}\right)^2 + \frac{1}{c_{t1}} \tag{20.10}$$

Drehmassen des Ersatzsystems:

$$J_A = J_1, \quad J_B = \left(\frac{r_1}{r_2}\right)^2 J_2 \tag{20.11}$$

20

Überschlägige Berechnung nach DIN 740 Teil 2

Wenn die Kupplungsbeanspruchungsgrößen bekannt sind und wenn die Kupplung praktisch das einzige drehelastische Element im Antriebsstrang ist, dann kann man in brauchbarer Näherung den Strang auf einen *Zweimassenschwinger* reduzieren:

1. **Statische Beanspruchung:** Das zulässige Nenndrehmoment der Kupplung bei jeder Betriebstemperatur muss größer oder gleich dem Nenndrehmoment der Lastseite sein:

$$\boldsymbol{T_{KN} \geq T_N \cdot S_\vartheta} \qquad (20.12)$$

Dabei ist S_ϑ der sog. *Temperaturfaktor*, der neben der Temperatur auch den Elastomerwerkstoff berücksichtigt. $S_\vartheta = 1{,}0 \ldots 1{,}8$ (Näheres Tabelle 20.3).

2. **Beanspruchung durch Drehmomentstöße:** Das zulässige Nenndrehmoment der Kupplung muss bei jeder Betriebstemperatur größer oder gleich dem Nenndrehmoment der Lastseite unter Berücksichtigung der Stoßhäufigkeit sein:

$$\boldsymbol{T_{K\,max} \geq T_S \cdot S_Z \cdot S_\vartheta + T_N \cdot S_\vartheta} \qquad (20.13)$$

$$\boldsymbol{T_S = T_{AS} \cdot \frac{1}{m+1} \cdot S_A + T_L} \quad \textbf{bzw.} \quad \boldsymbol{T_S = T_{LS} \cdot \frac{m}{m+1} \cdot S_L + T_L} \qquad (20.14)$$

T_N	Antriebs- bzw. Lastmoment,
T_{AS}	Spitzenwert der nichtperiodischen Drehmomentstöße auf der Antriebsseite, der z. B. beim Anfahren und bei Drehzahländerung auftreten kann,
T_{LS}	Spitzenwert der nichtperiodischen Drehmomentstöße auf der Lastseite, der z. B. bei Laständerungen und bei Blockierungen auftreten kann,
T_L	nur addieren, wenn ein Lastdrehmoment während der Beschleunigung auftritt,
m	Massenfaktor $m = J_A/J_L$,
S_A bzw. S_L	Stoßfaktor, $= 0 \ldots 2$ (nach DIN 740), in der Praxis $\approx 1{,}8$ (weitere Werte: Tab. 20.3),
S_Z	Anlauffaktor, $S_Z = 1{,}0 \ldots 1{,}3$ (Tab. 20.3),
S_ϑ	wie bei Gl. (20.12), (Tab. 20.3).

3. **Beanspruchung durch ein periodisches Wechselmoment**

3.1 *Durchfahren der Resonanz:* Unterhalb des Betriebsdrehzahlbereiches treten nur wenige Resonanzspitzen auf. Das Wechselmoment in Resonanz kann deshalb mit dem Maximaldrehmoment der Kupplung verglichen werden. Es gelten Gl. (20.13) und:

$$\boldsymbol{T_S = T_{Ai} \cdot \frac{1}{m+1} \cdot V_R + T_L} \quad \text{bzw.} \quad \boldsymbol{T_S = T_{Li} \cdot \frac{m}{m+1} \cdot V_R + T_L} \qquad (20.15)$$

T_N	Antriebs- bzw. Lastmoment,
T_{Ai}	Amplitude der auf die Antriebsseite einwirkenden äußeren Drehmomentanregungen i-ter Ordnung,
T_{Li}	Amplitude der auf der Lastseite einwirkenden äußeren Drehmomentanregungen i-ter Ordnung,
T_L	nur addieren, wenn ein Lastdrehmoment während der Beschleunigung auftritt
m	Massenfaktor $m = J_A/J_L$,
S_A bzw. S_L	Stoßfaktor, $= 0 \ldots 2$, in der Praxis $\approx 1{,}8$,
S_ϑ	wie bei Gl. (20.12),
V_R	Resonanzfaktor, $\approx 2\pi/\psi$.

3.2 *Dauerwechseldrehmoment:* Für das im Betriebsdrehzahlbereich auftretende Wechselmoment T_{Wi} muss das Wechseldrehmoment T_{KW} der Kupplung mit der Frequenz entsprechend der i-ten Harmonischen (das anregende Moment) verglichen werden

$$\boldsymbol{T_{KW} \geq T_{Wi} \cdot S_\vartheta \cdot S_f} \qquad (20.16)$$

$$\boldsymbol{T_{\mathrm{Wi}} = T_{\mathrm{Ai}} \cdot \frac{1}{m+1} \cdot V_{\mathrm{fi}}} \quad \textbf{bzw.} \quad \boldsymbol{T_{\mathrm{Wi}} = T_{\mathrm{Li}} \cdot \frac{m}{m+1} \cdot V_{\mathrm{fi}}} \tag{20.17}$$

T_{Ai} Amplitude der auf die Antriebsseite einwirkenden äußeren Drehmomentanregungen i-ter Ordnung,
T_{Li} Amplitude der auf der Lastseite einwirkenden äußeren Drehmomentanregungen i-ter Ordnung,
m Massenfaktor $m = J_{\mathrm{A}}/J_{\mathrm{L}}$,
S_ϑ wie bei Gl. (20.12), Tab. 20.3,
S_{f} Faktor, der die Frequenzabhängigkeit des Dauerwechseldrehmoments berücksichtigt. Wenn T_{KW} durch Dämpfungswärme begrenzt ist, gilt:,
$f \leq 10$ Hz: $S_{\mathrm{f}} = 1$,
$f > 10$ Hz: $S_{\mathrm{f}} = \sqrt{\frac{f_{\mathrm{i}}}{10}}$,
V_{fi} Drehmomentvergrößerungsfaktor $V_{\mathrm{fi}} = \sqrt{\dfrac{1+\dfrac{\psi^2}{4\pi^2}}{\left(1-\dfrac{f_{\mathrm{i}}^2}{f_{\mathrm{e}}^2}\right)^2 + \dfrac{\psi^2}{4\pi^2}}}$
f_{i} Frequenz der i-ten Harmonischen des Drehmoments, das an der Kupplung wirkt, d. h. die anregende Frequenz und mit der Eigenfrequenz eines linearen Zweimassenschwingers $f_{\mathrm{e}} = \frac{1}{2\pi}\sqrt{c_{\mathrm{t\,dyn}}\left(\frac{1}{J_A}+\frac{1}{J_L}\right)}$ vgl. Gl. (20.9) und der Resonanzdrehzahl $n_{\mathrm{R}} = \frac{f_{\mathrm{e}}}{i}$.

3.3 *Dämpfungswärme:* Anstelle der Berechnung 3.2 kann auch die Dämpfungsleistung mit der maximal zulässigen Dämpfungsleistung verglichen werden:

$$\boldsymbol{P_{\mathrm{KW}} \geq P_{\mathrm{Wi}} \cdot S_\vartheta} \tag{20.18}$$

$$\boldsymbol{P_{\mathrm{Wi}} = \frac{\pi}{V_{\mathrm{R}}} \cdot \frac{T_{\mathrm{Wi}}^2 \cdot f_{\mathrm{i}}}{c_{\mathrm{t\,dyn}}}} \tag{20.19}$$

P_{Wi} Dämpfungsleistung infolge der i-ten Harmonischen des Drehmoments, das an der Kupplung im stationären Betriebszustand wirkt, Gl. (20.19),
T_{Wi} Amplitude der i-ten Harmonischen des Drehmoments, das an der Kupplung wirkt, Gl. (20.17),
f_{i} Frequenz der i-ten Harmonischen des Drehmoments, das an der Kupplung wirkt, d. h. die anregende Frequenz,
S_ϑ wie bei Gl. (20.12), Tab. 20.3,
V_{R} Resonanzfaktor $V_{\mathrm{R}} \approx 2\pi/\psi$,
$c_{\mathrm{t\,dyn}}$ dynamische Torsionssteifigkeit.

4. **Beanspruchung durch Wellenverlagerung:** Während axiale Verlagerungen nur statische Kräfte in der Kupplung erzeugen, ergeben Radial- und Winkelversatze Wechselbeanspruchungen, die sich den u. U. bereits anderen wirkenden Wechsellasten überlagern. Dabei sind ΔK die vom Kupplungshersteller zulässigen Werte und ΔW die im Betrieb maximal auftretenden Verlagerungen. Es muss gelten:

$$\begin{aligned}\boldsymbol{\Delta K_{\mathrm{a}}} &\geq \boldsymbol{\Delta W_{\mathrm{a}} \cdot S_\vartheta}\\ \boldsymbol{\Delta K_{\mathrm{r}}} &\geq \boldsymbol{\Delta W_{\mathrm{r}} \cdot S_\vartheta \cdot S_{\mathrm{n}}}\\ \boldsymbol{\Delta K_{\mathrm{w}}} &\geq \boldsymbol{\Delta W_{\mathrm{w}} \cdot S_\vartheta \cdot S_{\mathrm{n}}}\end{aligned} \tag{20.20}$$

S_ϑ wie bei Gl. (20.12), Tab. 20.3,
S_n Drehzahlfaktor, in DIN 740 keine näheren Angaben, ggf. $= 1$ setzen oder auf Herstellerangaben ausweichen.

Durch die Wellenverlagerungen treten axiale, radiale Rückstellkräfte und Rückstellbiegemomente auf, welche die Lager und Wellen belasten können (Bild 20.6):

$$\begin{aligned} \boldsymbol{F_a} &\geq \boldsymbol{\Delta W_a \cdot c_a} \\ \boldsymbol{F_r} &\geq \boldsymbol{\Delta W_r \cdot c_{r\,dyn}} \\ \boldsymbol{M_w} &\geq \boldsymbol{\Delta W_w \cdot c_{w\,dyn}} \end{aligned} \qquad (20.21)$$

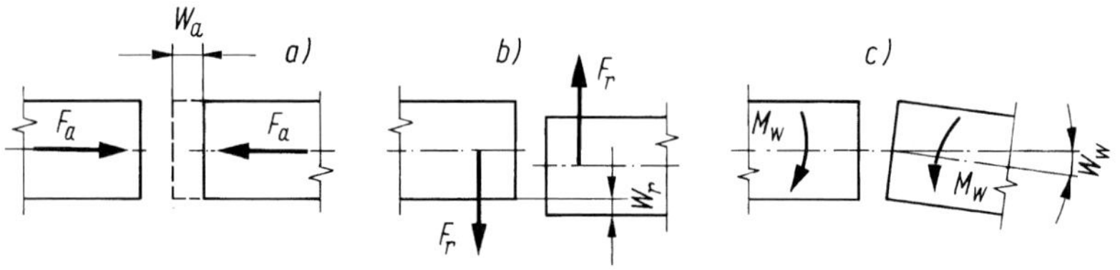

Bild 20.6 Rückstellkräfte und -momente bei Wellenverlagerungen a) axial, b) radial, c) winklig

Reibungskupplungen

Berechnung der Kupplungsgröße
Eine Reibkupplung muss so groß sein, dass ihr schaltbares Drehmoment T_K mit Sicherheit größer als das Betriebslastdrehmoment T_L beim Anfahren ist. Ist das Lastdrehmoment T_L nicht bekannt, so wird sinngemäß wie bei den formschlüssig nachgiebigen Kupplungen gerechnet:

schaltbares Drehmoment der Kupplung $$\boldsymbol{T_K > T_L = T_{LN} \cdot S_S = \frac{P_{LN}}{\omega} S_S} \qquad (20.22)$$

T_L	in Nm	Lastdrehmoment,
T_{LN}	in Nm	Nenndrehmoment der Lastseite,
P_{LN}	in W	Nennleistung der Lastseite,
ω	in rad/s	Winkelgeschwindigkeit $= 2\pi \cdot n_A$ mit n_A in s^{-1} als Drehzahl der Antriebsseite (sie ist gleich der Betriebsdrehzahl der Abtriebsseite),
S_S		Stoßfaktor, für den Erfahrungswerte in Tab. 20.3 angegeben sind.

20 Das Kupplungsmoment T_K bei einer Einscheibenkupplung ist einfach Umfangskraft × Radius. Dabei ist die Umfangskraft die Reibkraft am Radius r. Die Reibkraft selbst ist Reibwert

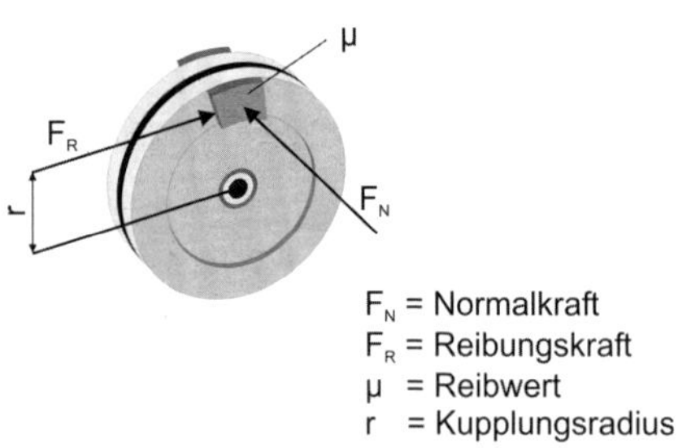

Bild 20.7 Berechnungsgrößen einer Schaltkupplung

μ × Normalkraft F_N, die Normalkraft F_N ist die Anpresskraft bzw. wirkende Federkraft. Der Faktor 2 kommt von den zwei Reibflächen (Vorder- und Rückseite der Kupplungsscheibe):

$$\boldsymbol{T_K = \mu \cdot F_N \cdot r \cdot 2} \qquad (20.23)$$

Streng genommen müsste man anstelle des Gleichheitszeichens eigentlich ein $\leq$-Zeichen wegen des Reibwerts setzen. Bei Mehrscheibenkupplungen mit z aktiven Reibflächen wird T_K:

$$\boldsymbol{T_K = \mu \cdot F_N \cdot r \cdot z} \tag{20.24}$$

Bei einer Mehrscheibenkupplung bzw. einer Lamellenkupplung ist üblicherweise $z = 2 \cdot n$, wobei n die Anzahl der Lamellen ist. Mitunter wirkt besonders bei den Endlamellen konstruktiv bedingt aber nur eine Seite!
Für den Radius r setzt man üblicherweise den mittleren Radius ein:

$$\boldsymbol{r = r_m \approx \frac{r_A + r_I}{2}} \tag{20.25}$$

Der *exakte* mittlere Radius ist:

$$\boldsymbol{r_m = \frac{2}{3}\left(\frac{r_A^3 - r_I^3}{r_A^2 - r_I^2}\right)} \tag{20.26}$$

Das Kupplungsmoment wird damit bei z Reibflächen:

$$\boldsymbol{T = F_N \cdot \mu \cdot \frac{2}{3}\left(\frac{r_A^3 - r_I^3}{r_A^2 - r_I^2}\right) \cdot z} \tag{20.27}$$

Berechnung des Schaltvorgangs
Stellen wir uns einen einfachen Antriebsstrang gemäß Bild 20.8 vor:

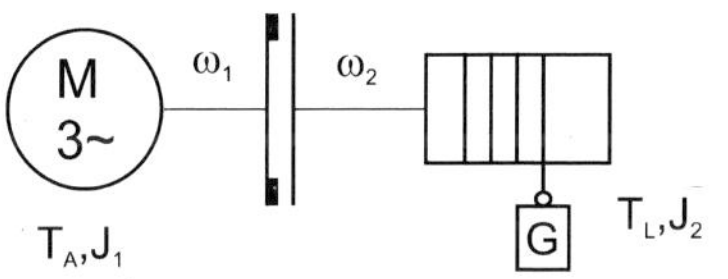

Bild 20.8 Antriebsstrang mit Elektromotor, Schaltkupplung und Last

Es wirken also das Antriebsmoment T_A, das Lastmoment T_L und das Beschleunigungsmoment T_B. Das *Beschleunigungsmoment* ist:

$$\boldsymbol{T_B = J \cdot \dot{\omega}} \quad (\text{d. h. } \boldsymbol{F = m \cdot a}) \tag{20.28}$$

Die *kinetische Energie* ist:

$$\boldsymbol{W = \frac{1}{2} J \cdot \omega^2} \quad \left(\text{d. h. } \frac{1}{2} \boldsymbol{m \cdot v^2}\right) \tag{20.29}$$

Den zeitlichen Verlauf der Antriebssituation zeigt Bild 20.9, dabei gelten folgende Zeiten: t_0 = einschalten, t_B = synchronisieren, t_C = Erreichen der Lastdrehzahl

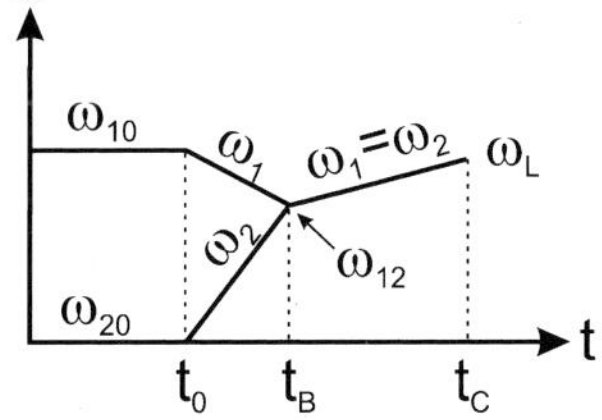

Bild 20.9 Zeitverläufe beim Schaltvorgang

$$t_B - t_0 = \frac{\omega_{10} - \omega_{20}}{\dfrac{T_K - T_L}{J_2} - \dfrac{T_A - T_K}{J_1}} = \frac{2 \cdot \pi \cdot (n_{10} - n_{20})}{\dfrac{T_K - T_L}{J_2} - \dfrac{T_A - T_K}{J_1}} \qquad (20.30)$$

Beachte:

$$T_K = \mu \cdot F_N \cdot r_m \cdot z$$

n	in s^{-1}	Drehzahl,
T_A, T_L, T_K	in Nm	Drehmomente,
J_1, J_2	in kgm^2	Drehmassen.

Zur Zeit t_B ist:

$$\omega_{12} = \left(\frac{T_K - T_L}{J_2}\right)(t_B - t_0) + \omega_{20}\,. \qquad (20.31)$$

$$t_C - t_B = (\omega_L - \omega_{12})\,\frac{J_1 + J_2}{T_A - T_L} = 2 \cdot \pi \cdot (n_L - n_{12})\,\frac{J_1 + J_2}{T_A - T_L} \qquad (20.32)$$

n	in s^{-1}	Drehzahl,
T_A, T_L	in Nm	Drehmomente,
J_1, J_2	in kgm^2	Drehmassen.

Mit den Gln. (20.30) und (20.32) können die Hochlaufzeiten berechnet werden.
Es muss nachgeprüft werden, welche Erwärmung beim Schaltvorgang auftritt. Der Kupplung wird durch den Reibvorgang (= Verlustleistung!) ein Wärmestrom $\dot{Q}_{zu}$ zugeführt, Wärme wird gespeichert ($\dot{Q}_{sp}$), und Wärme wird über die Kupplungsoberfläche abgeführt ($\dot{Q}_{ab}$). Die Wärmeabfuhr über Wärmestrahlung und Wärmeleitung soll vernachlässigt werden (Bild 20.10).
Dabei ist die Reibarbeit

$$W_R = \frac{1}{2} \cdot T_K \cdot (\omega_{10} - \omega_{20}) \cdot t_B \qquad (20.33)$$

und die Verlustleistung

$$P_V = W_R \cdot Z \qquad (20.34)$$

mit Z = Anzahl Schaltungen pro Zeit.

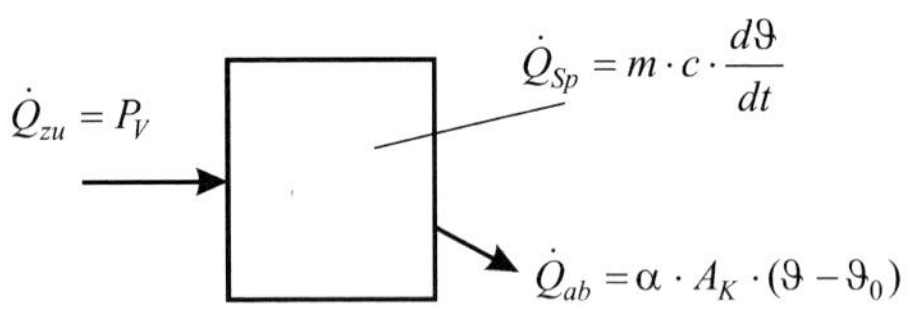

Bild 20.10 Wärmeströme beim Schalten einer Kupplung

Damit sind die Wärmeströme beim Aufheizen:

$$\dot{Q}_{zu} = P_V = \dot{Q}_{sp} + \dot{Q}_{ab} = m \cdot c \cdot \frac{d\vartheta}{dt} + \alpha \cdot A_K \cdot (\vartheta - \vartheta_0)$$

m	Masse,
c	spezifische Wärmekapazität,
α	Wärmeübergangszahl,
A_K	Oberfläche der Kupplung.

Die Lösung dieser Differenzialgleichung ist:

$$\boldsymbol{\vartheta - \vartheta_0 = \frac{P_V}{\alpha \cdot A_K} \cdot (1 - e^{\frac{-t}{T}})} \quad (20.35)$$

Dabei ist die Zeitkonstante

$$\boldsymbol{T^* = \frac{m \cdot c}{\alpha \cdot A_K}} \quad (20.36)$$

ϑ	in °C, in K	Temperatur,
P_V	in W	Verlustleistung, Reibleistung,
t	in s	Rutschzeit,
α	in W/(m² K)	Wärmeübergangszahl,
m	in kg	Kupplungsmasse,
c	in J/(kg K)	spezifische Wärmekapazität,
A_K	in m²	Kupplungsoberfläche.

Umgekehrt gilt beim Abkühlen:

$$0 = -m \cdot c \cdot \frac{d\vartheta}{dt} + \alpha' \cdot A_K \cdot (\vartheta - \vartheta_0) .$$

Die Lösung der Differenzialgleichung ist:

$$\boldsymbol{\vartheta = \vartheta_e \cdot e^{\frac{-t'}{T'}}} \quad (20.37)$$

und der Abkühlzeitkonstanten

$$\boldsymbol{T' = \frac{m \cdot c}{\alpha' \cdot A_K}} \quad (20.38)$$

Die Wärmeübergangszahl α kann näherungsweise wie folgt angesetzt werden (v Umfangsgeschwindigkeit in m/s):

$$\boldsymbol{\alpha = 6 \cdot v^{0,75}\ W/(m^2 \cdot K)} \quad (20.39)$$

20

Die Zeitkonstanten T^* für Aufheizen und T' für Abkühlen zeigt Bild 20.11.
Jetzt ist festzustellen, ob *Schaltpausen* oder *Dauerschaltbetrieb* gegeben ist:

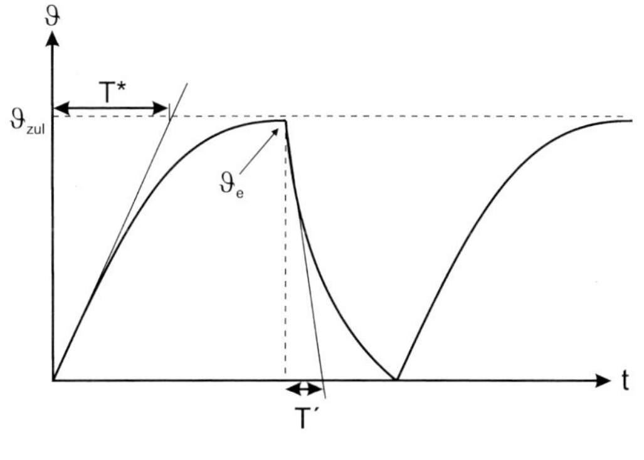

Bild 20.11 Aufheiz- und Abkühlvorgang beim Schalten

1. Fall: Die Schaltpausen sind größer als $(3\ldots4)\cdot T^*$:

$$\boldsymbol{P_{\mathrm{V\,zul}} \leq m \cdot c \cdot \frac{\vartheta_{\mathrm{zul}} - \vartheta_0}{t_\mathrm{B} - t_0}} \quad (20.40)$$

ϑ	in °C, in K	Temperatur,
$P_{\mathrm{V\,zul}}$	in W	zulässige Verlustleistung, Reibleistung,
t	in s	Rutschzeit, vgl. Gl. (20.30),
m	in kg	Kupplungsmasse,
c	in J/(kg K)	spezifische Wärmekapazität.

2. Fall: Dauerschaltbetrieb, d. h., die Kupplung hat keine Zeit mehr, zwischen den Schaltungen abzukühlen. Dann muss sein: $\dot{Q}_{\mathrm{zu}} = \dot{Q}_{\mathrm{ab}}$, und so ergibt sich:

$$\boldsymbol{P_{\mathrm{V\,zul}} \leq \alpha \cdot A_\mathrm{K} \cdot (\vartheta_{\mathrm{zul}} - \vartheta_0)} \quad (20.41)$$

ϑ	in °C, in K	Temperatur,
$P_{\mathrm{V\,zul}}$	in W	zulässige Verlustleistung, Reibleistung,
α	in W/(m² K)	Wärmeübergangszahl, vgl. Gl. (20.36),
A_K	in m²	Kupplungsoberfläche.

Bei den Reibwerten kann man sich an den Werten der Tabelle 20.6 orientieren, genaue Angaben sind den Druckschriften der Reibbelaghersteller zu entnehmen.
Wird eine Kupplung gesucht, wenn die Beschleunigungszeit t_B nach Gl. (20.30) gegeben ist, dann ist T_K:

$$\boldsymbol{T_\mathrm{K} = \frac{\frac{T_\mathrm{A}}{J_1} + \frac{T_\mathrm{L}}{J_2} + \frac{\omega_{10}}{t_\mathrm{B}} - \frac{\omega_{20}}{t_\mathrm{B}}}{\frac{1}{J_2} + \frac{1}{J_1}}} \quad (20.42)$$

20

21 Grundlagen für Zahnräder und Getriebe

Übersetzung

Die Übersetzung i eines Radpaares ist das Verhältnis der Winkelgeschwindigkeit ω_a oder der Drehzahl n_a des treibenden Rades zur Winkelgeschwindigkeit ω_b oder Drehzahl n_b des getriebenen Rades:

Übersetzung $\boldsymbol{i = \frac{\omega_a}{\omega_b} = \frac{n_a}{n_b}}$ (21.1)

Bei einem Außenradpaar haben die beiden Räder entgegengesetzten Drehsinn. Deshalb ist ihre Übersetzung **negativ**. Beim Innenradpaar haben beide Räder gleichen Drehsinn, ihre Übersetzung ist **positiv**. Bei $|i| > 1$ spricht man von einer **Übersetzung ins Langsame**, bei $|i| < 1$ von einer **Übersetzung ins Schnelle**.
Das Verhältnis der Zähnezahl z_2 des Großrades zur Zähnezahl z_1 des Kleinrades ist das

Zähnezahlverhältnis $\boldsymbol{u = \frac{z_2}{z_1}}$ (21.2)

Bei Hohlrädern ist z_2 negativ, sodass Innenradpaare ein negatives Zähnezahlverhältnis u haben. Es ist stets $|u| \geq 1$.
Es ist die an beiden Rädern dem Betrag nach gleiche

Umfangsgeschwindigkeit der Wälzkreise $|v_w| = \boldsymbol{d_{w1} \cdot \pi \cdot n_1 = d_{w2} \cdot \pi \cdot n_2}$ (21.3)

v_w	in m/s	Umfangsgeschwindigkeit der Wälzkreise,
d_{w1}	in m	Wälzkreisdurchmesser des Kleinrades (Ritzels),
d_{w2}	in m	Wälzkreisdurchmesser des Großrades,
n_1	in s^{-1}	Drehzahl des Kleinrades,
n_2	in s^{-1}	Drehzahl des Großrades.

Daraus folgt für ein Radpaar mit **treibendem Kleinrad** der Betrag der

Übersetzung $\boldsymbol{|i| = \frac{n_a}{n_b} = \frac{n_1}{n_2} = \frac{d_{w2}}{d_{w1}} = \frac{r_{w2}}{r_{w1}} = \frac{\omega_1}{\omega_2} = \frac{z_2}{z_1} = u}$, (21.4)

weil die Zähnezahlen z_1 und z_2 den Wälzkreisdurchmessern d_{w1} und d_{w2} direkt proportional sind. Bei **treibendem Großrad** ist $|i| = z_1/z_2 = 1/u$.

21

Evolventenverzahnung

Mit dem **Eingriffswinkel** $\widehat{\alpha}$ in rad gilt für die **Evolventenfunktion** $\mathbf{inv}\,\boldsymbol{\alpha} = \mathbf{tan}\,\boldsymbol{\alpha} - \widehat{\alpha}$ (siehe Tab. 22.2) und für die

Zahndicke $\boldsymbol{s_y = d_y\left(\frac{s}{d} + \mathrm{inv}\,\alpha - \mathrm{inv}\,\alpha_y\right)}$ (21.5)

Der Winkel α_y folgt aus $\boldsymbol{\cos\alpha_y = \frac{d}{d_y}\cos\alpha}$.

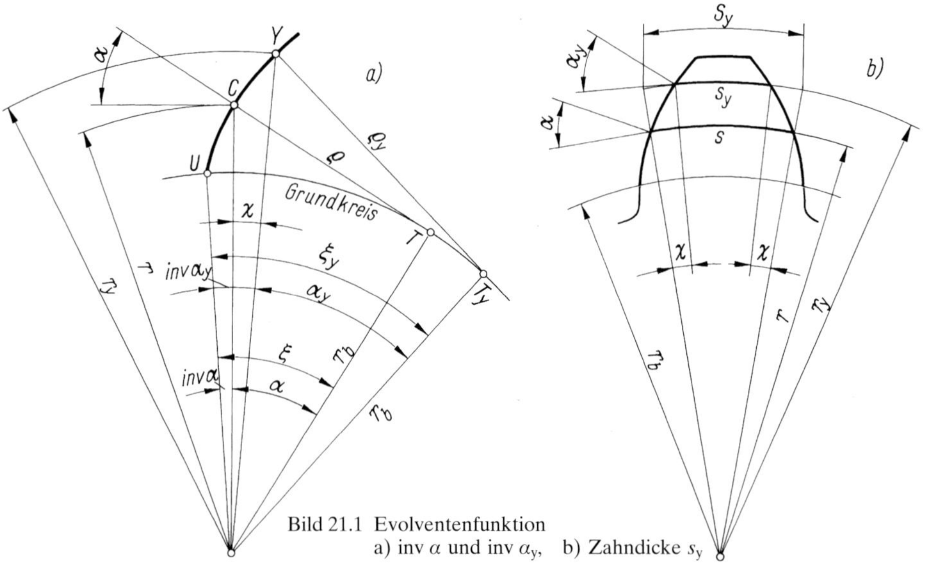

Bild 21.1 Evolventenfunktion
a) inv α und inv α_y, b) Zahndicke s_y

Spezifisches Gleiten des Rades 1: $\boldsymbol{\zeta_1 = 1 - \frac{\varrho_2}{u \cdot \varrho_1}}$ (21.6)

Spezifisches Gleiten des Rades 2: $\boldsymbol{\zeta_2 = 1 - \frac{u \cdot \varrho_1}{\varrho_2}}$ (21.7)

Hierin sind u das Zähnezahlverhältnis nach Gl. (21.2), ϱ_1 und ϱ_2 die Krümmungsradien der Flanken, deren Summe konstant bleibt. Mit den Wälzkreisradien r_{w1} und r_{w2} sowie dem Abstand b vom Berührpunkt B zum Wälzpunkt C sind $\boldsymbol{\varrho_1 = r_{w1} \cdot \sin\alpha - b}$ und $\boldsymbol{\varrho_2 = r_{w2} \cdot \sin\alpha + b}$. Demnach gilt: $\boldsymbol{\varrho_1 + \varrho_2 = (r_{w1} + r_{w2}) \sin\alpha}$.

Planetengetriebe

Planetengetriebe mit Stirnrädern			
Bauform	Getriebesinnbild	Standübersetzung	Standgetriebewirkungsgrad
1	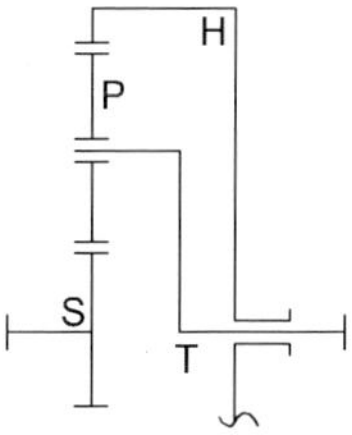	$i_0 = \frac{z_H}{z_S}$ $i_0 < 0$	$\eta_0 = \eta_{V,SP} \cdot \eta_{L,P} \cdot \eta_{V,PH}$ $\eta_0 \approx 98{,}0\ \%$
2	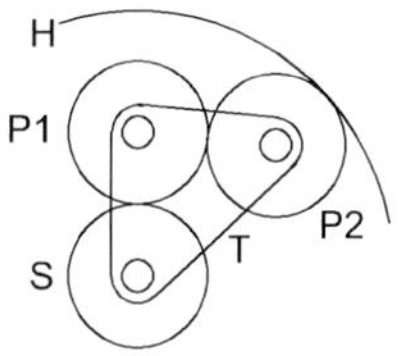	$i_0 = -\frac{z_H}{z_S}$ $i_0 > 0$	$\eta_0 = \eta_{V,SP1} \cdot \eta_{L,P1} \cdot \eta_{V,P1P2} \cdot \eta_{L,P2} \cdot \eta_{V,P2H}$ $\eta_0 \approx 96{,}5\ \%$
3	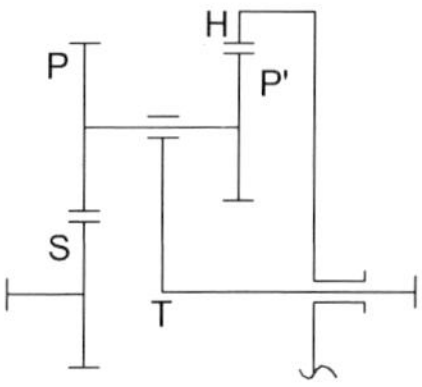	$i_0 = \frac{z_H \cdot z_P}{z_{P'} \cdot z_S}$ $i_0 < 0$	$\eta_0 = \eta_{V,SP} \cdot \eta_{L,P} \cdot \eta_{V,P'H}$ $\eta_0 \approx 98{,}0\ \%$
4	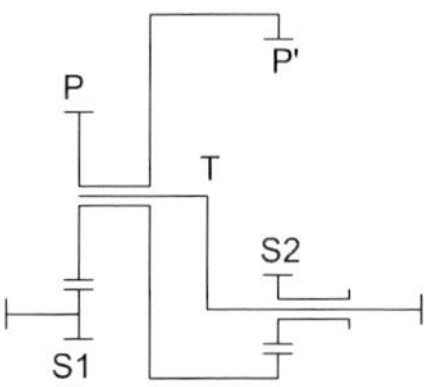	$i_0 = \frac{z_{S2} \cdot z_P}{z_{P'} \cdot z_{S1}}$ $i_0 < 0$	$\eta_0 = \eta_{V,S1P} \cdot \eta_{L,P} \cdot \eta_{V,P'S2}$ $\eta_0 \approx 98{,}0\ \%$
5	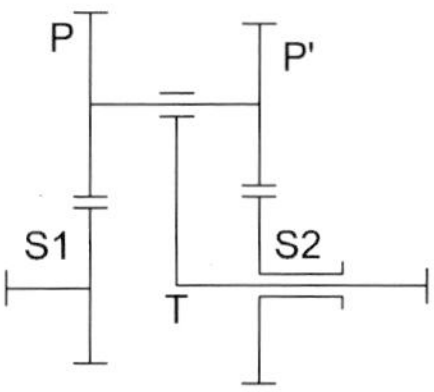	$i_0 = \frac{z_{S2} \cdot z_P}{z_{P'} \cdot z_{S1}}$ $i_0 > 0$	$\eta_0 = \eta_{V,S1P} \cdot \eta_{L,P} \cdot \eta_{V,P'S2}$ $\eta_0 \approx 97{,}5\ \%$
6	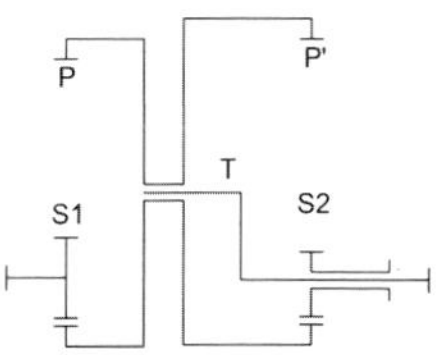	$i_0 = \frac{z_{S2} \cdot z_P}{z_{P'} \cdot z_{S1}}$ $i_0 > 0$	$\eta_0 = \eta_{V,S1P} \cdot \eta_{L,P} \cdot \eta_{V,P'S2}$ $\eta_0 \approx 98{,}5\ \%$

Bild 21.2 Systematik der einfachen rückkehrenden Umlaufrädergetriebe

Planetengetriebe mit Stirnrädern			
Bauform	Getriebesinnbild	Standübersetzung	Standgetriebewirkungsgrad
7	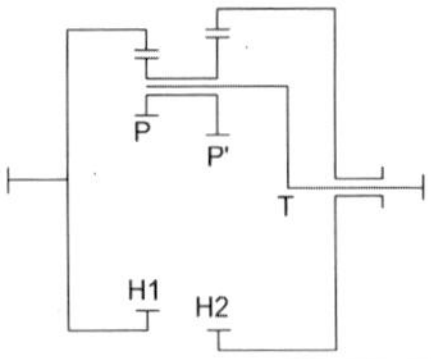	$i_0 = \frac{z_{H2} \cdot z_P}{z_{P'} \cdot z_{H1}}$ $i_0 > 0$	$\eta_0 = \eta_{V,H1P} \cdot \eta_{L,P} \cdot \eta_{V,P'H2}$ $\eta_0 \approx 98{,}5\ \%$
8	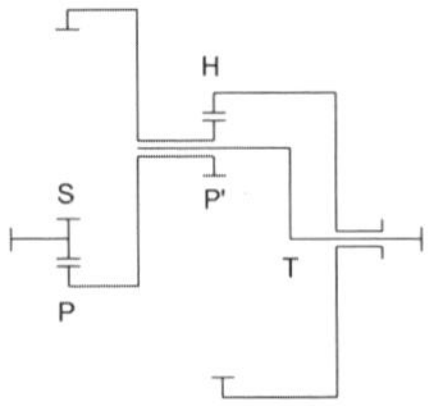	$i_0 = \frac{z_H \cdot z_P}{z_{P'} \cdot z_S}$ $i_0 > 0$	$\eta_0 = \eta_{V,SP} \cdot \eta_{L,P} \cdot \eta_{V,P'H}$ $\eta_0 \approx 98{,}5\ \%$
9	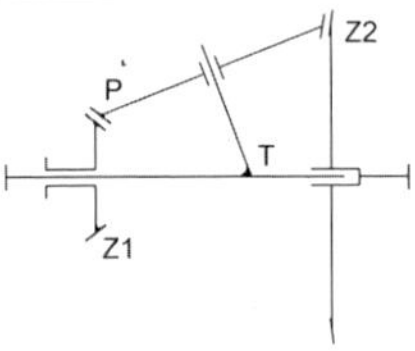	$i_0 = -\frac{z_{Z2}}{z_{Z1}}$ $i_0 < 0$	Für Planetengetriebe mit Kegelrädern ist eine allgemeingültige Angabe des Wirkungsgrades nicht möglich, da die Einzelwirkungsgrade von vielen konstruktiven Größen abhängen.
10	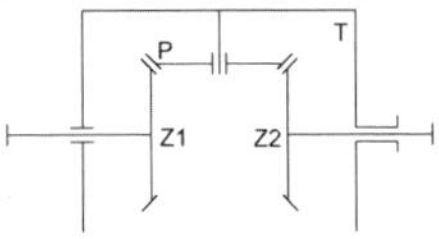	$i_0 = -\frac{z_{Z2}}{z_{Z1}}$ $i_0 = -1$	
11	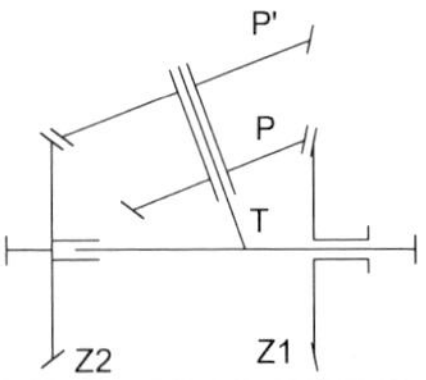	$i_0 = \frac{z_{H2} \cdot z_P}{z_{P'} \cdot z_{H1}}$ $i_0 < 0$	
12	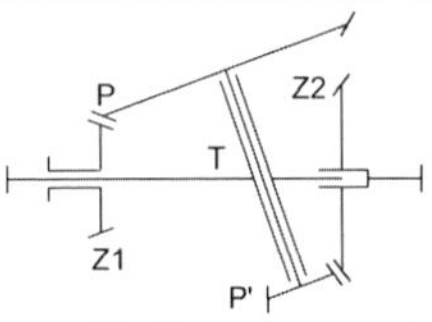	$i_0 = \frac{z_{Z2} \cdot z_P}{z_{P'} \cdot z_{Z1}}$ $i_0 < 0$	

i_0	Standübersetzung
z_H, z_{H1}, z_{H2}	Zähnezahl des Hohlrades
z_S, z_{S1}, z_{S2}	Zähnezahl des Sonnenrades
$z_P, z_{P'}$	Zähnezahl des Planetenrades
z_{z1}, z_{z2}	Zähnezahl eines allgemeinen Zahnrades
η_0	Standgetriebewirkungsgrad
$\eta_{V,xy}$	Verzahnungswirkungsgrad zwischen dem Zahnrad x und y
$\eta_{L,x}$	Lagerwirkungsgrad des Zahnrades x

Bild 21.2 Systematik der einfachen rückkehrenden Umlaufrädergetriebe *(Fortsetzung)*

Für ein Standgetriebe ergibt sich die Übersetzung (unter Beachtung der Drehrichtung bei z und unter Vernachlässigung von Wirkungsgraden bei den Drehmomenten) durch:

$$\boldsymbol{i_0} = -\frac{\boldsymbol{z_{\text{Abtrieb}}}}{\boldsymbol{z_{\text{Antrieb}}}} = \frac{\boldsymbol{n_{\text{Antrieb}}}}{\boldsymbol{n_{\text{Abtrieb}}}} = -\frac{\boldsymbol{T_{\text{Abtrieb}}}}{\boldsymbol{T_{\text{Antrieb}}}} \tag{21.8}$$

i_0		Standübersetzung,
z		Zähnezahl,
n	in min^{-1}	Drehzahl,
T	in $\text{N} \cdot \text{m}$	Drehmoment.

Bei der Berechnung der Standübersetzung eines Planetengetriebes wird ausgenutzt, dass sich die Gesamtübersetzung als Produkt der Teilübersetzungen ergibt. Das bedeutet, dass ausgehend vom Antrieb alle Teilübersetzungen bis zum Abtrieb berechnet und im Anschluss daran das Produkt betrachtet wird. Weiterhin wird angenommen, dass der Antrieb über das Sonnenrad (oder Zahnrad z1) erfolgt und der Abtrieb über die Hohlradwelle (nach Definition der Standübersetzung ist die Stegwelle fest). Somit berechnet sich beispielsweise die Standübersetzung des Planetengetriebes 5 in Bild 21.2 nach:

$$i_0 = \left(-\frac{z_P}{z_{S1}}\right) \cdot \left(-\frac{z_{S2}}{z_{P'}}\right) = \frac{z_P \cdot z_{S2}}{z_{S1} \cdot z_{P'}}$$

oder weiter das Getriebe 2:

$$i_0 = \left(-\frac{z_{P1}}{z_S}\right) \cdot \left(-\frac{z_{P2}}{z_{P1}}\right) \cdot \left(-\frac{z_H}{z_{P2}}\right) = -\frac{z_H}{z_S}$$

oder weiter das Getriebe 11:

$$i_0 = \left(-\frac{z_P}{z_{Z1}}\right) \cdot \left(-\frac{z_{Z2}}{z_{P'}}\right) \cdot (-1) = -\frac{z_P \cdot z_{Z2}}{z_{Z1} \cdot z_{P'}}$$

Die Multiplikation mit −1 ist notwendig, um den Wechsel der Drehrichtung zu berücksichtigen. Bei Planetengetrieben ohne Kegelräder wird dies automatisch korrigiert, da die Innenverzahnung des Hohlrades als negativ angenommen wird. Bei Planetengetrieben mit Kegelrädern geschieht dies nicht, weil die Ausprägung des Hohlrades in ein Kegelrad übergegangen ist. Folglich muss ein Drehrichtungswechsel zwischen der An- und Abtriebswelle durch die Multiplikation mit −1 korrigiert werden.

21

Wird ein Planetengetriebe geplant, dann tritt hierbei die Besonderheit auf, dass eine **Einbaubedingung** beachtet werden muss. Dies bedeutet, dass die Zähnezahlen so gewählt werden müssen, dass die Planetenräder in dem Planetengetriebe montierbar sind. Schließlich wird mit der Montage des ersten Planetenrades die Lage der Zentralräder zueinander fixiert. Alle weiteren Planetenräder sind nur dann montierbar, wenn dem Planetenrad an der jeweiligen Position eine Zahnlücke in den Zentralrädern gegenübersteht. Dies ist genau dann gegeben, wenn der Stegteilungswinkel ein ganzzahliges Vielfaches des kleinsten Teilungswinkels ist. Für die Bauform 1 nach Bild 21.2 ergibt sich bei einer gleichmäßigen Verteilung der Planetenräder die Einbaubedingung:

$$\boldsymbol{g} = \frac{\boldsymbol{z_S} - \boldsymbol{z_H}}{\boldsymbol{p}} \tag{21.9}$$

g	beliebige Ganzzahl,
p	Anzahl der gleichmäßig verteilten Planetenräder,
z_S, z_H	Zähnezahl des Hohlrades/Sonnenrades.

Dies bedeutet, dass p Planetenräder genau dann gleichmäßig über den Umfang verteilt werden können, wenn g eine Ganzzahl ist. Weiterhin sind neben dieser ersten „Kollisionsprüfung" auch eine Eingriffsstörung bei evolventen Innenverzahnungen sowie Gesichtspunkte zum Belastungsausgleich zu prüfen. Weitere Informationen hierzu sind in *Volmer* [21.1] zu finden.
Der folgende Berechnungsalgorithmus für Planetengetriebe ist unabhängig von der Art des Planetengetriebes. Alle Betrachtungen lassen sich analog übertragen. Allerdings wird von einem stationären Zustand des Getriebes ausgegangen. Dies bedeutet, dass das Getriebe nicht beschleunigt. Die Erweiterung der Berechnung um diesen Fakt sowie auf Selbsthemmung ist in der VDI-Richtlinie 2157 zu finden. Bei der Berechnung ist es unerheblich, in welche Richtung der positive Drehsinn definiert wird. Ist das Vorzeichen der Drehzahlen bei parallelen Wellen gleich, dann drehen diese in demselben Sinn. Ein negatives Vorzeichen verkörpert dementsprechend den Drehsinn in entgegengesetzter Richtung zur definierten. Eine der zentralen Rollen bei der Berechnung von Planetengetrieben spielt die **Drehzahlgrundgleichung** (auch **Willisgleichung**):

$$\boldsymbol{n_S + (i_0 - 1) \cdot n_T - i_0 \cdot n_H = 0} \qquad (21.10)$$

n_S	in min^{-1}	Drehzahl des Sonnenrades,
n_T	in min^{-1}	Drehzahl Steg,
n_H	in min^{-1}	Drehzahl des Hohlrades,
i_0		Standübersetzung.

Dabei steht der Index S für das Sonnenrad des Planetengetriebes, T für den Steg (auch **Planetenträger** genannt) und H für das Hohlrad. In dieser Gleichung kommt auch die Bedeutung der Standübersetzung zum Tragen. Diese Gleichung enthält drei Unbekannte und ist folglich durch das Vorgeben von zwei Drehzahlen bestimmt. Dadurch wird der mögliche kinematische Freiheitsgrad 2 verkörpert.
Wird ein Planetengetriebe berechnet, so sind die **Relativdrehzahlen** für die wirkenden Kräfte von Bedeutung. Die Relativdrehzahl $\Delta n_{i,j}$ gibt dabei die relative Drehzahl der Welle i zur Welle j an und berechnet sich aus:

$$\boldsymbol{\Delta n_{i,j} = n_i - n_j = -\Delta n_{j,i}} \qquad (21.11)$$

$\Delta n_{i,j}$	in min^{-1}	Relativdrehzahl der Welle i zur Welle j,
n_i, n_j	in min^{-1}	Drehzahl der Welle i / der Welle j.

Hierbei ist die Relativdrehzahl der Planetenräder relativ zum Steg von besonderer Bedeutung, da diese benötigt wird, um die Lager der Planetenräder auszulegen, welche starken Belastungen ausgesetzt sind. Diese Relativdrehzahl ergibt sich zu:

21

$$\boldsymbol{\Delta n_{P,T} = n_P - n_T = \Delta n_{S,T} \cdot \left(-\frac{z_S}{z_P}\right) = (n_T - n_S) \cdot \frac{z_S}{z_P}} \qquad (21.12)$$

$\Delta n_{P,T}$	in min^{-1}	Relativdrehzahl des Planetenrades zum Steg,
$\Delta n_{S,T}$	in min^{-1}	Relativdrehzahl des Sonnenrades zum Steg,
n_P, n_T, n_S	in min^{-1}	Drehzahl Planetenrad/Steg/Sonnenrad,
z_S, z_P		Zähnezahl des Sonnenrades/Planetenrades.

Dabei steht der Index P für ein Planetenrad. Diese Gleichung berechnet sich aus den bekannten Größen in folgender Art:

$$\frac{\Delta n_{P,T}}{\Delta n_{S,T}} = -\frac{z_S}{z_P}$$

$$\Delta n_{P,T} = \Delta n_{S,T} \cdot \left(-\frac{z_S}{z_P}\right) = (n_T - n_S) \cdot \frac{z_S}{z_P}$$

oder anders formuliert aus:

$$\boldsymbol{\Delta n_{P,T} = (n_T - n_H) \cdot \frac{z_H}{z_P}} \tag{21.13}$$

$\Delta n_{P,T}$	in min^{-1}	Relativdrehzahl des Planetenrades zum Steg,
n_T, n_H	in min^{-1}	Drehzahl des Steges/Hohlrades,
z_H, z_P		Zähnezahl des Hohlrades/Planetenrades.

Sind noch keine Zähnezahlen bekannt, wie in der Konzeptphase, dann kann folgende Näherung genutzt werden:

$$\boldsymbol{\Delta n_{P,T} \approx f \cdot (n_T - n_S) \cdot \frac{2}{|i_0| - 1}} \tag{21.14}$$

$$f = \begin{cases} \mathbf{1} & \text{kein zusätzliches Planetenrad vorhanden,} \\ \mathbf{1{,}05 \ldots 1{,}15} & \text{zusätzliches Planetenrad vorhanden.} \end{cases}$$

$\Delta n_{P,T}$	in min^{-1}	Relativdrehzahl des Planetenrades zum Steg,
n_T, n_S	in min^{-1}	Drehzahl des Steges/Sonnenrades,
i_0		Standübersetzung,
f		Korrekturfaktor.

Hierbei ist f ein Faktor, um eine Korrektur für die Bauform 2 (Bild 21.2) zu berücksichtigen. Einen einfachen Weg der grafischen Ermittlung aller Drehzahlen liefert der **Drehzahlplan nach Kutzbach** (auch **Kutzbachplan**).

1. Führe einen Schnitt so durch das Getriebe, dass alle relevanten Getriebeglieder in diesem Schnitt erfasst werden.
2. Konstruiere senkrecht zu dieser Schnittlinie eine senkrechte Gerade, die sogenannte Kutzbachgerade.
3. Der Schnittpunkt einer Parallelen der Schnittlinie mit der Kutzbachgeraden verkörpert die Drehzahl 0.
4. Lege einen Drehzahlmaßstab und die positive Richtung der Kutzbachgeraden fest.
5. Trage auf der Kutzbachgeraden die gegebenen Drehzahlen ab.
6. Konstruiere zwischen den gegebenen Drehzahlen und den ersichtlichen Momentanpolen (Punkt, der zum Zeitpunkt der Betrachtung ruht) die Geschwindigkeitsprofilgeraden. Dabei schneiden die Geschwindigkeitsprofilgeraden die Senkrechte zur Drehzahl 0 in dem entsprechenden Momentanpol.
7. Der senkrechte Abstand von der Senkrechten zur Drehzahl 0 zu einer Geschwindigkeitsprofilgeraden ist proportional zur Tangentialgeschwindigkeit. Sind zwei Tangentialgeschwindigkeiten eines Gliedes oder eine Tangentialgeschwindigkeit und deren Momentanpol bekannt, so kann durch deren Verbindung die zugehörige Geschwindigkeitsprofilgerade konstruiert werden.
8. Der Schnittpunkt einer Geschwindigkeitsprofilgeraden, welche durch den Momentanpol des entsprechenden Gliedes verläuft, mit der Kutzbachgeraden verkörpert die Drehzahl des entsprechenden Gliedes in dem festgelegten Maßstab.

Sind die Drehzahlen in den einzelnen Getriebegliedern bekannt, so können die wirkenden Drehmomente T (auch als Momente bezeichnet) berechnet werden. Dabei wird in einem ersten Schritt eine verlustfreie Betrachtung durchgeführt und im Anschluss daran die verlustbehaftete Berechnung durchgeführt.

Zwischen den einzelnen Zentralwellen des Planetengetriebes muss ein Drehmomenten-Gleichgewicht herrschen:

$$T_H + T_S + T_T = 0 \qquad (21.15)$$

T_H, T_S, T_T in N · m Drehmoment der Hohlradwelle/Sonnenradwelle/Stegwelle.

Außerdem gilt nach der Definition der Standübersetzung:

$$\frac{T_H}{T_S} = -i_0 \rightarrow T_H + i_0 \cdot T_S = 0 \qquad (21.16)$$

T_H, T_S	in N · m	Drehmoment der Hohlradwelle/Sonnenradwelle,
i_0		Drehmoment der Hohlradwelle/Sonnenradwelle.

Durch die gegebenen zwei Gleichungen sind die Drehmomente bestimmt, sobald ein Drehmoment vorgegeben wird.

Sind die verlustfreien Drehmomente bekannt, können die verlustbehafteten Drehmomente berechnet werden. Um zu berücksichtigen, dass das Sonnenrad sowohl An- als auch Abtrieb sein kann und der Wirkungsgrad je nachdem als Faktor oder Divisor auf die Standübersetzung wirkt, wird folgende Gleichung genutzt:

$$w = \operatorname{sgn}\left(\Delta n_{S,T} \cdot T_S\right) = \begin{cases} 1 \text{ für } \Delta n_{S,T} \cdot T_S > 0, \\ 0 \text{ für } \Delta n_{S,T} \cdot T_S = 0, \\ -1 \text{ für } \Delta n_{S,T} \cdot T_S < 0. \end{cases} \qquad (21.17)$$

$\Delta n_{S,T}$	in min^{-1}	Relativdrehzahl des Sonnenrades zum Steg, siehe Gl. (21.12),
T_S	in N · m	Drehmoment der Sonnenradwelle.

Die Funktion sgn wird auch als Signumsfunktion und w als **Richtung des Gleitwälzflusses** bezeichnet. Ein positiver Gleitwälzfluss steht folglich für einen Antrieb und ein negativer für einen Abtrieb. Damit ergibt sich die zuletzt formulierte Gleichung als:

$$T_H + \eta_0^w \cdot i_0 \cdot T_S = 0 \qquad (21.18)$$

η_0		Standgetriebewirkungsgrad,
w		Richtung des Gleitwälzflusses, siehe Gl. (21.17),
i_0		Standübersetzung,
T_H, T_S	in N · m	Drehmoment der Hohlradwelle/Sonnenradwelle.

Dabei bezeichnet η_0 den **Standgetriebewirkungsgrad**. Aus dieser Gleichung wird der Einfluss der Richtung des Gleitwälzflusses schnell ersichtlich. Ist w gleich 1, so entspricht dies der Multiplikation mit η_0 und folglich muss T_S ein Antriebsdrehmoment sein. Dies entspricht auch der Interpretation der Richtung des Gleitwälzflusses. Dieser ist gleich 1, wenn:

1. die Relativdrehzahl des Sonnenrades relativ zum Steg und das anliegende Drehmoment positiv sind.
2. die Relativdrehzahl des Sonnenrades relativ zum Steg und das anliegende Drehmoment negativ sind.

Beide Formulierungen entsprechen hierbei einem Antrieb, da das Drehmoment und die Relativdrehzahl die gleiche Wirkungsrichtung haben. Liegt dagegen ein Abtrieb vor, so müssen die Relativdrehzahl und das Moment entgegengesetzt wirken. Folglich wird $\omega = -1$ und bewirkt die Division des Getriebewirkungsgrades in der Gleichung. Dies ist für einen Abtrieb korrekt.

Auch bei der verlustbehafteten Drehmomentberechnung muss das Drehmoment-Gleichgewicht nach Gl. (21.15) gelten:

$$T_H + T_S + T_T = 0$$

Der für die Berechnung benötigte Standgetriebewirkungsgrad kann nur über Experimente exakt ermittelt werden. Eine Näherung ergibt sich jedoch durch die Betrachtung der einzelnen Verzahnungswirkungsgrade η_V und Lagerwirkungsgrade η_L. Der Näherungswert für den Standgetriebewirkungsgrad ergibt sich aus:

$$\boldsymbol{\eta_0 = \eta_{V,1} \cdot \eta_{V,2} \cdot \ldots \cdot \eta_{V,m} \cdot \eta_{L,1} \cdot \eta_{L,2} \cdot \ldots \cdot \eta_{L,n}} \qquad (21.19)$$

η_0 Standgetriebewirkungsgrad,
$\eta_{V,i}$ Verzahnungswirkungsgrad der Verzahnung i,
$\eta_{L,j}$ Lagerwirkungsgrad der Lagerung j.

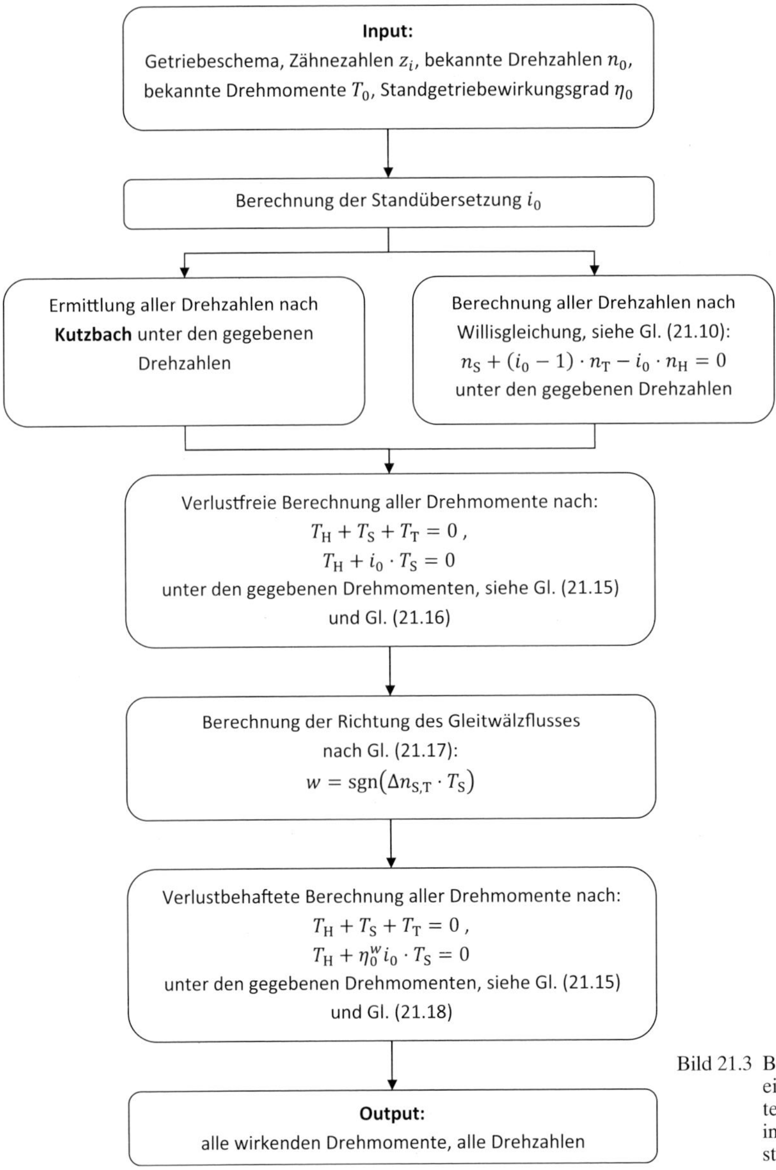

Bild 21.3 Berechnungsablauf eines verlustbehafteten Planetengetriebes im stationären Zustand

Dabei werden die Wirkungsgrade häufig angenommen als:

$$\eta_{\mathrm{V,AA}} \approx 0{,}99,$$

$$\eta_{\mathrm{V,AI}} \approx 0{,}995,$$

$$\eta_{\mathrm{L}} \approx 0{,}995.$$

Ein allgemeiner Ablauf der Berechnung ist im Bild 21.3 zu finden.

22 Abmessungen und Geometrie der Stirn- und Kegelräder

Null-Außenverzahnung

Für ein geradverzahntes Null-Außenrad betragen:

Teilkreisdurchmesser	$\boldsymbol{d = z \cdot m}$	(22.1)
Kopfkreisdurchmesser (Außendurchmesser)	$\boldsymbol{d_a = d + 2h_a}$	(22.2)
Fußkreisdurchmesser	$\boldsymbol{d_f = d - 2h_f}$	(22.3)
Grundkreisdurchmesser	$\boldsymbol{d_b = d \cdot \cos\alpha}$	(22.4)
Teilung (Teilkreisteilung)	$\boldsymbol{p = m \cdot \pi}$	(22.5)
Eingriffsteilung	$\boldsymbol{p_e = p \cdot \cos\alpha = m \cdot \pi \cdot \cos\alpha}$	(22.6)

z		Zähnezahl des Rades,
h_a	in mm	Kopfhöhe, im Normalfall = Modul m,
h_f	in mm	Fußhöhe = $h_a + c$ mit dem Kopfspiel $c = 0{,}25m$ im Normalfall,
α	in °	Eingriffswinkel = 20° im Normalfall.

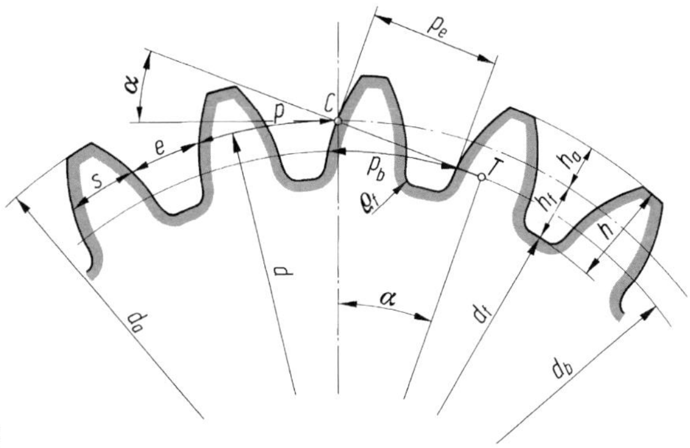

Bild 22.1 Null-Außenverzahnung

Ein geradverzahntes Außenradpaar besitzt den

Null-Achsabstand	$\boldsymbol{a_d = r_1 + r_2 = \frac{m}{2}\,(z_1 + z_2)}$	(22.7)

Genormte Werte für den **Modul m** in mm siehe Tab. 22.1

Null-Innenverzahnung

Wegen der negativen Krümmung gegenüber einem Außenrad wird die **Zähnezahl des Hohlrades negativ**. Für die Abmessungen gelten damit dieselben Gleichungen wie für Null-Außenräder und -Radpaare nach den Gln. (22.1) bis (22.7), wobei die Durchmesser d, d_a, d_f und d_b, der Achsabstand a_d und das Zähnezahlverhältnis u nach Gl. (21.2) negativ werden. Zu beach-

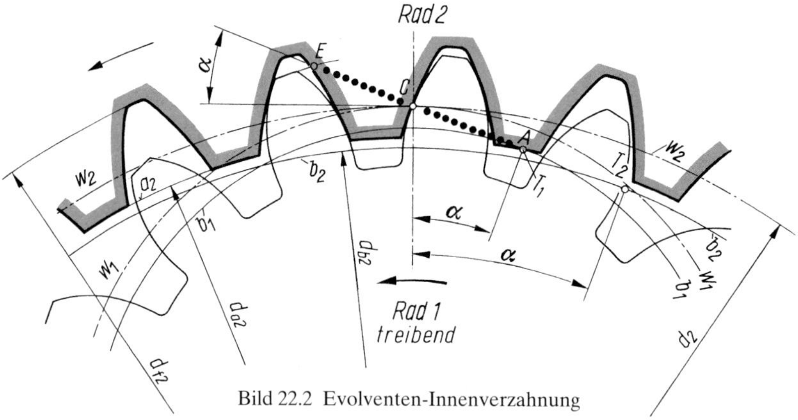

Bild 22.2 Evolventen-Innenverzahnung

ten ist, dass der Grundkreisdurchmesser d_{b2} dem Betrag nach niemals größer als der Kopfkreisdurchmesser d_{a2} sein darf, da die Evolventenflanke am Grundkreis beginnt. Es muss also stets $|\boldsymbol{d}_{\mathbf{b2}}| \leq |\boldsymbol{d}_{\mathbf{a2}}|$ sein! Anderenfalls ist wie nach Bild 22.2 eine Kopfkürzung erforderlich.

Null-Schrägverzahnung

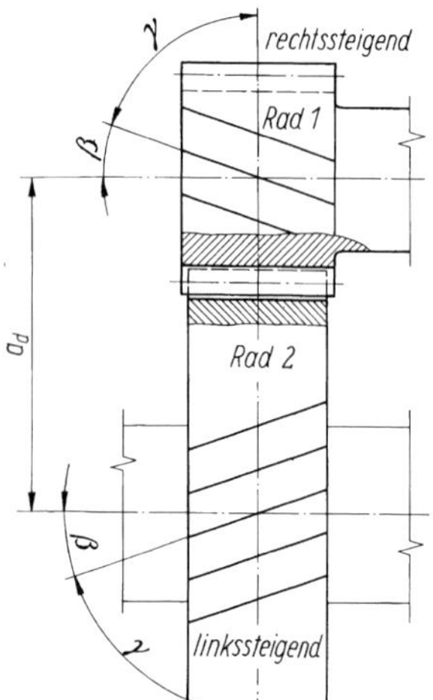

Bild 22.3 Schrägungs- und Steigungswinkel an gepaarten Stirnrädern, gemessen auf den Teilzylindern
Steigungswinkel $\gamma = 90° - \beta$

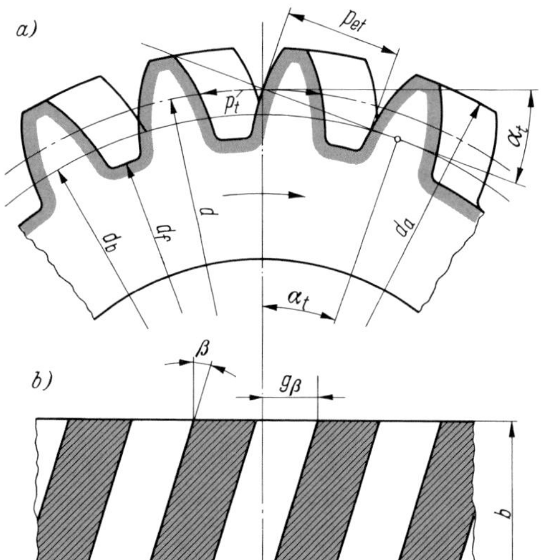

Bild 22.4 Schrägverzahntes Stirnrad
a) Stirn, b) Abwicklung des Teilzylinders
Sprung $g_\beta = b \cdot \tan\beta$

Stirneingriffswinkel $$\tan \alpha_t = \frac{\tan \alpha_n}{\cos \beta} \quad (22.8)$$

Teilkreisdurchmesser $$d = \frac{z \cdot m_n}{\cos \beta} \quad (22.9)$$

Kopfkreisdurchmesser	$d_a = d + 2h_a$	(22.10)
Fußkreisdurchmesser	$d_f = d - 2h_f$	(22.11)
Grundkreisdurchmesser	$d_b = d \cdot \cos\alpha_t$	(22.12)
Normalteilung	$p_n = m_n \cdot \pi$	(22.13)
Normaleingriffsteilung	$p_{en} = p_n \cdot \cos\alpha_n = m_n \cdot \pi \cdot \cos\alpha_n$	(22.14)
Stirnteilung	$p_t = m_t \cdot \pi = \dfrac{m_n}{\cos\beta}\,\pi$	(22.15)
Stirneingriffsteilung	$p_{et} = p_t \cdot \cos\alpha_t = \dfrac{m_n}{\cos\beta}\,\pi \cdot \cos\alpha_t$	(22.16)
Ersatzzähnezahl	$z_n = \dfrac{z}{\cos^2\beta_b \cdot \cos\beta}$	(22.17)
Null-Achsabstand	$a_d = r_1 + r_2 = \dfrac{m_n}{2\cos\beta}\,(z_1 + z_2)$	(22.18)

α_n	in °	Normaleingriffswinkel = 20° im Regelfall,
β	in °	Schrägungswinkel am Teilzylinder,
m_n	in mm	Normalmodul (Tab. 22.1),
h_a	in mm	Zahnkopfhöhe, im Normalfall = m_n,
h_f	in mm	Zahnfußhöhe = $h_a + c$ mit $c = 0{,}25m$ im Normalfall,
β_b	in °	Schrägungswinkel am Grundzylinder aus Gl. (22.19) oder (22.20),
z_1, z_2		Zähnezahlen der Räder.

Auf den Grundzylinder bezogen gilt für den

Grundschrägungswinkel	$\cos\beta_b = \cos\beta\,\dfrac{\cos\alpha_n}{\cos\alpha_t} = \dfrac{\sin\alpha_n}{\sin\alpha_t}$	(22.19)
	$\sin\beta_b = \sin\beta \cdot \cos\alpha_n$	(22.20)

Die Schrägungswinkel β sind mit DIN 3978 genormt. In Tab. 22.3 sind die zugehörigen Winkelfunktionen $\sin\beta$ in Abhängigkeit von den Normalmoduln m_n für die Schrägungswinkelreihe 1 angegeben.

Geradzahnräder können als Schrägzahnräder mit $\beta = 0°$ aufgefasst werden.

22

Profilverschiebung

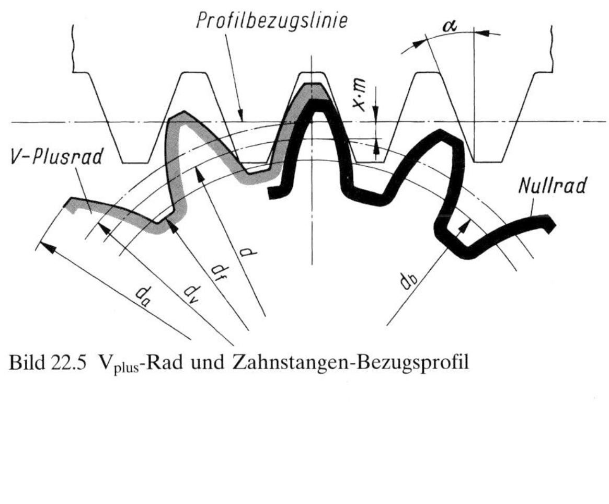

Bild 22.5 V_{plus}-Rad und Zahnstangen-Bezugsprofil

Unter dem Betrag der Profilverschiebung versteht man den Abstand der Profilbezugslinie der Zahnstange vom Teilkreis (Bild 22.5). Mit dem **Profilverschiebungsfaktor** $\boldsymbol{x}$ wird er in Teilen des Normalmoduls ausgedrückt:

Profilverschiebung
$= \boldsymbol{x \cdot m}$ bei Geradverzahnung,
$= \boldsymbol{x \cdot m_n}$ bei Schrägverzahnung.

Je nach Paarung kennt man folgende Radpaare:

1. **Null-Radpaar**, wenn zwei Null-Räder gepaart sind.
2. **V_{null}-Radpaar**, wenn ein V_{plus} und ein V_{minus}-Rad derart gepaart sind, dass ihr Achsabstand gleich dem Null-Achsabstand ist.
3. **V_{plus}-Radpaar**, wenn V-Räder oder ein V_{plus}- und ein Null-Rad gepaart sind, dass ihr Achsabstand größer als der Null-Achsabstand ist.
4. **V_{minus}-Radpaar**, wenn V-Räder oder ein V_{minus}- und ein Null-Rad gepaart sind, dass ihr Achsabstand kleiner als der Null-Achsabstand ist.

Nach DIN 3960 ist die Profilverschiebung
positiv, wenn die Profilbezugslinie vom Teilkreis in Richtung zum Kopfkreis verschoben ist.
negativ, wenn die Profilbezugslinie vom Teilkreis in Richtung zum Fußkreis verschoben ist.

An einem V-Rad betragen nach Bild 22.5:

V-Kreis-Durchmesser $$\boldsymbol{d_v = d + 2x \cdot m_n} \quad (22.21)$$

Kopfkreisdurchmesser $$\boldsymbol{d_a = d_v + 2h_a} \quad (22.22)$$

Fußkreisdurchmesser $$\boldsymbol{d_f = d_v - 2h_f} \quad (22.23)$$

d	in mm	Teilkreisdurchmesser nach Gl. (22.1) bzw. (22.9),
h_a	in mm	Kopfhöhe des Bezugsprofils = m bzw. m_n im Normalfall,
h_f	in mm	Fußhöhe des Bezugsprofils = $h_a + c$ mit $c = 0{,}25 m_n$ im Normalfall.

Alle anderen Abmessungen sind dieselben wie bei Nullrädern.
Wenn zwei Räder zu einem V-Radpaar so gepaart werden, dass ihr Achsabstand gleich der Summe der V-Kreisradien ist, also um die Profilverschiebungen größer (oder kleiner) als der Null-Achsabstand a_d, haben sie den

V-Achsabstand $$\boldsymbol{a_v = r_{v1} + r_{v2} = a_d + (x_1 + x_2)\, m_n} \quad (22.24)$$

Betriebs-Eingriffswinkel $$\boldsymbol{\cos\alpha_{wt} = \frac{a_d}{a_v} \cos\alpha_t} \quad (22.25)$$

a_d	in mm	Null-Achsabstand nach Gl. (22.7) bzw. (22.18),
α_t	in °	Stirneingriffswinkel nach Gl. (22.8).

Bei der Paarung mit dem V-Achsabstand a_v entsteht ein **zusätzliches Flankenspiel**. Falls das größere Flankenspiel nicht zugelassen werden darf, so müssen die Räder mit einem Achsabstand $a_w < a_v$ gepaart werden, bei dem kein zusätzliches Flankenspiel entsteht. In diesem Falle betragen:

22

Betriebs-Eingriffswinkel $$\boldsymbol{\mathrm{inv}\,\alpha_{wt} = \mathrm{inv}\,\alpha_t + 2\,\frac{x_1 + x_2}{z_1 + z_2}\tan\alpha_n} \quad (22.26)$$

W-Achsabstand $$\boldsymbol{a_w = a_d \frac{\cos\alpha_t}{\cos\alpha_{wt}}} \quad (22.27)$$

α_{wt}	in °	Betriebs-Eingriffswinkel beim Achsabstand a_w (Evolventenfunktion inv α nach Tab. 22.2),
α_t	in °	Stirneingriffswinkel nach Gl. (22.8),
x_1, x_2		Profilverschiebungsfaktoren der Räder,
z_1, z_2		Zähnezahlen der Räder,
α_n	in °	Normaleingriffswinkel = 20° im Regelfall,
a_d	in mm	Achsabstand nach Gl. (22.7) bzw. (22.18).

Bei V-Innenradpaaren darf a_v nicht ausgeführt werden.

Ist ein bestimmter Achsabstand a_w einzuhalten, so sind erforderlich:

Betriebs-Eingriffswinkel
$$\cos \alpha_{wt} = \frac{a_d}{a_w} \cos \alpha_t \tag{22.28}$$

Summe der Profilverschiebungsfaktoren
$$x_1 + x_2 = \frac{z_1 + z_2}{2 \tan \alpha_n} (\text{inv}\, \alpha_{wt} - \text{inv}\, \alpha_t) \tag{22.29}$$

Ist der Achsabstand a mit a_v oder a_w festgelegt, so betragen:

Betriebs-Wälzkreisdurchmesser
$$d_{w1} = \frac{2a}{u+1} \quad (22.30), \qquad d_{w2} = 2a - d_{w1} \quad (22.31)$$

Stirneingriffsteilung
$$p_{et} = \frac{m_n}{\cos\beta} \pi \cdot \cos \alpha_{wt} \tag{22.32}$$

Geometrische Grenzen

Für Geradverzahnung mit Bezugsprofil nach DIN 867 sind noch ausführbar:

z_{min} = **17** mit $x = 0$ ohne Unterschnitt,
= **14** mit $x = 0$ und geringem Unterschnitt,
= **9** mit $x = +0{,}45$ bei $s_{an} = 0{,}2m$,
= **8** mit $x = +0{,}57$ bei Spitzgrenze,
= **7** mit $x = +0{,}41$ bei geringem Unterschnitt.

Weiterhin soll der Kopfkreisdurchmesser eines Außenrades $d_a \geq d_b + 2m_n$ sein.
Bei negativer Profilverschiebung an Hohlrädern wird die Zahnlücke spitzer. Am Fußkreis soll sie den Betrag $e_{fn} = 0{,}2m_n$ nicht unterschreiten. Weiterhin muss $|d_b| \leq |d_a|$ sein. Für ein geradverzahntes Hohlrad mit Bezugsprofil nach DIN 867 ist

$|z_{min}|$ = **34** mit $x = 0$ bei $d_a = d_b$,
= **21** mit $x = -0{,}38$ bei $e_{fn} = 0{,}2m$,
= **16** mit $x = -0{,}52$ bei Spitzgrenze der Zahnlücken.

Bei Schrägverzahnung sind alle aufgeführten Mindestzähnezahlen auf die Ersatzzähnezahlen z_n zu beziehen.

Im Diagr. 22.1 sind die Grenzen für die Zähnezahlen und Profilverschiebungen aufgetragen. Wenn an einem Außenrad ein geringer Unterschnitt in Kauf genommen werden kann, so darf der sich aus dem Diagr. 22.1 ergebende Wert für x_{min} **bis um 0,17 vermindert** werden.
Wird bei V-Außenradpaaren auf den Achsabstand a_w gegangen, so ist bei Radpaaren mit $z_1 + z_2 < 20$ eine Kopfkürzung an beiden Rädern um den Betrag $k \cdot m_n = a_v - a_w$ erforderlich, um das ursprüngliche Kopfspiel c wieder herzustellen. Hierbei ist k der **Kopfkürzungsfaktor**. Es sind dann auszuführen die Kopfkreisdurchmesser $d_k = d_a - 2k \cdot m_n$ mit d_a als ungekürztem Kopfkreisdurchmesser.

22

Kopfkürzung am Hohlrad

$$k \cdot m_n = 0{,}5 \left(d_{a2} + \sqrt{d_{w2}^2 + d_{w1}^2 \cdot \sin^2 \alpha_{wt} + 2d_{w1} \cdot d_{w2} \cdot \sin^2 \alpha_{wt}} \right) \tag{22.33}$$

d_{w1} in mm Wälzkreisdurchmesser des Außenrades,
d_{w2} in mm Wälzkreisdurchmesser des Hohlrades,
d_{a2} in mm Kopfkreisdurchmesser des Hohlrades im ungekürzten Zustand,
α_{wt} in ° Betriebs-Eingriffswinkel.

Sollte sich $k \cdot m_n$ als **negativ** erweisen, so ist **keine** Kopfkürzung erforderlich! Falls $k \cdot m_n$ **positiv** ist, so ist $\boldsymbol{d_{k2} = d_{a2} - 2k \cdot m_n}$ auszuführen.
Bei Innenradpaaren muss stets $|z_2| - z_1 \geq 10$ sein!

Profilüberdeckung

Profilüberdeckung

Außenradpaare $$\varepsilon_\alpha = \frac{\sqrt{d_{a1}^2 - d_{b1}^2} + \sqrt{d_{a2}^2 - d_{b2}^2} - 2a \cdot \sin \alpha_{wt}}{2p_{et}} \qquad (22.34)$$

Zahnstangenradpaare $$\varepsilon_\alpha = \frac{\sqrt{d_{a1}^2 - d_{b1}^2} + \dfrac{2h_a(1 - x_1)}{\sin \alpha_t} - d_1 \cdot \sin \alpha_t}{2p_{et}} \qquad (22.35)$$

Innenradpaare $$\varepsilon_\alpha = \frac{\sqrt{d_{a1}^2 - d_{b1}^2} - \sqrt{d_{a2}^2 - d_{b2}^2} - 2a \cdot \sin \alpha_{wt}}{2p_{et}} \qquad (22.36)$$

d_{a1}, d_{a2}		Kopfkreisdurchmesser der Räder, bei Kopfkürzung $= d_{k1}$ bzw. d_{k2},
d_{b1}, d_{b2}		Grundkreisdurchmesser der Räder,
d_1		Teilkreisdurchmesser des Außenrades,
α_{wt}	in °	Betriebs-Eingriffswinkel,
α_t	in °	Stirneingriffswinkel,
a		ausgeführter Achsabstand $= a_d$ bzw. a_v oder a_w,
h_a		Kopfhöhe der Zahnstange von der Teilgeraden bis zur Kopfgeraden $= m_n$ im Normalfall,
x_1		Profilverschiebungsfaktor am Rad 1,
p_{et}		Stirneingriffsteilung nach Gl. (22.6) bzw. (22.16).

Es soll stets $\varepsilon_\alpha \geq 1{,}1$ sein!
Bei schrägverzahnten Radpaaren wird der Eingriff um den Sprung g_β verlängert (siehe Bild 22.4). Es kommt deshalb die

Sprungüberdeckung $$\varepsilon_\beta = \frac{g_\beta}{p_t} = \frac{b \cdot \tan \beta}{p_t} = \frac{b \cdot \sin \beta}{m_n \cdot \pi} \qquad (22.37)$$

22

hinzu, wobei b die Zahnbreite darstellt. Meistens wird $\varepsilon_\beta \approx 1$ ausgeführt.

Gesamtüberdeckung $$\varepsilon_\gamma = \varepsilon_\alpha + \varepsilon_\beta \qquad (22.38)$$

Geradverzahnte Kegelräder

Der Winkel, den die Achsen eines Kegelradpaares einschließen, ist der **Achsenwinkel** Σ (Bild 22.6). Dieser und die Übersetzung i sind im Allgemeinen vorgegeben. Damit ist auch das Zähnezahlverhältnis u bekannt.

Teilkegelwinkel $$\tan \delta_1 = \frac{\sin \Sigma}{\cos \Sigma + u} \quad (22.39), \qquad \delta_2 = \Sigma - \delta_1 . \quad (22.40)$$

Bei $\Sigma = 90°$ wird $$\tan \delta_1 = 1/u \qquad (22.41)$$

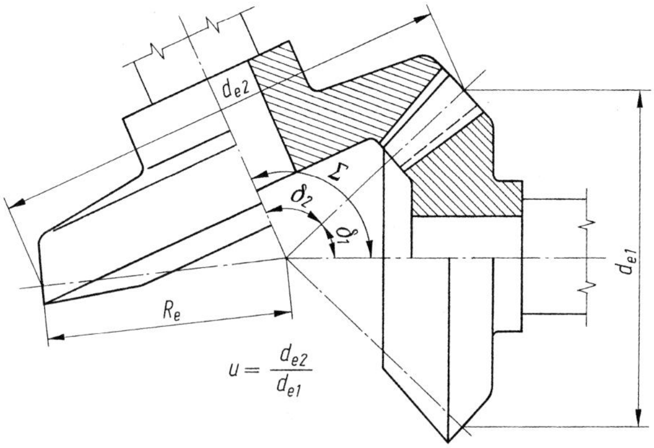

Bild 22.6 Kegelradpaar

Ein Rad mit dem Teilkegelwinkel $\delta = 90°$ besitzt eine Planverzahnung mit geraden Flanken, das als **Bezugs-Planrad** dient. Es soll die **Zahnbreite** $\boldsymbol{b \leq 10m_e \leq R_e/3}$ sein.

Teilkreisdurchmesser	$\boldsymbol{d = z \cdot m}$	(22.42)
Kopfkreisdurchmesser	$\boldsymbol{d_a = d + 2h_a \cdot \cos\delta}$	(22.43)
Fußkreisdurchmesser	$\boldsymbol{d_f = d - 2h_f \cdot \cos\delta}$	(22.44)
Teilung	$\boldsymbol{p = m \cdot \pi}$	(22.45)
Teilkegellänge	$\boldsymbol{R = \dfrac{d}{2\sin\delta}}$	(22.46)
mittlerer Modul	$\boldsymbol{m_m = m_e(1 - 0{,}5b/R_e)}$	(22.47)
innerer Modul	$\boldsymbol{m_i = m_e(1 - b/R_e)}$	(22.48)

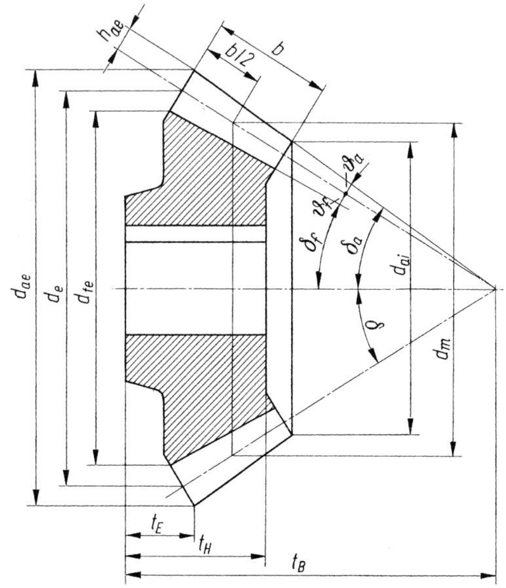

Bild 22.7 Abmessungen eines geradverzahnten Kegelrades
t_B Einbaumaß,
t_H Hilfsebenenabstand,
t_E Kopfkreisabstand

22

Kopfwinkel $$\tan \vartheta_a = \frac{h_a}{R} \tag{22.49}$$

Fußwinkel $$\tan \vartheta_f = \frac{h_f}{R} \tag{22.50}$$

Kopfkegelwinkel $$\delta_a = \delta + \vartheta_a \tag{22.51}$$

Fußkegelwinkel $$\delta_f = \delta - \vartheta_f \tag{22.52}$$

virtuelle Zähnezahl $$z_v = \frac{z}{\cos \delta} \tag{22.53}$$

Zähnezahl des Planrades $$z_P = \frac{z}{\sin \delta} \tag{22.54}$$

Planrad-Radius $$R_P = \frac{d_e}{2 \sin \delta} \tag{22.55}$$

d	in mm	Teilkreisdurchmesser $= d_e$, d_m oder d_i,
z		Zähnezahl des Rades,
m	in mm	Modul $= m_e$, m_m oder m_i,
d_a	in mm	Kopfkreisdurchmesser $= d_{ae}$, d_{am} oder d_{ai},
d_f	in mm	Fußkreisdurchmesser $= d_{fe}$, d_{fm} oder d_{fi},
h_a	in mm	Kopfhöhe $= m_e$, m_m oder m_i im Normalfall,
h_f	in mm	Fußhöhe $= h_a + c$ mit $c = 0{,}25m$ im Normalfall,
R	in mm	Teilkegellänge $= R_e$, R_m oder R_i,
b	in mm	Zahnbreite.

Es soll die Zahnbreite $b \leq 10m_e \leq R_e/3$ sein.

Für ein Radpaar:

virtuelles Zähnezahlverhältnis $$u_v = \frac{z_{v2}}{z_{v1}} \tag{22.56}$$

Für die Ermittlung der **geometrischen Grenzen** und der **Profilüberdeckung** sind die virtuellen Zähnezahlen z_v maßgebend, d. h. man denkt sich die Kegelräder durch Stirnräder mit den virtuellen Zähnezahlen ersetzt.

Schräg- und bogenverzahnte Kegelräder

22

Ersatzzähnezahl $$z_{vn} \approx \frac{z_v}{\cos^3 \beta} = \frac{z}{\cos \delta \cdot \cos^3 \beta} \tag{22.57}$$

Hierin sind z_v die virtuelle Zähnezahl nach Gl. (22.53) und δ der Teilkegelwinkel.
Als Schrägungs- oder Spiralwinkel β wird meistens mit dem mittleren β_m gerechnet, der eine mittlere Ersatzzähnezahl liefert.
Die **Teilkegelwinkel** $\boldsymbol{\delta}$ sind mit den Gln. (22.39) bis (22.41) zu errechnen.

Mittlerer Stirnmodul $$m_{tm} = \frac{m_{nm}}{\cos \beta_m} \tag{22.58}$$

mittlere Stirnteilung $$p_{tm} = \frac{m_{nm}}{\cos \beta_m} \pi \tag{22.59}$$

mittlerer Teilkreisdurchmesser $$d_m = \frac{z \cdot m_{nm}}{\cos \beta_m} \tag{22.60}$$

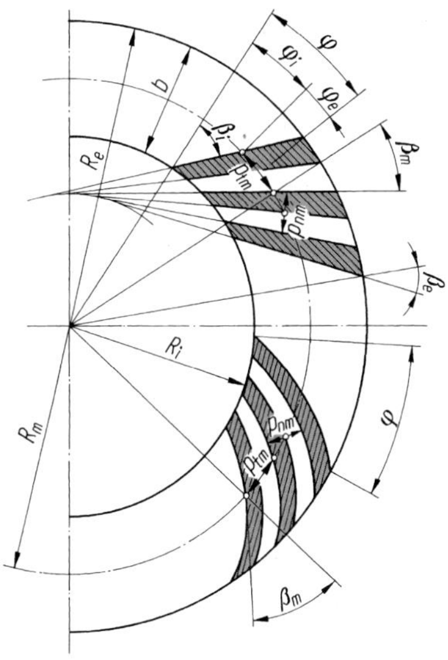

Bild 22.8 Abgewickelter Mantel von schräg- und bogenverzahnten Kegelrädern (rechtssteigend gezeichnet)

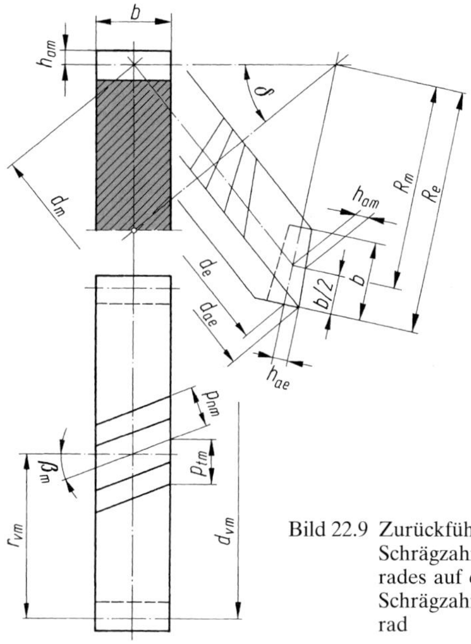

Bild 22.9 Zurückführen eines Schrägzahn-Kegelrades auf ein Schrägzahn-Stirnrad

mittlerer Kopfkreisdurchmesser
$$\boldsymbol{d_{am} = d_m + 2h_{am} \cdot \cos\delta} \tag{22.61}$$

mittlerer Fußkreisdurchmesser
$$\boldsymbol{d_{fm} = d_m - 2h_{fm} \cdot \cos\delta} \tag{22.62}$$

mittlere Teilkegellänge
$$\boldsymbol{R_m = \frac{d_m}{2\sin\delta}} \tag{22.63}$$

äußere Teilkegellänge
$$\boldsymbol{R_e = R_m + 0{,}5b} \tag{22.64}$$

innere Teilkegellänge
$$\boldsymbol{R_i = R_m - 0{,}5b} \tag{22.65}$$

äußerer Teilkreisdurchmesser
$$\boldsymbol{d_e = d_m \cdot R_e / R_m} \tag{22.66}$$

äußerer Stirnmodul
$$\boldsymbol{m_{te} = d_e / z} \tag{22.67}$$

innerer Teilkreisdurchmesser
$$\boldsymbol{d_i = d_m \cdot R_i / R_m} \tag{22.68}$$

äußerer Kopfkreisdurchmesser
$$\boldsymbol{d_{ae} = d_{am} \cdot R_e / R_m} \tag{22.69}$$

äußerer Fußkreisdurchmesser
$$\boldsymbol{d_{fe} = d_{fm} \cdot R_e / R_m} \tag{22.70}$$

m_{nm}	in mm	mittlerer Normalmodul, in der Regel nach Tab. 22.1,
β_m	in °	mittlerer Schrägungs- bzw. Spiralwinkel,
h_{am}	in mm	mittlere Kopfhöhe = m_{nm} im Normalfall,
h_{fm}	in mm	mittlere Fußhöhe = $h_{am} + c_m = 1{,}25 m_{nm}$ im Normalfall,
δ	in °	Teilkegelwinkel des betr. Rades,
b	in mm	Zahnbreite.

Alle anderen Abmessungen sind sinngemäß wie bei Geradzahn-Kegelrädern mit den Gln. (22.49) bis (22.56) zu errechnen. Mitunter wird auch der äußere Normalmodul m_{ne} in den genormten Beträgen der Tab. 22.1 ausgeführt. Dann ist der Index m entsprechend durch e zu ersetzen.

22

Ist bei einer Schrägverzahnung der mittlere Schrägungswinkel β_m festgelegt, so ist:

äußerer Sprungwinkel $$\cos\varphi_e = \frac{R_m(f_m - 1) + \sqrt{f_m(R_e^2 - R_m^2) + R_m^2}}{f_m \cdot R_e} \qquad (22.71)$$

und

äußerer Schrägungswinkel $$\beta_e = \beta_m - \varphi_e \qquad (22.72)$$

f_m Hilfsfaktor $= 1 + \tan^2\beta_m$,
R_e äußere Teilkegellänge nach Gl. (22.64),
R_m mittlere Teilkegellänge nach Gl. (22.63).

Ist dagegen der äußere Schrägungswinkel β_e vorgegeben, so ist:

äußerer Sprungwinkel $$\cos\varphi_e = \frac{R_e(f_e - 1) + \sqrt{f_e(R_m^2 - R_e^2) + R_e^2}}{f_e \cdot R_m} \qquad (22.73)$$

und

mittlerer Schrägungswinkel $$\beta_m = \varphi_e + \beta_e \qquad (22.74)$$

f_e Hilfsfaktor $= 1 + \tan^2\beta_e$,
R_e, R_m siehe Legende zur Gl. (22.72).

Die **Profilüberdeckungen** ε_α, ε_β und ε_γ werden auf die mittleren Schrägzahn-Stirnräder der Zähnezahlen z_{v1} und z_{v2} bezogen.
Für die **geometrischen Grenzen** sind die Ersatzzähnezahlen z_{vn} maßgebend, und zwar an der Teilkegellänge R mit dem kleinsten Schrägungs- bzw. Spiralwinkel β.

Übliche Zahnbreite $b \leq 10 m_{nm} \leq R_e/3{,}5$.

22

23 Gestaltung und Tragfähigkeit der Stirn- und Kegelräder

Zahnkräfte an Stirnrädern

Leistungsspitze $\boldsymbol{P_b = P_{Nb} \cdot K_A}$ (23.1)

P_{Nb} in W vom getriebenen Rad aufgezwungene Nennleistung,
K_A Anwendungsfaktor, Anhaltswerte siehe Tab. 23.1.

Auf das **treibende Rad 1** eines schrägverzahnten Stirnradpaares wirken folgende Kräfte:

Tangentialkraft $\boldsymbol{F_{t1} = \frac{P_b}{v_w} = F_{Nt} \cdot K_A}$ (23.2)

Radialkraft $\boldsymbol{F_{r1} = F_{t1} \cdot \tan \alpha_{wt}}$ (23.3)

Axialkraft $\boldsymbol{F_{a1} = F_{t1} \cdot \tan \beta_w}$ (23.4)

P_b in W Leistungsspitze nach Gl. (23.1),
v_w in m/s Umfangsgeschwindigkeit der Wälzkreise nach Gl. (21.3),
F_{Nt} in N Nennumfangskraft am Wälzkreis,
K_A Anwendungsfaktor nach Tab. 23.1,
α_{wt} in ° Betriebs-Eingriffswinkel nach Gl. (22.25) bzw. (22.28), bei Null-Schrägverzahnung $= \alpha_t$ nach Gl. (22.8), bei Null-Geradverzahnung $= \alpha$,
β_w in ° Schrägungswinkel am Wälzkreis, der $\approx \beta$ gesetzt werden kann.

Auf das **getriebene Rad 2** wirken die *Tangentialkraft* $\boldsymbol{F_{t2} = F_{t1}}$, die *Radialkraft* $\boldsymbol{F_{r2} = F_{r1}}$ und die *Axialkraft* $\boldsymbol{F_{a2} = F_{a1}}$, und zwar jeweils entgegengesetzt zu den Kräften am Rad 1. Die Richtung der Kräfte ist je nach Steigungssinn der Zähne in Bild 23.1 zusammengestellt. Bei umgekehrter Drehrichtung kehren sich bis auf F_{r1} und F_{r2} alle Kräfte um. Bei geradverzahnten Stirnrädern mit $\beta = 0°$ verschwinden die Axialkräfte F_{a1} und F_{a2}.
Das **Drehmoment** eines Rades ist jeweils $\boldsymbol{M = F_t \cdot r_w}$, wenn die Reibkräfte an den Flanken vernachlässigt werden. Das gilt auch für Kegelräder.

Zahnkräfte an Kegelrädern

Folgende Kräfte wirken an den Flanken eines geradverzahnten Kegelradpaares

	auf das **treibende Rad 1:**		auf das **getriebene Rad 2:**	
Tangentialkraft	$\boldsymbol{F_{t1} = \frac{P_b}{v_m}}$	(23.5)	$\boldsymbol{F_{t2} = F_{t1}}$	(23.8)
Axialkraft	$\boldsymbol{F_{a1} = F_{t1} \cdot \tan \alpha \cdot \sin \delta_1}$	(23.6)	$\boldsymbol{F_{a2} = F_{t2} \cdot \tan \alpha \cdot \sin \delta_2}$	(23.9)
Radialkraft	$\boldsymbol{F_{r1} = F_{t1} \cdot \tan \alpha \cdot \cos \delta_1}$	(23.7)	$\boldsymbol{F_{r2} = F_{t2} \cdot \tan \alpha \cdot \cos \delta_2}$	(23.10)

P_b in W Leistungsspitze nach Gl. (23.1),
v_m in m/s Umfangsgeschwindigkeit der mittleren Teilkreise $= d_m \cdot \pi \cdot n$,
α in ° Eingriffswinkel $= 20°$ im Regelfall,
δ_1, δ_2 in ° Teilkegelwinkel der Räder nach den Gln. (22.39) bis (22.41).

Auf das **treibende Rad 1** eines schrägverzahnten Kegelradpaares wirken folgende Kräfte:

Tangentialkraft $$\boldsymbol{F}_{t1} = \frac{\boldsymbol{P}_b}{v_m} \tag{23.11}$$

Axialkraft $$\boldsymbol{F}_{a1} = \boldsymbol{F}_{t1}\left(\tan\alpha_n \frac{\sin\delta_1}{\cos\beta_m} \pm \tan\beta_m \cdot \cos\delta_1\right) \tag{23.12}$$

Radialkraft $$\boldsymbol{F}_{r1} = \boldsymbol{F}_{t1}\left(\tan\alpha_n \frac{\cos\delta_1}{\cos\beta_m} \mp \tan\beta_m \cdot \sin\delta_1\right) \tag{23.13}$$

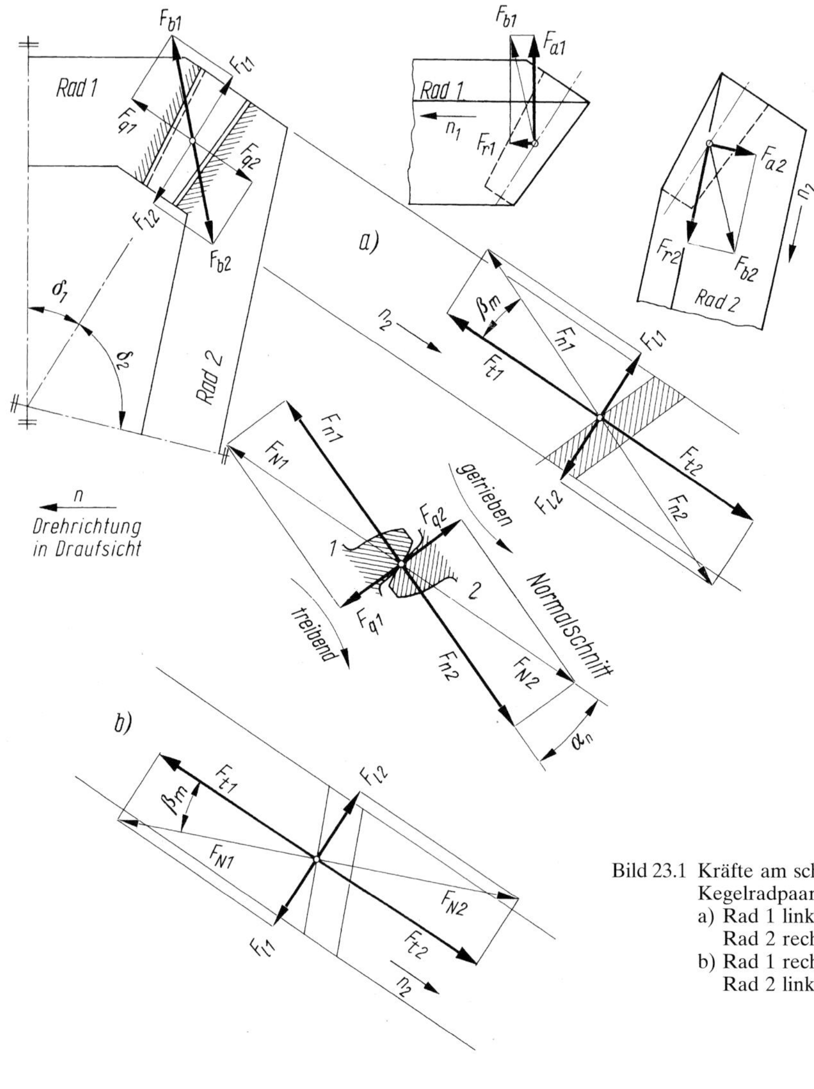

Bild 23.1 Kräfte am schrägverzahnten Kegelradpaar
a) Rad 1 linkssteigend, Rad 2 rechtssteigend,
b) Rad 1 rechtssteigend, Rad 2 linkssteigend

und auf das **getriebene Rad 2** wirken:

Tangentialkraft $F_{t2} = F_{t1}$ (23.14)

Axialkraft $$F_{a2} = F_{t2}\left(\tan\alpha_n \frac{\sin\delta_2}{\cos\beta_m} \mp \tan\beta_m \cdot \cos\delta_2\right) \quad (23.15)$$

Radialkraft $$F_{r2} = F_{t2}\left(\tan\alpha_n \frac{\cos\delta_2}{\cos\beta_m} \pm \tan\beta_m \cdot \sin\delta_2\right) \quad (23.16)$$

P_b	in W	Leistungsspitze nach Gl. (23.1),
v_m	in m/s	Umfangsgeschwindigkeit der mittleren Teilkreise $= d_m \cdot \pi \cdot n$,
α_n	in °	Normaleingriffswinkel = 20° im Regelfall,
δ_1, δ_2	in °	Teilkegelwinkel der Räder nach den Gln. (22.39) bis (22.41),
β_m	in °	mittlerer Schrägungswinkel der Verzahnung.

Die vorstehenden Gleichungen gelten nur für die in Bild 23.1 angegebenen Drehrichtungen! Die oberen Plus- oder Minuszeichen gelten für linkssteigendes Rad 1 (Bild 23.1a), die unteren für rechtssteigendes Rad (Bild 23.1b). Bei Drehrichtungsänderung kehren sich die Zahnkräfte F_{N1} und F_{N2} sowie F_{n1} und F_{n2} um und wirken spiegelbildlich. Die angreifenden Kräfte sind dann sinngemäß zu errechnen.
Auch für bogenverzahnte Kegelräder können die vorstehenden Gleichungen benutzt werden. In diesem Falle ist β_m der mittlere Spiralwinkel.

Wirkungsgrad und Gesamtübersetzung

Das Verhältnis der *Abtriebsleistung* P_b zur *Antriebsleistung* P_a ist der

Wirkungsgrad $\eta = P_b/P_a \leq 1$.

Während des Zahneingriffs schwankt der Wirkungsgrad. Deshalb wird mit einem Mittelwert gerechnet. Erfahrungsgemäß beträgt er einschl. Lagerreibung für ein Radpaar:

bei rohen, gegossenen Zähnen		$\eta \approx 0{,}9 \ldots 0{,}92$
bei geschlichteten und geschmierten Flanken		$\approx 0{,}94$
bei fein bearbeiteten Flanken unter Flüssigkeitsreibung		$\approx 0{,}96$
bei Paarung Stahlrad/Kunststoffrad	trocken	$\approx 0{,}83$
	geschmiert	$\approx 0{,}88$
bei Paarung Kunststoffrad/Kunststoffrad	trocken	$\approx 0{,}8$
	geschmiert	$\approx 0{,}85$

23

Bei mehrstufigen Getrieben:

Gesamtwirkungsgrad $\eta_{ges} = \eta_I \cdot \eta_{II} \cdot \eta_{III} \cdots$ (23.17)

Damit ist erforderlich eine

Antriebsleistung $P_a = P_b/\eta_{ges}$, (23.18)

wenn P_b die Antriebsleistung des Getriebes bedeutet.

Die Gesamtübersetzung eines mehrstufigen Getriebezuges ist gleich dem Produkt der Einzelübersetzungen:

Gesamtübersetzung $\boldsymbol{i_{ges} = i_I \cdot i_{II} \cdot i_{III} \ldots}$ (23.19)

mit $i_I = n_1/n_2$ und $i_{II} = n_3/n_4$ und $i_{III} = n_5/n_6$, wobei $n_3 = n_2$ und $n_5 = n_4$ sind.
Bei **Übersetzungen ins Langsame** ist auch die

Gesamtübersetzung $\boldsymbol{|i_{ges}| = u_I \cdot u_{II} \cdot u_{III} \ldots}$ (23.20)

mit u als Zähnezahlverhältnisse nach Gl. (21.2).
Die Gesamtübersetzung i_{ges} kann bei Übersetzungen ins Langsame wie folgt aufgeteilt werden:

$\lvert i_{ges}\rvert \approx$	10	20	30	40	50	70	100	200
$u_I \approx$	3,5	4,8	6,5	4,1	4,5	5,5	6,9	9,5
$u_{II} \approx$	2,9	4,2	4,6	3,3	3,5	3,9	4,5	5,5
$u_{III} \approx$	–	–	–	2,9	3,2	3,2	3,2	3,8

Es sind möglichst keine ganzzahligen Einzelübersetzungen zu wählen, damit nicht periodisch die gleichen Zahnpaare zum Eingriff kommen.
Es haben sich etwa folgende Einzelübersetzungen bewährt:

in Getrieben des allg. Maschinenbaues	$\lvert i\rvert = 3 \ldots 7$
in Hebemaschinen	$\lvert i\rvert = 7 \ldots 10$
in Umformern (Turbinengetrieben, Getrieben in Turbolokomotiven und Dieselmotorenantrieben u. dgl.)	$\lvert i\rvert = 15 \ldots 30$

Sind die Antriebsleistung P_a oder das Abtriebsdrehmoment (Lastdrehmoment) M_b bekannt, so beträgt das

Antriebsdrehmoment $$\boldsymbol{M_a = \frac{P_a}{\omega_a} = \frac{M_b}{|i_{ges}| \cdot \eta_{ges}}}$$ (23.21)

mit ω_a als Winkelgeschwindigkeit des Antriebsrades.

Gestaltung der Räder aus Stahl und aus Gusseisen

23

Für Umfangsgeschwindigkeiten bis $v = 1$ m/s, in Sonderfällen bis 2 m/s, eignen sich Grauguss- und Stahlgussräder mit unbearbeitet bleibenden Zähnen.

Die **Ritzel** werden meistens aus einem festeren Werkstoff vorgesehen als ihre Gegenräder, und zwar ist eine um ≈ 50 N/mm^2 höhere Schwellfestigkeit üblich. Wegen der Kerbwirkungen durch eine Passfedernut soll der Abstand vom Kopfkreis bis zum Nutgrund mindestens $4 \cdot m$ betragen (m = Modul).
Große Räder werden fast stets gegossen, Zahnkranz und Nabe mit Armen verbunden (Bild 23.2). Erfahrungsgemäß werden $Z = 4 \ldots 8$ Arme vorgesehen, und zwar

Armzahl $\boldsymbol{Z \approx \sqrt{f \cdot d}}$ (23.22)

f		= 0,021 mm^{-1} bei ungeteilten Rädern,
		= 0,0156 mm^{-1} bei geteilten Rädern,
d	in mm	Teilkreisdurchmesser des Rades.

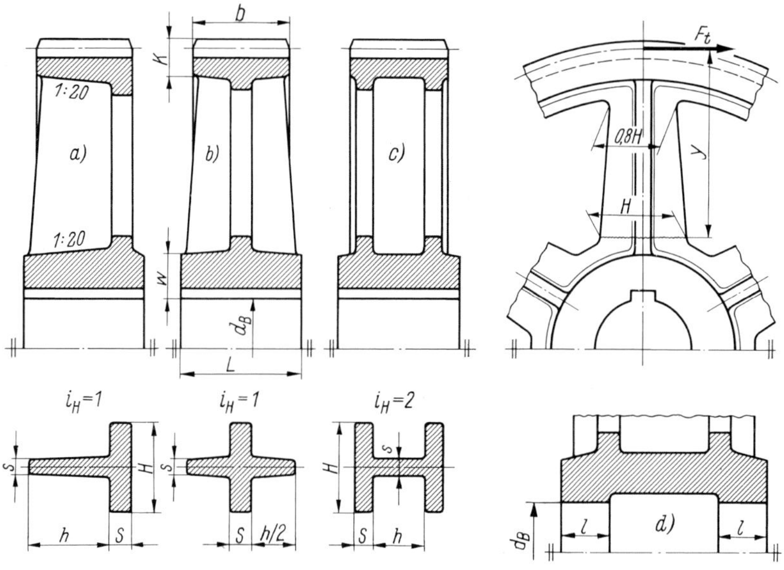

Bild 23.2
Große Gussräder

Übliche Abmessungen gemäß Bild 23.2 sind dann:

Höhe der Hauptrippen	$\boldsymbol{H \approx 8 \ldots 10m}$,	*Kranzdicke*	$\boldsymbol{K \approx 4m}$,
Höhe der Nebenrippen	$\boldsymbol{h \approx 6 \ldots 8m}$,	*Teilnabenlänge*	$\boldsymbol{l \approx 0{,}5d_B}$,
Dicke der Hauptrippen	$\boldsymbol{S \approx 1{,}5 \ldots 2m}$,	*Nabenlänge*	$\boldsymbol{L \approx b + 0{,}025d \geq 1{,}2d_B}$,
Dicke der Nebenrippen	$\boldsymbol{s \approx 0{,}7S}$,	*Nabenwanddicke*	$\boldsymbol{w \approx 0{,}4d_B + 10}$ **mm** bei Grauguss,
			$\boldsymbol{\approx 0{,}3d_B + 10}$ **mm** bei Stahlguss.

Hierin sind m der Modul und d_B der Bohrungsdurchmesser.
Im gefährdeten Armquerschnitt beträgt die

Biegespannung $$\boldsymbol{\sigma_b = \frac{4F_t \cdot y}{Z \cdot W_b}} \qquad (23.23)$$

σ_b	in N/mm^2	Biegespannung im Armquerschnitt,
F_t	in N	Umfangskraft am Teilkreis entspr. Gl. (23.2),
y	in mm	Abstand der Umfangskraft vom gefährdeten Armquerschnitt,
Z		Anzahl der Arme nach Gl. (23.22),
W_b	in mm^3	Widerstandsmoment des Armquerschnitts $\approx i_H \cdot S \cdot H^2/6$, wenn i_H die Anzahl der Hauptrippen in einem Armquerschnitt ist.

Zulässige Biegespannung $\sigma_{b\,zul} \approx 0{,}6R_e$ (R_e = Streckgrenze des Radwerkstoffs, siehe Tab. 1.5).

Für **geschweißte Zahnräder** sind folgende Abmessungen üblich:

Scheibendicke	$\boldsymbol{S \approx 0{,}8 \ldots 1m}$,	*Nabenlänge*	$\boldsymbol{L \approx d_B}$,
Rippendicke	$\boldsymbol{s \approx 0{,}7S}$,	*Nabenwanddicke*	$\boldsymbol{w \approx 0{,}2d_B + 8}$ **mm**,
		Kranzdicke	$\boldsymbol{K \approx 3 \ldots 3{,}5m}$.

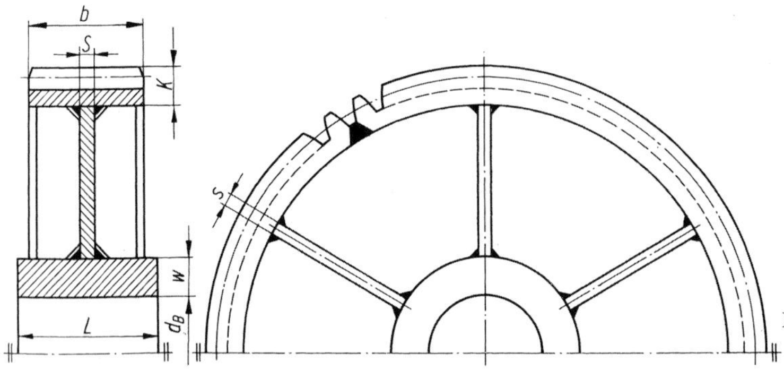

Bild 23.3 Geschweißtes Stirnrad

Bei **großen Räder in Hochleistungsgetrieben** mit auf gusseiserne Felgen (Bild 23.4) geschrumpften Stahlringen werden erfahrungsgemäß ausgeführt:

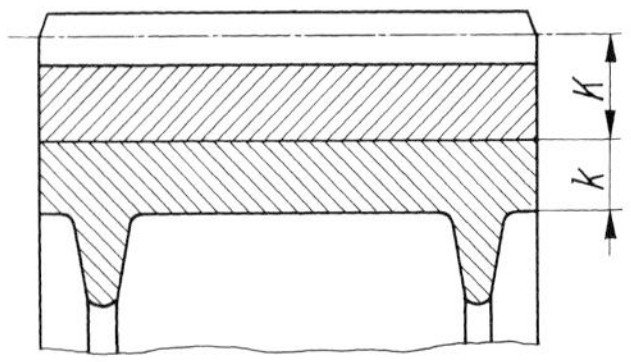

Bild 23.4 Aufgepresster Zahnkranz eines Stirnrades

Zahnkranzdicke
$\boldsymbol{K \approx 0{,}8 \ldots 1{,}4\ (d/80 + 10\ \mathrm{mm}) + 2{,}5m}$,

Felgenkranzdicke
$\boldsymbol{k \approx 0{,}8 \ldots 1{,}4\ (d/80 + 18\ \mathrm{mm})}$

mit d als Teilkreisdurchmesser. Kleine Werte bei schmalen ($b \leq 15m$), große bei breiten Rädern.

Richtwerte für die **Zahnbreite *b*** siehe Tab. 23.2. **Schrägverzahnung** ist üblich ab einer Umfangsgeschwindigkeit $v_w = 12$ m/s. Sehr große Räder (etwa ab $d = 2$ m) werden geteilt ausgeführt.

Gestaltung der Räder aus Kunststoffen

Zahnräder aus Thermoplasten werden nach Bild 23.5 erfahrungsgemäß ausgeführt:

23

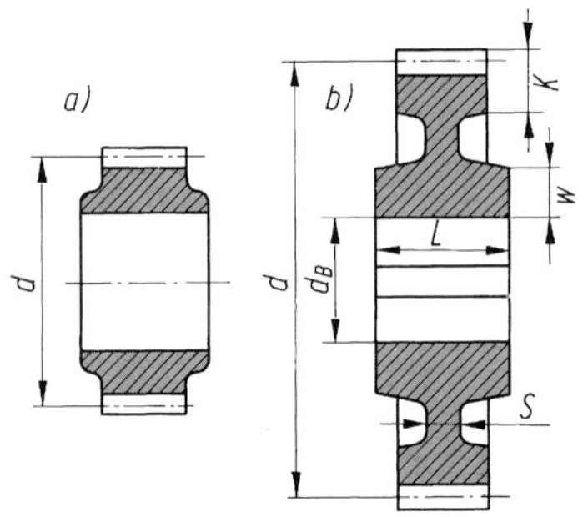

Vollräder	bei	$\boldsymbol{d < 3d_B}$
Scheibenräder	bei	$\boldsymbol{d \geq 3d_B}$
Zahnkranzdicke		$\boldsymbol{K \approx 4{,}2 \ldots 4{,}7m}$
Nabenwanddicke		$\boldsymbol{w \approx 0{,}3 \ldots 0{,}4d_B}$
Stegdicke		$\boldsymbol{S \approx 3m \leq w}$
Nabenlänge		$\boldsymbol{L \geq d_B}$

Bild 23.5 Zahnräder aus Thermoplasten
a) Vollrad, b) Scheibenrad

Schmierung, Schmierstoffe

Bei Umfangsgeschwindigkeiten **bis** $v = 1$ **m/s** genügt das **Auftragen oder Aufsprühen von Haftschmierstoffen**.
Bis $v = 4$ **m/s** ist eine **Fett-Tauchschmierung** mit weichem Getriebefett üblich, in das ein Zahnrad eintaucht, oder das Aufsprühen von Haftschmierstoff.
Bis $v = 15$ **m/s** ist die **Öl-Tauchschmierung** vorherrschend. Die Eintauchtiefe der Zahnräder soll nicht größer als $6m$ und nicht kleiner als $1m$ sein (m = Modul).
Über $v = 15$ **m/s** ist eine **Öl-Spritzschmierung** erforderlich.
Für die Bestimmung der erforderlichen Ölviskosität wird zunächst berechnet die

Stribecksche Wälzpressung $$k_S \approx \frac{3F_t}{b \cdot d_1} \cdot \frac{u+1}{u} \qquad (23.24)$$

k_S	in N/mm²	Stribecksche Wälzpressung,
F_t	in N	Umfangskraft am Teilkreis bei Stirnrädern bzw. mittleren Teilkreis bei Kegelrädern entspr. den Gln. (23.2) und (23.5),
b	in mm	Zahnbreite,
d_1	in mm	Durchmesser des Teilkreises, bei Kegelrädern des mittleren Teilkreises des Ritzels,
u		Zähnezahlverhältnis nach Gl. (21.2), bei Kegelrädern u_v nach Gl. (22.56).

Mit dieser wird der **Schmierkennwert** k_S/v in N/mm² · s/m gebildet, wobei v in m/s die Umfangsgeschwindigkeit der Teilkreise, bei Kegelrädern der mittleren Teilkreise ist. In Abhängigkeit von k_S/v kann aus Tab. 23.8 die erforderliche Viskosität ν bzw. η bei 40 °C des Schmieröls abgelesen werden.

Die Tabellenwerte für ν sind zu **erhöhen:**
1. für je 10 K, mit denen die Umgebungstemperatur ständig über 25 °C liegt, um etwa 10%.
2. wenn die Zahnpaarungen aus ähnlich zusammengesetzten Stählen oder aus CrNi-Stahl bestehen (ausgenommen oberflächengehärtete oder nitrierte Zahnflanken), um etwa 35%.
3. bei fressempfindlichen Zahnpaarungen, wenn keine Schmierstoffe mit verschleißverringernden Wirkstoffen eingesetzt werden können, um etwa 35%. Fressempfindlich sind gehärtete Zahnflanken.

Die Tabellenwerte für ν sind zu **senken:**
1. für je 3 K, mit denen die Umgebungstemperatur ständig unter 10 °C liegt, um etwa 10%.
2. wenn die Zahnflanken phosphatiert, sulfuriert oder verkupfert sind, um etwa 25%.

In Betracht kommende Viskositätsklassen siehe Diagr. 16.1, von denen die nächstliegende zu wählen ist.
Schmieröle mit verschleißverringernden Wirkstoffen sind bei gehärteten Zahnflanken zweckmäßig, wenn $k_S > 7{,}5$ **N/mm²** ist, besonders für Verzahnungen mit stark einseitiger Profilverschiebung, oder wenn $v_g/v > 0{,}3$ ist, v_g = größte Gleitgeschwindigkeit der Flanken nach Gl. (23.27).
Zur Ermittlung der größten Gleitgeschwindigkeit sind zu errechnen bei Außenradpaaren für das Rad 1 die

Kopfeingriffsstrecke $$g_a = 0{,}5\left(\sqrt{d_{a1}^2 - d_{b1}^2} - d_{b1} \cdot \tan\alpha_{wt}\right) \qquad (23.25)$$

Fußeingriffsstrecke $$g_f = 0{,}5\left(\sqrt{d_{a2}^2 - d_{b2}^2} - d_{b2} \cdot \tan\alpha_{wt}\right) \qquad (23.26)$$

d_{a1}, d_{a2}	in mm	Kopfkreisdurchmesser der Räder,
d_{b1}, d_{b2}	in mm	Grundkreisdurchmesser der Räder,
α_{wt}	in °	Betriebs-Stirneingriffswinkel.

Bei Kegelrädern sind die Durchmesser d_{vma} und d_{vmb} der mittleren virtuellen Stirnräder einzusetzen. Bei Innenradpaaren und Zahnstangenradpaaren ist entspr. zu verfahren.
Mit den Eingriffsstrecken ergibt sich die

größte Gleitgeschwindigkeit $$v_g = \omega_1 \cdot g_i(1 + 1/u) \quad (23.27)$$

ω_1	in rad/s	Winkelgeschwindigkeit des Rades 1,
g_i	in m	maßgebende Eingriffsstrecke als größere von g_f und g_a,
u		Zähnezahlverhältnis nach Gl. (21.2), bei Kegelrädern u_v nach Gl. (22.56).

Bei **Öltauchschmierung** ist je kW Reibleistung eine Ölmenge von 3...6 l im Getriebekasten erforderlich, bei **Ölspritzschmierung** je kW Reibleistung eine Ölmenge von 3...5 l/min. Die Reibleistung beträgt $P_f = P_{Na} - P_{Nb} = P_{Na} \cdot (1 - \eta)$ mit P_{Na} als Antriebs-, P_{Nb} als Abtriebsnennleistung und η als Wirkungsgrad.

Allgemeine Einflussfaktoren für die Tragfähigkeit

Dynamikfaktor $$K_v = 1 + \left(\frac{K_1}{K_A \cdot \frac{F_{Nt}}{b}} + K_2 \right) \cdot \frac{z_1 \cdot v}{100} \cdot \sqrt{\frac{u^2}{1+u^2}}, \text{ für } \varepsilon_\beta = 0 \text{ und } \varepsilon_\beta \geq 1$$

$$K_v = K_{v\alpha} - \varepsilon_\beta \cdot (K_{v\alpha} - K_{v\beta}), \quad \text{für} \quad 0 < \varepsilon_\beta < 1 \quad (23.29)$$

K_A		Anwendungsfaktor (nach DIN 3990) nach Tab. 23.1,
K_1		Faktor nach Tab. 23.9,
K_2		Faktor nach Tab. 23.9,
z_1		Zähnezahl des Ritzels,
v	in m/s	Umfangsgeschwindigkeit der Teilkreise $= d_1 \cdot \pi \cdot n_1 = d_2 \cdot \pi \cdot n_2$,
u		Zähnezahlverhältnis nach Gl. (21.2).
b	in mm	Zahnbreite,
$K_{v\alpha}$		Dynamikfaktor für $\varepsilon_\beta = 0$,
$K_{v\beta}$		Dynamikfaktor für $\varepsilon_\beta = 1$,
ε_β		Sprungüberdeckung nach Gl. (22.37),
F_{Nt}	in N	Nennumfangkraft am Teilkreis.

Breitenfaktor (Flanke) $$K_{H\beta} = \sqrt{\frac{2F_{\beta y} \cdot c_\gamma}{(F_m/b)}}, \quad \text{für} \quad \frac{F_{\beta y} \cdot c_\gamma}{2F_m/b} \geq 1 \quad (23.30)$$

$$K_{H\beta} = 1 + \frac{F_{\beta y} \cdot c_\gamma}{2 \cdot (F_m/b)}, \quad \text{für} \quad \frac{F_{\beta y} \cdot c_\gamma}{2F_m/b} < 1$$

23

F_m	in N	mittlere Umfangskraft am Teilkreis für den berechneten Eingriff $F_m = F_{Nt} \cdot K_A \cdot K_v$,
$F_{\beta y}$	in µm	wirksame Flankenlinienabweichung (nach dem Einlauf), siehe folgende Gleichung,
b	in mm	im Eingriff befindliche Zahnbreite,
c_γ	in N/(mm · µm)	Eingriffsfedersteifigkeit $c_\gamma \approx 20$ N/(mm · µm) für Werkstoffpaarung Stahl/Stahl, $c_\gamma \approx 17$ N/(mm · µm) für Werkstoffpaarung Gusseisen mit Kugelgraphit/Gusseisen mit Kugelgraphit, $c_\gamma \approx 12$ N/(mm · µm) für Werkstoffpaarung Gusseisen mit Lamellengraphit/Gusseisen mit Lamellengraphit Bei unterschiedlichen Werkstoffen ist der Mittelwert anzunehmen.

Wirksame Flankenlinienabweichung

(nach dem Einlauf) $\boldsymbol{F_{\beta y} = F_{\beta x} - y_\beta}$ (23.31)

(vor dem Einlauf) $\boldsymbol{F_{\beta x} = 1{,}33 \cdot f_{sh} + f_{ma}\,;\, F_{\beta x} \geq F_{\beta x}\ \mathrm{min}}$

$F_{\beta x}$ in µm	wirksame Flankenlinienabweichung vor dem Einlauf
y_β in µm	Einlaufbetrag (Flankenlinienabweichung), siehe Tab. 23.12
f_{sh} in µm	Flankenlinienabweichung infolge Ritzel- und Wellenverformung, siehe folgende Gleichungen
f_{ma} in µm	Flankenlinienabweichung infolge von Herstellungsabweichungen $f_{ma} = 0{,}5 \cdot f_{H\beta}$ für Radpaare mit Anpassungsmaßnahmen, wie z. B. einstellbare Lager oder Einläppen $f_{ma} = 1{,}0 \cdot f_{H\beta}$ für Radpaare ohne Anpassungsmaßnahmen
$f_{H\beta}$ in µm	Flankenlinienabweichung, siehe Tab. 23.10

Flankenlinienabweichung infolge Ritzel- und Wellenverformung

$$\boldsymbol{f_{sh} = \frac{F_m}{b} \cdot 0{,}023 \left[\left|0{,}7 + K' \frac{l \cdot s}{d_1^2} \cdot \left(\frac{d_1}{d_{sh}}\right)^4\right| + 0{,}3\right] \cdot \left(\frac{b}{d_1}\right)^2} \tag{23.32}$$

F_M in N	mittlere Umfangskraft am Teilkreis für den berechneten Eingriff $F_m = F_{Nt} \cdot K_A \cdot K_v$
b in mm	im Eingriff befindliche Zahnbreite
d_1 in mm	Teilkreisdurchmesser des Ritzels
d_{sh} in mm	Wellendurchmesser an der Stelle des Ritzels
l in mm	Abstand der Lager, Lagerstützweite
s in mm	Lage des Ritzels zu den Lagern, siehe Tab. 23.11
K'	Faktor zur Berücksichtigung der Ritzellage, siehe Tab. 23.11

Breitenfaktor für die Zahnflußtragfähigkeit $\boldsymbol{K_{F\beta} \approx K_{H\beta}^{N_F}}$ (23.33)

$$\boldsymbol{N_F = \frac{(b/h)^2}{1 + b/h + (b/h)^2} = \frac{1}{1 + h/b + (h/b)^2}}$$

h in mm Zahnhöhe $h = h_a + h_f$

$h = 2 \cdot m + c$

$h \approx 2{,}25 \cdot m$ siehe auch Kap. 22.4 und 22.5

Für b/h ist der kleinere der Werte b_1/h_1 bzw. b_2/h_2 einzusetzen. Bei einem Verhältnis von $b/h < 3$ ist $b/h = 3$ zu setzen.

Beachte: Bei Kegelrädern b_{eH} verwenden!

Stirnfaktor bei $\varepsilon_\gamma \leq 2$: $\boldsymbol{K_{F\alpha} = K_{H\alpha} = \frac{\varepsilon_\gamma}{2}\left(0{,}9 + 0{,}4\,\frac{c_\gamma (f_{pe} - y_\alpha)}{F_{tH}/b}\right)}$

Stirnfaktor bei $\varepsilon_\gamma > 2$: $\boldsymbol{K_{F\alpha} = K_{H\alpha} = 0{,}9 + 0{,}4\sqrt{\frac{2(\varepsilon_\gamma - 1)}{\varepsilon_\gamma} \cdot \frac{c_\gamma (f_{pe} - y_\alpha)}{w_t \cdot F_{tH}/b}}}$ (23.34)

F_{tH} in N	maßgebende Umfangskraft im Stirnschnitt $F_{tH} = F_{Nt} \cdot K_A \cdot K_v \cdot K_{H\beta}$
b in mm	im Eingriff befindliche Zahnbreite
ε_γ	Gesamtüberdeckung nach Gl. (22.38), bei $\beta = 0$ ist $\varepsilon_\gamma = \varepsilon_\alpha$,
c_γ in N/(mm · µm)	Eingriffssteifigkeit (Zahnsteifigkeit), s. Bem. unter Gl. (23.30),
f_{pe} in µm	zulässige Eingriffsteilungsabweichung im Getriebe nach Tab. 23.6,
y_α in µm	Einlaufbetrag, um den sich die Eingriffsteilungsabweichung beim Einlaufen verringert, nach Tab. 23.12b,
$K_{F\beta}$	Breitenfaktor nach Gl. (23.31).

Ergeben sich $K_{F\alpha} = K_{H\alpha} < 1$, so ist $K_{F\alpha} = K_{H\alpha} = 1$ einzusetzen. Wenn die Gl. (23.34) einen Wert ergibt, der gleich oder größer ist als nach der Gl. (23.35) bzw. (23.36), dann ist dieser Wert für die Grenzbedingung einzusetzen:

Grenzbedingung für die Zahnfußtragfähigkeit $$\boldsymbol{K_{F\alpha} = \frac{\varepsilon_\gamma}{\varepsilon_\alpha \cdot Y_\varepsilon}} \quad (23.35)$$

Grenzbedingung für die Grübchentragfähigkeit $$\boldsymbol{K_{H\alpha} = \frac{\varepsilon_\gamma}{\varepsilon_\alpha \cdot Z_\varepsilon^2}} \quad (23.36)$$

Überdeckungsfaktor für die Zahnfußtragfähigkeit $$\boldsymbol{Y_\varepsilon = 0{,}25 + 0{,}75/(\varepsilon_\alpha/\cos^2\beta_b)} \quad (23.37)$$

Überdeckungsfaktor für die Grübchentragfähigkeit $$\boldsymbol{Z_\varepsilon = \sqrt{\frac{4-\varepsilon_\alpha}{3}(1-\varepsilon_\beta) + \frac{\varepsilon_\beta}{\varepsilon_\alpha}}} \quad (23.38)$$

In der Gl. (23.38) ist $\varepsilon_\beta = 1$ zu setzen, falls $\varepsilon_\beta > 1$ ist! Bei Geradverzahnung ist $\varepsilon_\beta = 0$, womit sich für $Z_\varepsilon = \sqrt{(4-\varepsilon_\alpha)/3}$ ergibt. Der Grundschrägungswinkel β_b ergibt sich aus Gl. (22.19).

Zahnfußtragfähigkeit der Stirnräder

Zahnfußnennspannung $$\boldsymbol{\sigma_{F0} = \frac{F_{Nt}}{b \cdot m_n} Y_{Fa} \cdot Y_{Sa} \cdot Y_\varepsilon \cdot Y_\beta} \quad (23.40)$$

F_{Nt}	in N	Nennumfangskraft am Teilkreis entspr. Gl. (23.2), d. h. $F_{Nt} = P_{Nb}/v$ mit P_{Nb} als zu übertragende Nennleistung und v als Umfangsgeschwindigkeit der Teilkreise,
b	in mm	Zahnbreite,
m_n	in mm	Normalmodul,
Y_{Fa}		Formfaktor nach DIN 3990 (Tab. 23.27); er berücksichtigt die Zahnform,
Y_{Sa}		Spannungskorrekturfaktor, der den Kraftangriff am Zahnkopf auf die entspr. örtliche Zahnfußspannung umrechnet, d. h. er erfasst die spannungserhöhende Wirkung der Kerbe (der Fußrundung), nach DIN 3990-3 (Tab. 23.14),
Y_ε		Überdeckungsfaktor nach Gl. (23.37),
Y_β		Schrägenfaktor nach Gl. (23.41):

Schrägenfaktor $$\boldsymbol{Y_\beta = 1 - \varepsilon_\beta \frac{\beta}{120°}} \quad (23.41)$$

ε_β		Sprungüberdeckung nach Gl. (22.37), bei $\varepsilon_\beta > 1$ ist $\varepsilon_\beta = 1$ einzusetzen,
β	in °	Schrägungswinkel, bei $\beta > 30°$ ist $\beta = 30°$ einzusetzen.

23

Zahnfußspannung $$\boldsymbol{\sigma_F = \sigma_{F0} \cdot K_A \cdot K_v \cdot K_{F\beta} \cdot K_{F\alpha}} \quad (23.42)$$

σ_{F0}	in N/mm²	Zahnfußnennspannung nach Gl. (23.40),
K_A		Anwendungsfaktor nach Tab. 23.1,
K_v		Dynamikfaktor nach Gl. (23.29),
$K_{F\beta}$		Breitenfaktor nach Gl. (23.31),
$K_{F\alpha}$		Stirnfaktor nach Gl. (23.34).

Sicherheitsfaktor $$\boldsymbol{S_F = \frac{\sigma_{FE} \cdot Y_{NT} \cdot Y_\delta \cdot Y_R \cdot Y_X}{\sigma_F}} \quad (23.43)$$

σ_{FE}	in N/mm²	Schwell-Dauerfestigkeit des Zahnradwerkstoffs nach Tab. 23.15. Bei Wechselbeanspruchung etwa 0,7-fache Werte,

Y_{NT}		Lebensdauerfaktor für Zahnfußbeanspruchung, der die höhere Tragfähigkeit für eine begrenzte Anzahl von Lastspielen (Lastwechseln) N_L berücksichtigt. Siehe hierzu nachfolgende Angaben,
Y_δ		relative Stützziffer, die den Einfluss der Kerbempfindlichkeit des Werkstoffs berücksichtigt (in DIN 3990 mit $Y_{\delta\,\mathrm{rel\,T}}$ bezeichnet). Bei normaler Fußrundung kann $Y_\delta = 1$ gesetzt werden.
Y_R		relativer Oberflächenfaktor, der die Oberflächenrauheit in der Fußrundung berücksichtigt (in DIN 3990 mit $Y_{\mathrm{R\,rel\,T}}$ bezeichnet). Siehe hierzu die nachfolgenden Angaben,
Y_X		Größenfaktor für die Zahnfußfestigkeit nach Tab. 23.16,
σ_F	in N/mm²	Zahnfußspannung nach Gl. (23.42).

Wenn die Zähne auf Dauer halten sollen (Dauergetriebe), dann ist $Y_{NT} = 1$ zu setzen. Braucht die Verzahnung weniger als $N_L = 3 \cdot 10^6$ Lastspiele auszuhalten, so ist Y_{NT} der Tab. 23.17 zu entnehmen.
Im Bereich bis zu einer Rauhtiefe $R_z = 40\ \mu\mathrm{m}$ können folgende Zahlenwertgleichungen dienen:

für Baustahl und Stahlguss: $\boldsymbol{Y_R = 5{,}306 - 4{,}203(R_z + 1)^{0{,}01}}$

für Gusseisen mit Lamellengraphit (Grauguss), Gusseisen mit Kugelgraphit EN-GJS-400-15 und -600-3 (GGG-40 und 60), Vergütungs- und Nitrierstahl (nitriert oder nitrocarburiert):

$$\boldsymbol{Y_R = 4{,}299 - 3{,}259(R_z + 1)^{0{,}005}}$$

für Vergütungsstahl und Gusseisen mit Kugelgraphit EN-GJS-800-2 (GGG-80), Einsatzstahl und randschichtgehärteter Stahl mit gehärtetem Zahngrund:

$$\boldsymbol{Y_R = 1{,}674 - 0{,}529(R_z + 1)^{0{,}1}}$$

Achtung! Die Zahnfußspannung σ_F und der Sicherheitsfaktor S_F als Sicherheit gegen Zahndauerbruch müssen für beide Räder errechnet werden.
Übliche **Sicherheitsfaktoren** siehe Tab. 23.28.

Grübchentragfähigkeit der Stirnräder

Nominelle Flankenpressung $$\boldsymbol{\sigma_{H0} = Z_H \cdot Z_E \cdot Z_\varepsilon \cdot Z_\beta \sqrt{\frac{F_{Nt}}{d_1 \cdot b} \cdot \frac{u+1}{u}}} \qquad (23.44)$$

Z_H		Zonenfaktor nach Gl. (23.45), der die Krümmung der Flanken erfasst,
Z_E	in $\sqrt{\mathrm{N/mm^2}}$	Elastizitätsfaktor nach Tab. 23.18 bzw. $Z_E = \sqrt{0{,}35 \cdot E_1 \cdot E_2/(E_1 + E_2)}$,
Z_ε		Überdeckungsfaktor nach Gl. (23.38),
Z_β		Schrägenfaktor $= \sqrt{\cos\beta}$ mit β als Schrägungswinkel, bei $\beta = 0$ ist $Z_\beta = 1$,
F_{Nt}	in N	Nennumfangskraft am Teilkreis, siehe Legende zur Gl. (23.40),
d_1	in mm	Teilkreisdurchmesser des Ritzels (niemals d_2 einsetzen!),
b	in mm	Zahnbreite,
u		Zähnezahlverhältnis nach Gl. (21.2).
E_1	in N/mm²	Elastizitätsmodul des Ritzels (des Rades 1),
E_2	in N/mm²	Elastizitätsmodul des Gegenrades (des Rades 2) nach Tab. 23.18.

23

Zonenfaktor $$\boldsymbol{Z_H = \sqrt{\frac{2\cos\beta_b}{\cos^2\alpha_t \cdot \tan\alpha_{wt}}}} \qquad (23.45)$$

β_b	in °	Grundschrägungswinkel nach Gl. (22.19) oder (22.20),
α_{wt}	in °	Betriebs-Eingriffswinkel nach Gl. (22.25) bzw. (22.28),
α_t	in °	Stirneingriffswinkel nach Gl. (22.8).

Bei Null-Geradzahn-Stirnrädern wird $Z_H = \sqrt{2/\tan\alpha} \cdot (\cos\alpha)^{-1}$ und bei $\alpha = 20°$ ist $Z_H = 2{,}49$.

Einzeleingriffsfaktor Ritzel (Geradverzahnung)

$$\mathbf{Z_B} = \frac{\tan \alpha_{wt}}{\sqrt{\left[\sqrt{\frac{d_{a1}^2}{d_{b1}^2}} - 1 - \frac{2\pi}{z_1}\right]\left[\sqrt{\frac{d_{a2}^2}{d_{b2}^2}} - 1 - (\varepsilon_\alpha - 1) \cdot \frac{2\pi}{z_2}\right]}}$$

Falls $Z_B < 1$, dann $Z_B = 1$ setzen. (23.46)

Einzeleingriffsfaktor Rad (Geradverzahnung)

$$\mathbf{Z_D} = \frac{\tan \alpha_{wt}}{\sqrt{\left[\sqrt{\frac{d_{a2}^2}{d_{b2}^2}} - 1 - \frac{2\pi}{z_2}\right]\left[\sqrt{\frac{d_{a1}^2}{d_{b1}^2}} - 1 - (\varepsilon_\alpha - 1) \cdot \frac{2\pi}{z_1}\right]}}$$

Falls $Z_D < 1$, dann $Z_D = 1$ setzen.

Ritzel- und Rad-Einzeleingriffsfaktor Schrägverzahnung $\varepsilon_\beta \geq 1$ — $\mathbf{Z_B = Z_D = 1}$

Ritzel- und Rad-Einzeleingriffsfaktor Schrägverzahnung $\varepsilon_\beta < 1$ — Z_B, Z_D lineare Interpolation zwischen Geradverzahnung und $\varepsilon_\beta = 1$

$d_{a1/2}$	in mm	Kopfkreisdurchmesser, nach Gl. (22.11)
$d_{b1/2}$	in mm	Grundkreisdurchmesser, nach Gl. (22.12)
$z_{1/2}$		Zähnezahl Ritzel, Rad
ε_α		Profilüberdeckung, nach Gl. (22.34) bis (22.36)
α_{wt}	in °	Betriebseingriffswinkel, nach Gl. (22.28)

Maßgebende Flankenpressung

Rad $$\sigma_H = Z_D \cdot \sigma_{H0} \cdot \sqrt{K_A \cdot K_v \cdot K_{H\beta} \cdot K_{H\alpha}} \qquad (23.47)$$

Ritzel $$\sigma_H = Z_B \cdot \sigma_{H0} \cdot \sqrt{K_A \cdot K_v \cdot K_{H\beta} \cdot K_{H\alpha}}$$

Z_B, Z_D		Einzeleingriffsfaktor nach Gl. (23.46),
σ_{H0}	in N/mm²	nominelle Flankenpressung nach Gl. (23.44),
K_A		Anwendungsfaktor nach Tab. 23.1,
K_v		Dynamikfaktor nach Gl. (23.29),
$K_{H\beta}$		Breitenfaktor nach Gl. (23.32),
$K_{H\alpha}$		Stirnfaktor nach Gl. (23.33) bzw. (23.34) bzw. Gl. (23.36).

23

Sicherheitsfaktor $$S_H = \frac{\sigma_{H\,lim} \cdot Z_{NT}}{\sigma_H} Z_L \cdot Z_v \cdot Z_R \cdot Z_W \cdot Z_X \qquad (23.48)$$

$\sigma_{H\,lim}$	in N/mm²	Dauerfestigkeit für Flankenpressung des betr. Radwerkstoffs nach Tab. 23.15,
Z_{NT}		Lebensdauerfaktor, der eine höhere Tragfähigkeit bei einer begrenzten Lebensdauer (Zeitgetriebe) berücksichtigt, nach Tab. 23.17, abhängig von der Lastspielzahl N_L. Bei Dauergetrieben ist $Z_{NT} = 1$,
Z_L		Schmierstofffaktor, der den Einfluss des Schmieröls berücksichtigt, nach Tab. 23.19,
Z_v		Geschwindigkeitsfaktor, der den Einfluss der Gleitgeschwindigkeit an den Flanken berücksichtigt, nach Tab. 23.19,
Z_R		Rauheitsfaktor, der die Oberflächenrauheit der Zahnflanken berücksichtigt, nach Tab. 23.19,

Z_W	Werkstoffpaarungsfaktor, der die Wirkung von oberflächengehärteten Gegenflanken berücksichtigt, siehe Tab. 23.19. Sind beide Flanken ungehärtet oder gehärtet oder nitriert, so ist $Z_W = 1$ zu setzen,
Z_X	Größenfaktor, der den Einfluss der Zahngröße berücksichtigt, nach Tab. 23.16.

Achtung! Der **Sicherheitsfaktor** ist bei unterschiedlichen Werkstoffen von Rad und Gegenrad für beide Räder zu errechnen! Übliche Werte siehe Tab. 23.28.

Zahnfußtragfähigkeit der Kegelräder

Linienbelastung $$\boldsymbol{w = \frac{F_{Nt}}{b_{eH}} K_A = \frac{F_t}{b_{eH}}} \qquad (23.49)$$

w	in N/mm	Linienbelastung des Zahnpaares ohne Dynamikfaktor,
F_{Nt}	in N	Nennumfangskraft am mittleren Teilkreis $= P_{Nb}/v_m$ mit P_{Nb} als zu übertragende Nennleistung in W und v_m in m/s als Umfangsgeschwindigkeit der mittleren Teilkreise $= d_{m1} \cdot \pi \cdot n_1 = d_{m2} \cdot \pi \cdot n_2$,
b_{eH}	in mm	siehe Bem. Gl. (23.50),
K_A		Anwendungsfaktor nach Tab. 23.1,
F_t	in N	Umfangskraft am mittleren Teilkreis unter Berücksichtigung der Betriebsbedingungen $= F_{Nt} \cdot K_A$.

Dynamikfaktor $$\boldsymbol{K_v = \left(\frac{K_1 \cdot K_2}{F_{Nt}/b_{eH} \cdot K_A} + K_3\right) \frac{z_1 \cdot v_m}{100} \cdot \sqrt{\frac{u^2}{u^2+1}} + 1} \qquad (23.50)$$

K_1, K_2, K_3		Einflussfaktoren, siehe Tab. 23.13,
F_{Nt}	in N	siehe Legende zu Gl. (23.49),
v_m	in m/s	Umfangsgeschwindigkeit der mittleren Teilkreise, siehe Legende zu Gl. (23.49),
u		Zähnezahlverhältnis,
b_{eH}	in mm	Effektive Zahnbreite bezüglich Flankenbeanspruchung $b_{eH} = 0{,}85 \cdot b$,
z_1		Zähnezahl des Ritzels,
K_A		Anwendungsfaktor nach Tab. 23.1.

Für eine Linienbelastung von $w < 100$ N/mm ist $w = 100$ N/mm zu setzen.

Zahnfußnennspannung $$\boldsymbol{\sigma_{F0} = \frac{F_{Nt}}{b_{eH} \cdot m_{nm}} \cdot Y_\varepsilon \cdot Y_\beta \cdot Y_{Fa} \cdot Y_{Sa}} \qquad (23.51)$$

F_{Nt}	in N	siehe Legende zur Gl. (23.49),
m_{nm}	in mm	mittlerer Normalmodul nach Gl. (22.47), ggf. nach Tab. 22.1,
Y_ε		Überdeckungsfaktor $Y_\varepsilon = 1/\varepsilon_\alpha$,
Y_β		Schrägenfaktor $Y_\beta = 1 - \varepsilon_\beta \cdot \beta_m/120°$ mit $\varepsilon_\beta \leq 1$ entspr. Gl. (23.41),
b_{eH}	in mm	effektive Zahnbreite $b_{eH} \approx 0{,}85 \cdot b$,
b	in mm	Zahnbreite,
Y_{Fa}		Formfaktor zur Berücksichtigung der Zahnform auf die Biegenennspannung nach Tab. 23.27 für die Zähnezahl z_{vm} des Ersatzstirnrades im Normalschnitt $z_{vn1} = z_{v1}/(\cos^2 \beta_{vb} \cdot \cos \beta_m)$, $z_{vn2} = u_v \cdot z_{vn1}$ mit z_{v1}, β_m siehe Legende Gl. (23.55) und $\beta_{vb} = \arcsin(\sin \beta_m \cdot \cos \alpha_n)$,
α_n	in °	Normaleingriffswinkel, in der Regel $\alpha_n = 20°$,
Y_{Sa}		Spannungskorrekturfaktor zur Berücksichtigung der spannungserhöhenden Wirkung der Kerbe durch die Fußrundung nach Tab. 23.14, siehe auch Hinweise zu Y_{Fa}.

Zahnfußspannung $$\boldsymbol{\sigma_F = \sigma_{F0} \cdot K_A \cdot K_v \cdot K_{F\alpha} \cdot K_{F\beta}} \qquad (23.52)$$

σ_{F0}	in N/mm²	Zahnfußnennspannung nach (Gl. 23.51),
K_A		Anwendungsfaktor nach Tab. 23.1,
K_v		Dynamikfaktor nach Gl. (23.50),

$K_{F\alpha}$	Stirnfaktor für Zahnfußtragfähigkeit, nach Tab. 23.20,
$K_{F\beta}$	Breitenfaktor für Zahnfußtragfähigkeit, Für Industriegetriebe gelten folgende Werte: $K_{F\beta} \approx 1{,}65$ bei beidseitiger Lagerung von Ritzel und Rad, $K_{F\beta} \approx 1{,}88$ bei einer einseitigen und einer fliegenden Lagerung, $K_{F\beta} \approx 2{,}25$ bei fliegender Lagerung von Ritzel und Rad.

Sicherheitsfaktor $$\boldsymbol{S_F = \frac{\sigma_{FE} \cdot Y_{NT}}{\sigma_F} Y_X} \quad (23.53)$$

σ_{FE}	in N/mm²	Schwell-Dauerfestigkeit des Zahnradwerkstoffs (der ungekerbten Probe) nach Tab. 23.15. Bei Wechselbeanspruchung etwa 0,7-fache Werte,
Y_{NT}		Lebensdauerfaktor für eine höhere Tragfähigkeit bei Zeitgetrieben nach Tab. 23.17. Bei Dauergetrieben ist $Y_{NT} = 1$,
Y_X		Größenfaktor nach Tab. 23.16.

Die **üblichen Sicherheiten** $\boldsymbol{S_F}$ gegen Zahndurchbruch siehe Tab. 23.28.

Grübchentragfähigkeit der Kegelräder

nominelle Flankenpressung $$\boldsymbol{\sigma_{H0} = Z_H \cdot Z_E \cdot Z_\varepsilon \cdot Z_\beta \sqrt{\frac{F_{Nt}}{d_{vm1} \cdot b_H} \cdot \frac{u_v + 1}{u_v}}} \quad (23.54)$$

Z_H		Zonenfaktor, der für Null-Kegelradpaare die Krümmung der Flanken erfasst, $Z_H = 2\sqrt{\cos\beta_b / \sin(2\alpha_t)}$
Z_E	$\sqrt{\text{in N/mm}^2}$	Elastizitätsfaktor nach Tab. 23.18 oder Gl. (23.46),
Z_ε		Überdeckungsfaktor nach Gl. (23.38),
Z_β		Schrägenfaktor $\sqrt{\cos\beta_m}$ mit β_m als mittlerem Schrägungswinkel,
F_{Nt}	in N	Nennumfangskraft am mittleren Teilkreis, siehe Legende zur Gl. (23.49),
d_{vm1}	in mm	mittlerer Teilkreisdurchmesser des virtuellen Ersatzstirnrades $= z_{v1} \cdot m_{nm}/\cos\beta_m$ (niemals d_{vm2} einsetzen!),
b_{eH}	in mm	tragende Zahnbreite $\approx 0{,}85b$, d. h. 85% der Zahnbreite b werden als tragend angenommen,
u_v		virtuelles Zähnezahlverhältnis $= z_{v2}/z_{v1}$.
β_b	in °	Grundschrägungswinkel aus $\sin\beta_b = \sin\beta_m \cdot \cos\alpha_n$ nach Gl. (22.20), wobei in der Regel $\alpha_n = 20°$ ist,
α_t	in °	Stirneingriffswinkel aus $\tan\alpha_t = \tan\alpha_n/\cos\beta_m$ nach Gl. (22.8).

Einzeleingriffsfaktor Ritzel

$$\boldsymbol{Z_B = \frac{\tan\alpha_{vt}}{\sqrt{\left(\sqrt{\frac{d_{va1}^2}{d_{vb1}^2} - 1} - \frac{2\pi}{z_{v1}}\right)\left(\sqrt{\frac{d_{va2}^2}{d_{vb2}^2} - 1} - (\varepsilon_{va} - 1) \cdot \frac{2\pi}{z_{v2}}\right)}}} \quad (23.55)$$

Einzeleingriffsfaktor Rad

$$\boldsymbol{Z_D = \frac{\tan\alpha_{vt}}{\sqrt{\left(\sqrt{\frac{d_{va2}^2}{d_{vb2}^2} - 1} - \frac{2\pi}{z_{v2}}\right)\left(\sqrt{\frac{d_{va1}^2}{d_{vb1}^2} - 1} - (\varepsilon_{va} - 1) \cdot \frac{2\pi}{z_{v1}}\right)}}}$$

Einzeleingriffsfaktor Ritzel und Rad Schräg- und Bogenverzahnung $\boldsymbol{\varepsilon_{v\beta} \geq 1}$	$\boldsymbol{Z_B = Z_D = 1}$
Einzeleingriffsfaktor Ritzel und Rad Schräg- und Bogenverzahnung $\boldsymbol{\varepsilon_{v\beta} < 1}$	$\boldsymbol{Z_B}$, $\boldsymbol{Z_D}$ lineare Interpolation zwischen Geradverzahnung und $\boldsymbol{\varepsilon_{v\beta} = 1}$

23

$d_{\text{va}1/2}$ in mm Kopfkreisdurchmesser der Ersatz-Stirnradverzahnung
$d_{\text{va}1/2} = d_{m1/2}/\cos\delta_{1/2} + 2h_{\text{am}}$,
$d_{\text{vb}1/2}$ in mm Grundkreisdurchmesser der Ersatz-Stirnradverzahnung
$d_{\text{vb}1/2} = d_{m1/2}/\cos\delta_{1/2}\cdot\cos\alpha_{\text{vt}}$,
$z_{\text{v}1/2}$ Zähnezahl der Ersatz-Stirnradverzahnung
$z_{\text{v}1} = z_1\cdot\sqrt{u^2+1}/u$
$z_{\text{v}2} = z_2\cdot\sqrt{u^2+1}$,
$\varepsilon_{\text{v}\alpha}$ Profilüberdeckung der Ersatz-Stirnradverzahnung
$\varepsilon_{\text{v}\alpha} = g_{v\alpha}\cdot\cos\beta_m/(m_{nm}\cdot\pi\cdot\cos\alpha_{vt})$ mit
$g_{v\alpha} = (1/2)\cdot(\sqrt{d^2_{\text{va}1} - d^2_{\text{vb}1}} + \sqrt{d^2_{\text{va}2} - d^2_{\text{vb}2}}) - a_{\text{v}}\cdot\sin\alpha_{\text{vt}}$
(bei Geradverzahnung $m_{\text{nm}} = m_{\text{m}}$),
α_{vt} in ° Stirneingriffswinkel der Ersatz-Stirnradverzahnung
$\alpha_{\text{vt}} = \arctan(\tan\alpha_{\text{n}}/\cos\beta_{\text{m}})$,
$d_{\text{m}1/2}$ in mm mittlerer Teilkreisdurchmesser
$d_{m1/2} = z_{1/2}\cdot m_{\text{m}}$, m_{m} siehe Gl. (22.47) bzw. m_{nm} für schräg- und bogenverzahnte Kegelräder,
$\delta_{1/2}$ in ° Teilkegelwinkel,
h_{am} in mm Zahnkopfhöhe in Mitte Zahnbreite
$h_{\text{am}} = m_{\text{m}}$ (im Normalfall),
β_{m} in ° mittlerer Schrägungs- bzw. Spiralwinkel,
a_{v} in mm Achsabstand der Ersatzstirnradverzahnung $a_{\text{v}} = (d_{\text{v}1} + d_{\text{v}2})/2$,
$d_{v1/2}$ in mm Teilkreisdurchmesser der Ersatzstirnradverzahnung $d_{\text{v}1/2} = \dfrac{d_{\text{m}1/2}}{\cos\delta_{1/2}}$,
$\varepsilon_{\text{v}\beta}$ Sprungüberdeckung $\varepsilon_{\text{v}\beta} = \dfrac{b\cdot\sin\beta_{\text{m}}}{m_{\text{nm}}\cdot\pi}\cdot\dfrac{b_{\text{eH}}}{b}$.

Maßgebende Flankenpressung

Rad
$$\boldsymbol{\sigma_{\text{H}} = Z_{\text{D}}\cdot\sigma_{\text{H0}}\cdot\sqrt{K_{\text{A}}\cdot K_{\text{v}}\cdot K_{\text{H}\beta}\cdot K_{\text{H}\alpha}}} \tag{23.56}$$
Ritzel
$$\boldsymbol{\sigma_{\text{H}} = Z_{\text{B}}\cdot\sigma_{\text{H0}}\cdot\sqrt{K_{\text{A}}\cdot K_{\text{v}}\cdot K_{\text{H}\beta}\cdot K_{\text{H}\alpha}}}$$

σ_{H0} in N/mm² nominelle Flankenpressung nach Gl. (23.54),
K_{A} Anwendungsfaktor nach Tab. 23.1,
K_{v} Dynamikfaktor nach Gl. (23.50),
$K_{\text{H}\beta}$ Breitenfaktor nach Gl. (23.33),
$K_{\text{H}\alpha}$ Stirnfaktor nach Tab. 23.20.

Sicherheitsfaktor
$$\boldsymbol{S_{\text{H}} = \frac{\sigma_{\text{H lim}}\cdot Z_{\text{NT}}}{\sigma_{\text{H}}}\, Z_{\text{X}}} \tag{23.57}$$

$\sigma_{\text{H lim}}$ in N/mm² Dauerfestigkeit für Flankenpressung des betr. Radwerkstoffs nach Tab. 23.15,
Z_{NT} Lebensdauerfaktor, der eine höhere Tragfähigkeit bei einer begrenzten Lebensdauer (Zeitgetriebe) berücksichtigt, nach Tab. 23.17. Bei Dauergetrieben ist $Z_{\text{NT}} = 1$.
Z_{X} Größenfaktor, der den Einfluss der Zahngröße berücksichtigt, nach Tab. 23.16.

23

Übliche Sicherheiten S_{H} gegen Grübchenschäden siehe Tab. 23.28.
Wenn genauere Werte vorliegen, kann mit Gl. (23.48) gerechnet werden.

Berechnung der Räder aus thermoplastischen Kunststoffen auf Tragfähigkeit und Verformung

Belastungskennwert
$$\boldsymbol{c = \frac{F_{\text{Nt}}}{b\cdot p_{\text{t}}}} \tag{23.58}$$

F_{Nt} in N Nennumfang am Teilkreis entspr. Gl. (23.2),
b in mm Zahnbreite,
p_{t} in mm Stirnteilung $= m_{\text{n}}\cdot\pi/\cos\beta$.

In Tab. 23.21 sind für verschiedene Kunststoffe die Erfahrungswerte für c in Abhängigkeit von der erreichbaren Lastspielzahl N aufgeführt. Die Lebensdauer in Stunden ist dann $L_h = N/n$ mit n als Drehzahl bzw. Anzahl der Eingriffe eines Zahnes je Stunde. Für Dauergetriebe ist c_{zul} bei $N = 10^8$ maßgebend.
Bei $v \geq$ **5 m/s** lauten erfahrungsgemäß die **Zahlenwertgleichungen** für die

Zahntemperatur

$$t_F \approx t_0 + 136 \cdot P_N \cdot \mu \frac{u+1}{z_2+5} \left[\frac{17\,100}{b \cdot z} \cdot \frac{K_{F1}}{(v \cdot m_n)^{\kappa}} + 6{,}3 \frac{K_{F2}}{A} \right] \text{ in °C} \quad (23.59)$$

Flankentemperatur

$$t_H \approx t_0 + 136 \cdot P_N \cdot \mu \frac{u+1}{z_2+5} \left[\frac{17\,100}{b \cdot z} \cdot \frac{K_{H1}}{(v \cdot m_n)^{\kappa}} + 6{,}3 \frac{K_{H2}}{A} \right] \text{ in °C} \quad (23.60)$$

t_0	in °C	Umgebungstemperatur, im Normalfall 20 °C,
P_N	in kW	zu übertragende Nennleistung,
μ		Reibzahl nach Tab. 23.22,
u		Zähnezahlverhältnis nach Gl. (21.2),
z_2		Zähnezahl des Großrades,
z		Zähnezahl des Kunststoffrades (das kann z_1 oder z_2 sein),
b	in mm	Zahnbreite,
K_{F1}, K_{F2}		Beiwerte für die Zahntemperatur nach Tab. 23.22,
K_{H1}, K_{H2}		Beiwerte für die Flankentemperatur nach Tab. 23.22,
v	in m/s	Umfangsgeschwindigkeit der Teilkreise, bei Kegelrädern der mittleren Teilkreise,
m_n	in mm	Normalmodul,
κ		Exponent nach Tab. 23.22,
A	in m^2	wärmeabführende Oberfläche des Getriebegehäuses, die aus der Konstruktionszeichnung zu entnehmen ist. Sie entfällt bei offenen Getrieben.

$\boldsymbol{P_N}$, $\boldsymbol{b}$, v, $\boldsymbol{m_n}$ und $\boldsymbol{A}$ sind nur mit ihren **Zahlenwerten** unter Fortlassung ihrer vorstehend aufgeführten Einheiten einzusetzen!
Bei $v <$ 5 m/s entfällt die Berechnung der Temperaturen. In diesen Fällen ist mit der Umgebungstemperatur zu rechnen, d. h. mit $t_F = t_H = t_0$.

Berechnung auf Zahnfußtragfähigkeit

Zahnfußspannung $$\sigma_F = \frac{w}{m_n} Y_{Fa} \cdot Y_{\varepsilon} \cdot Y_{\beta} \quad (23.61)$$

w	in N/mm	$= F_{Nt} \cdot K_A/b$ nach Gl. (23.30) ist die Linienbelastung mit $F_{Nt} = P_N/v$ als Nennumfangskraft am Teilkreis und b als Zahnbreite. P_N ist die zu übertragende Nennleistung und v die Umfangsgeschwindigkeit der Teilkreise, K_A der Anwendungsfaktor nach Tab. 23.1,
m_n	in mm	Normalmodul, bei Kegelrädern m_{nm},
Y_{Fa}		Zahnformfaktor nach Tab. 23.27. Kerbwirkungen brauchen nicht in Betracht gezogen zu werden,
Y_{ε}		Lastanteilfaktor $= 1/\varepsilon_\alpha$ mit ε_α als Profilüberdeckung nach den Gln. (22.34) bis (22.36), bei Kegelrädern ist $Y_\varepsilon = 1$,
Y_{β}		Schrägenfaktor $= \sqrt{\cos\beta} \geq 0{,}75$

23

Sicherheit gegen Zahn-Dauerbruch $$S_F = \frac{\sigma_{FN}}{\sigma_F} \quad (23.62)$$

σ_{FN}	in N/mm^2	Zeit-Schwellfestigkeit des betr. Kunststoffs bei der erforderlichen Lastspielzahl N nach Tab. 23.23,
σ_F	in N/mm^2	Zahnfußspannung nach Gl. (23.61).

Übliche Sicherheiten S_F gegen Zahn-Dauerbruch siehe Tab. 23.28.

Berechnung auf Flankentragfähigkeit

Hertzsche Pressung im Wälzpunkt $$\boldsymbol{\sigma_H = \sqrt{\frac{w}{d_1} \cdot \frac{u+1}{u}}\, Z_H \cdot Z_E \cdot Z_\varepsilon} \quad (23.63)$$

w	in N/mm	siehe Legende zur Gl. (23.61),
d_1	in mm	Teilkreisdurchmesser des Ritzels, bei Kegelrädern $d_{vm1} = z_{v1} \cdot m_{tm}$ (niemals d_2 bzw. d_{vm2} einsetzen!),
u		Zähnezahlverhältnis nach Gl. (21.2), bei Kegelrädern u_v nach Gl. (22.56),
Z_H		Zonenfaktor nach Gl. (23.45) bzw. (23.55),
Z_E	in N/mm^2	Elastizitätsfaktor nach Tab. 23.24,
Z_ε		Überdeckungsfaktor nach Gl. (23.38).

Sicherheit gegen Flankenschäden $$\boldsymbol{S_H = \frac{\sigma_{HN}}{\sigma_H}} \quad (23.64)$$

σ_{HN}	in N/mm^2	Zeitwälzfestigkeit des Kunststoffs bei der Lastspielzahl N_L. Siehe unten stehende Angaben,
σ_H	in N/mm^2	Hertzsche Pressung nach Gl. (23.63).

Die Zeitwälzfestigkeit σ_{HN} kann für PA 66 der Tab. 23.25 entnommen werden. Für PA 6 sind die abgelesenen Werte mit 0,8 zu multiplizieren, für PA 6 G (Guss) mit 0,9. Werte für POM siehe ebenfalls Tab. 23.25.

Übliche Sicherheiten S_F gegen Flankenschäden siehe Tab. 23.28.

Berechnung auf Zahnverformung
Die Verschiebung des Zahnkopfes in Umfangsrichtung ist die

Verformung $$\boldsymbol{\lambda = \frac{0{,}67 w_N}{\cos \alpha_t} \varphi \left(\frac{\psi_1}{E_1} + \frac{\psi_2}{E_2} \right)} \quad (23.65)$$

λ	in mm	Verschiebung des Zahnkopfes in Umfangsrichtung,
w_N	in N/mm	spezifische Nennumfangskraft $= F_{Nt}/b$ ($F_{Nt} = P_N/v$ mit P_N als Nennleistung),
α_t	in °	Stirneingriffswinkel nach Gl. (22.8),
φ		Beiwert nach Tab. 23.26,
ψ_1, ψ_2		Beiwerte für die betr. Kunststoffräder nach Tab. 23.26. Für ein Metallrad ist $\psi = 0$ zu setzen,
E_1, E_2	in N/mm^2	Elastizitätsmoduln der Kunststoffe der Räder $\approx 1{,}36 Z_E^2$ mit Z_E aus Tab. 23.26.

Messungen zeigten, dass bei Verformungen $\lambda > 0{,}1 m_n$ das Laufgeräusch zunimmt und die Zahnfußfestigkeit überschritten werden kann. Deshalb gilt: $\boldsymbol{\lambda \leq 0{,}1 m_n}$.

24 Zahnradpaare mit sich kreuzenden Achsen

Eingriffsverhältnisse von Schraub-Stirnradpaaren

Achsenwinkel $\boldsymbol{\Sigma = \beta_1 + \beta_2}$ (24.1)

Gleitgeschwindigkeit $\boldsymbol{v_g = v_1 \dfrac{\sin \Sigma}{\cos \beta_2} = v_2 \dfrac{\sin \Sigma}{\cos \beta_1}}$ (24.2)

β_1, β_2 in ° Schrägungswinkel,
v_1, v_2 in m/s Umfangsgeschwindigkeiten der Teilkreise $v_1 = d_1 \cdot \pi \cdot n_1$ bzw. $v_2 = d_2 \cdot \pi \cdot n_2$.

Empfohlene **Radbreite** $\boldsymbol{b \approx 10 m_n \geq b_e}$. Es ist jeweils die

Eingriffsbreite $\boldsymbol{b_e = \varepsilon_\alpha \cdot m_n \cdot \pi \cdot \sin \beta}$ (24.3)

mit ε_α als Profilüberdeckung nach Gl. (22.34) des geradverzahnten Ersatz-Stirnradpaares und m_n in mm als Normalmodul.
Radabmessungen und Achsabstand entsprechen denen von schrägverzahnten Stirnrädern.

Wirkungsgrad und Zahnkräfte an Schraub-Stirnradpaaren

Wirkungsgrad der Schraubung $\boldsymbol{\eta_S = \dfrac{\cos(\beta_2 + \varrho) \cdot \cos \beta_1}{\cos(\beta_1 - \varrho) \cdot \cos \beta_2}}$ (24.4)

ϱ ist der wirksame Reibwinkel, für den $\tan \varrho = \mu / \cos \alpha_n$ gilt. Erfahrungsgemäß kann bei guter Schmierung $\boldsymbol{\varrho \approx 5 \ldots 6^\circ}$ gesetzt werden. Der größtmögliche Wirkungsgrad wird erzielt, wenn $\beta_1 - \beta_2 = \varrho$ ist, also $\boldsymbol{\beta_1 = 0{,}5(\Sigma + \varrho)}$.
Mit dem Wirkungsgrad η_W durch das Wälzgleiten der Zahnflanken wird der **Gesamtwirkungsgrad** $\boldsymbol{\eta_{ges} = \eta_W \cdot \eta_S \approx 0{,}97 \eta_S}$ (ohne Lagerreibung). Bei vorgegebener Abtriebs-Nennleistung P_{N2} beträgt die

Antriebsnennleistung $\boldsymbol{P_{N1} = \dfrac{P_{N2}}{\eta_{ges}}}$ (24.5)

Die **Reibleistung** (der Reibverlust), der sich in Wärme umsetzt und abgeführt werden muss, beträgt somit $\boldsymbol{P_f = P_{N1} - P_{N2}}$.

Kräfte am Abtriebsrad 2

Tangentialkraft $\boldsymbol{F_{t2} = \dfrac{P_{N2}}{v_2} K_A}$ (24.6)

Axialkraft $\boldsymbol{F_{a2} = F_{t2} \cdot \tan(\beta_2 + \varrho)}$ (24.7)

Radialkraft $\boldsymbol{F_{r2} = F_{t2} \dfrac{\tan \alpha_n \cdot \cos \varrho}{\cos(\beta_2 + \varrho)}}$ (24.8)

Kräfte am Antriebsrad 1

Tangentialkraft $$\boldsymbol{F_{t1} = F_{t2} \frac{\cos(\beta_1 - \varrho)}{\cos(\beta_2 + \varrho)}} \qquad (24.9)$$

Axialkraft $$\boldsymbol{F_{a1} = F_{t1} \cdot \tan(\beta_1 - \varrho)} \qquad (24.10)$$

Radialkraft $$\boldsymbol{F_{r1} = F_{r2}} \qquad (24.11)$$

P_{N2}	in W	Abtriebsnennleistung,
v_2	in m/s	Umfangsgeschwindigkeit des Rades 2, d. h. $v_2 = d_2 \cdot \pi \cdot n_2$,
K_A		Anwendungsfaktor zur Berücksichtigung ungleichförmiger Belastung. Richtwerte siehe Tab. 23.1,
α_n	in °	Normaleingriffswinkel = 20° (im Regelfall).

Tragfähigkeit von Schraub-Stirnradpaaren, Schmierung

Überschlägliche Tragfähigkeitsberechnung:

Belastungskennwert $$\boldsymbol{C = \frac{F_{t1}}{b_1 \cdot p_n}} \qquad (24.12)$$

Sicherheit gegen Flankenschäden $$\boldsymbol{S = \frac{d_1 \cdot b_1}{q \cdot P_f}} \qquad (24.13)$$

F_{t1}	in N	Tangentialkraft am Rad 1 nach Gl. (24.9),
b_1	in mm	ausgeführte Breite des Antriebsrades,
p_n	in mm	Normalteilung = $m_n \cdot \pi$,
d_1	in mm	Teilkreisdurchmesser des Rades 1,
q	in mm²/W	Temperaturfaktor nach Tab. 24.1,
P_f	in W	Reibleistung = $P_{N1} - P_{N2}$.

Der Belastungskennwert C ist mit dem zulässigen nach Tab. 24.1 zu vergleichen. Bei gehärtetem und geschliffenem Gegenrad zu Grauguss oder Bronze sind 1,25fache Werte zulässig, für zeitweise laufende Getriebe ≈1,5fache Werte. Besonders bei Stahl auf Stahl ist eine reichliche Schmierung wichtig. Die Sicherheit gegen Flankenschäden (Fressen) soll $\boldsymbol{S \geq 1{,}2}$ sein.
Bei Gleitgeschwindigkeiten nach Gl. (24.2)

bis v_g = **0,5 m/s** oder bis v_1 = 1 m/s ist eine Tauchschmierung in Getriebefett,
bis v_g = **2 m/s** oder bis v_1 = 4 m/s eine Öl-Tauchschmierung,
bei v_g > **2 m/s** oder v_1 > 4 m/s eine Spritzölschmierung in Eingriffsrichtung üblich.

Die Viskosität des Schmieröls kann etwa gewählt werden bei

v_g =	0,5	0,8	1,2	2...5	8	12 m/s
ISO VG	320	220	150	100	68	23

Geometrie der Schneckenradsätze

24

Das **Zähnezahlverhältnis** $\boldsymbol{u}$ ist das Verhältnis der Zähnezahl z_2 des Schneckenrades zur Zähnezahl z_1 der Schnecke:

Zähnezahlverhältnis $$\boldsymbol{u = z_2/z_1} \qquad (24.14)$$

Das Zähnezahlverhältnis ist gleich dem Betrag der Übersetzung $i = n_1/n_2$ als Verhältnis der Drehzahlen. Es sind folgende Zähnezahlen z_1 der Schnecke üblich:

i =	5...10	10...15	15...30	> 30
z_1 =	4	3	2	1

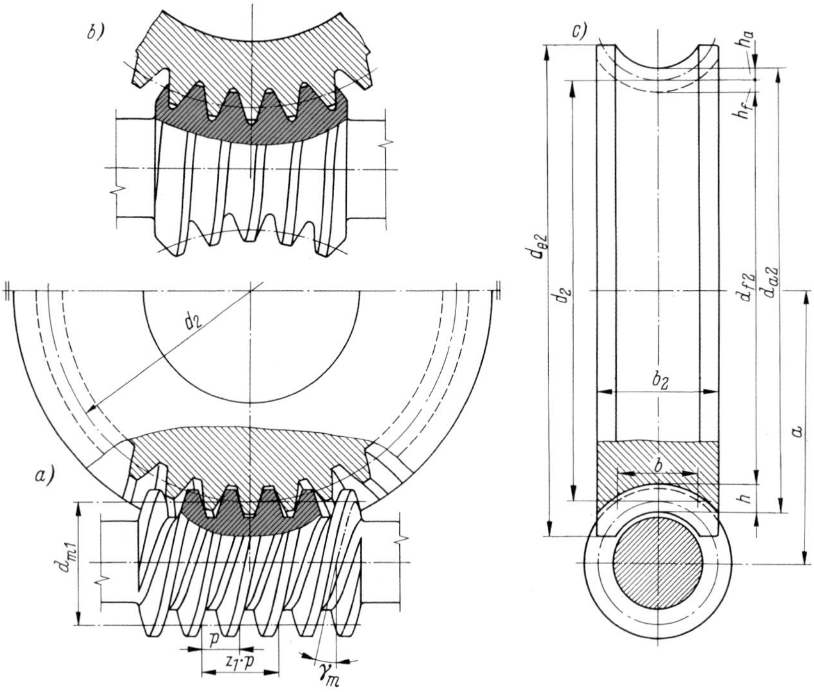

Bild 24.1 Schneckenradsatz (linkssteigend gezeichnet)
a) mit Zylinderschnecke, b) mit Globoidschnecke, c) mit Zylinderschnecke

Axialteilung $\boldsymbol{p = m \cdot \pi}$ (24.15)

mit m in mm als Axialmodul. In Schneckenradsätzen hat die Schnecke den Axialmodul m_x, das Schneckenrad den Stirnmodul m_t. Bei $\Sigma = 90°$ ist $m_x = m_t = m$.

Formzahl der Schnecke $\boldsymbol{q = d_{m1}/m}$ (24.16)

Teilkreisdurchmesser des Rades $\boldsymbol{d_2 = m \cdot z_2}$ (24.17)

Achsabstand $$\boldsymbol{a = \frac{d_{m1} + d_2}{2} + x \cdot m = \frac{m}{2}\,(q + z_2 + 2x)}$$ (24.18)

Mit der **Profilverschiebung** $\boldsymbol{x \cdot m}$ am Schneckenrad, vorzugsweise $x \geq 0$.

Kopfkreisdurchmesser $\boldsymbol{d_{a1} = d_{m1} + 2h_{a1}}$ (24.19)

Fußkreisdurchmesser $\boldsymbol{d_{f1} = d_{m1} - 2h_{f1}}$ (24.20)

Kopfkreisdurchmesser $\boldsymbol{d_{a2} = d_2 + 2h_{a2}}$ (24.21)

Fußkreisdurchmesser $\boldsymbol{d_{f2} = d_2 - 2h_{f2}}$ (24.22)

Mittensteigungswinkel $$\boldsymbol{\tan\gamma_m = \frac{m \cdot z_1}{d_{m1}} = \frac{z_1}{q}}$$ (24.23)

Normalteilung $\boldsymbol{p_n = p \cdot \cos\gamma_m}$ (24.24)

Normaleingriffswinkel $\tan\alpha_n = \tan\alpha \cdot \cos\gamma_m$ (24.25)

d_{m1}	in mm	Mittenkreisdurchmesser der Schnecke,
d_2	in mm	Teilkreisdurchmesser des Schneckenrades nach Gl. (24.17),
m	in mm	Axialmodul,
q		Formzahl nach Gl. (24.16),
z_2		Zähnezahl des Schneckenrades,
x		Profilverschiebungsfaktor am Schneckenrad,
h_{a1}	in mm	Kopfhöhe der Schnecke $= m$ im Normalfall,
h_{f1}	in mm	Fußhöhe der Schnecke $= 1{,}2m$ im Normalfall,
h_{a2}	in mm	Kopfhöhe des Rades $= m(1+x)$ im Normalfall,
h_{f2}	in mm	Fußhöhe des Rades $= m(1-x) + c_2$ mit $c_2 = 0{,}167\ldots0{,}3m$, wobei das Kopfspiel $c_2 = 0{,}2m$ bevorzugt wird,
p	in mm	Axialteilung nach Gl. (24.15),
α	in °	Eingriffswinkel im Axialschnitt,
α_n	in °	Eingriffswinkel im Normalschnitt,
z_1		Zähnezahl der Schnecke.

Profilüberdeckung $$\varepsilon_\alpha = \frac{\sqrt{d_{a2}^2 - d_{b2}^2} + \dfrac{2m(1-x)}{\sin\alpha} - d_2 \cdot \sin\alpha}{2p_e}$$ (24.26)

d_{a2}	in mm	Kopfkreisdurchmesser des Rades nach Gl. (24.21),
d_{b2}	in mm	Grundkreisdurchmesser des Rades $= d_2 \cdot \cos\alpha$,
m	in mm	Axialmodul,
x		Profilverschiebungsfaktor am Schneckenrad,
d_2	in mm	Teilkreisdurchmesser des Rades nach Gl. (24.17),
p_e	in mm	Eingriffsteilung $= p \cdot \cos\alpha = m \cdot \pi \cdot \cos\alpha$,
α	in °	Eingriffswinkel im Axialschnitt.

Gleitgeschwindigkeit $$v_g = \frac{v_1}{\cos\gamma_m} = \frac{d_{m1} \cdot \pi \cdot n_1}{\cos\gamma_m}$$ (24.27)

v_g	in m/s	Geschwindigkeit, mit der die Flanken in Richtung der Schraubenlinie aufeinander gleiten,
v_1	in m/s	Umfangsgeschwindigkeit des Mittenkreises der Schnecke,
d_{m1}	in m	Mittenkreisdurchmesser der Schnecke,
n_1	in s^{-1}	Drehzahl der Schnecke,
γ_m	in °	Mittensteigungswinkel nach Gl. (24.23).

Bei einer Profilverschiebung weicht v_g unwesentlich von dem Betrag nach Gl. (24.27) ab.

Wirkungsgrad und Zahnkräfte an Schneckenradsätzen

Wirkungsgrad der Schraubung $$\eta_S = \frac{\tan\gamma_m}{\tan(\gamma_m + \varrho)}$$ (24.28)

24

ϱ ist der wirksame Reibwinkel, für den $\tan\varrho = \mu/\cos\alpha_n$ gilt. Der größtmöglichste Wirkungsgrad wird bei $\gamma_m \approx 45°$ erzielt. Erfahrungswerte für ϱ enthält Tab. 24.3.
Mit dem Wirkungsgrad η_W durch das Wälzgleiten der Zahnflanken wird für einen Schneckenradsatz der **Gesamtwirkungsgrad** $\boldsymbol{\eta_{ges} = \eta_W \cdot \eta_S \approx 0{,}98\eta_S}$ (ohne Lagerreibung). Bei vorgegebener Abtriebsnennleistung $P_{N2} = P_{Nb}$ beträgt somit die erforderliche

Antriebsnennleistung $$P_{N1} = \frac{P_{N2}}{\eta_{ges}}$$ (24.29)

	Kräfte am Schneckenrad		**Kräfte an der Schnecke**	
Tangentialkraft	$\boldsymbol{F_{t2} = \frac{P_{N2}}{v_2} K_A}$	(24.30)	$\boldsymbol{F_{t1} = F_{a2}}$	(24.33)
Axialkraft	$\boldsymbol{F_{a2} = F_{t2} \cdot \tan(\gamma_m + \varrho)}$	(24.31)	$\boldsymbol{F_{a1} = F_{t2}}$	(24.34)
Radialkraft	$\boldsymbol{F_{r2} = F_{t2} \frac{\cos\varrho \cdot \tan\alpha_n}{\cos(\gamma_m + \varrho)}}$	(24.32)	$\boldsymbol{F_{r1} = F_{r2}}$	(24.35)

P_{N2} in W Abtriebsnennleistung,
v_2 in m/s Umfangsgeschwindigkeit des Rad-Teilkreises $= d_2 \cdot \pi \cdot n_2 = v_1 \cdot \tan\gamma_m$,
K_A Anwendungsfaktor zur Berücksichtigung ungleichförmiger Belastung. Anhaltswerte siehe Tab. 23.1,
γ_m in ° Mittensteigungswinkel nach Gl. (24.23),
α_n in ° Normaleingriffswinkel nach Gl. (24.25),
ϱ in ° wirksamer Reibwinkel nach Tab. 24.3.

Die **Drehmomente** betragen $\boldsymbol{M_1 = F_{t1} \cdot r_{m1}}$ an der Schnecke und $\boldsymbol{M_2 = F_{t2} \cdot r_2}$ am Rad, wobei $r_{m1} = d_{m1}/2$ und $r_2 = d_2/2$ sind.
Bei treibender Schnecke beträgt der Wirkungsgrad der Schraubung

$$\eta_S = \frac{\tan(\gamma_m - \varrho)}{\tan\gamma_m}$$

Sobald $\boldsymbol{\gamma_m \leq \varrho}$ wird, ergibt sich $\eta_S \leq 0$. In diesem Fall tritt **Selbsthemmung** ein.

Gestaltung der Schnecken und Schneckenräder

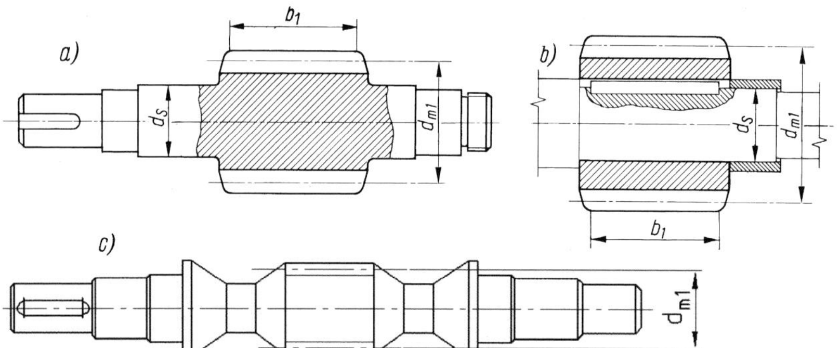

Bild 24.2 Ausführung von Schnecken
a) Schneckenwelle (Schnecke und Welle aus einem Stück), b) aufgesetzte Schnecke,
c) eingeschnittene Vollschnecke

Schneckenbreite	$\boldsymbol{b_1 \approx \sqrt{d_{a2}^2 - d_2^2}}$	(24.36)
Radbreite	$\boldsymbol{b_2 \approx \sqrt{d_{a1}^2 - d_{m1}^2} + 2m = b + 2m}$	(24.37)

mit b gemäß Bild 24.3a und m als Axialmodul. Als Richtwert gilt auch $b_2 \approx 0{,}8 d_{m1}$.

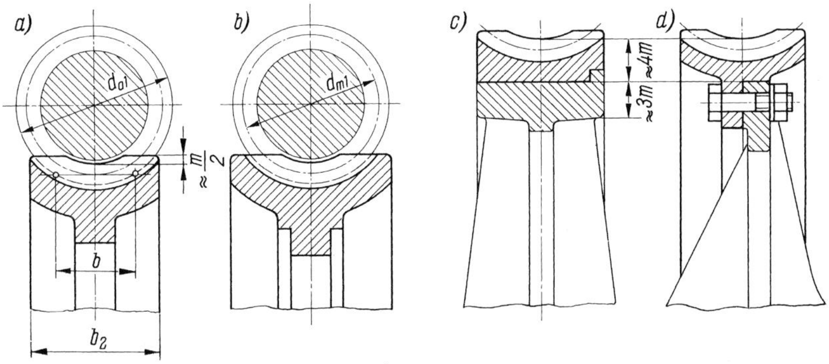

Bild 24.3 Ausbildung der Schneckenradkränze
a) Grauguss, b) Leichtmetallguss, c) aufgepresst, d) angeschraubt

Schmierung von Schneckenradsätzen

Es kommen folgende Schmierungsarten zur Anwendung:

1. Schnecke eintauchend, und zwar
bis $v_1 = 4$ m/s Tauchschmierung in Getriebefett,
bis $v_1 = 10$ m/s Tauchschmierung in Schmieröl,
über $v_1 = 10$ m/s Spritzölschmierung in Eingriffsrichtung.

2. nur Schneckenrad eintauchend, und zwar
bis $v_1 = 1$ m/s Tauchschmierung in Getriebefett,
bis $v_1 = 4$ m/s Tauchschmierung in Schmieröl,
über $v_1 = 4$ m/s Spritzölschmierung in Eingriffsrichtung.

Für die Ermittlung der erforderlichen Ölviskosität dient der

Schmierkennwert $$\boldsymbol{K_S = \frac{M_2}{a^3 \cdot n_1}} \qquad (24.38)$$

K_S	in N · s/m² = Pa · s	Schmierkennwert,
M_2	in Nm	Drehmoment des Schneckenrades,
a	in m	Achsabstand nach Gl. (24.18),
n_1	in s^{-1}	Drehzahl der Schnecke.

Mit diesem geht aus Tab. 24.4 die erforderliche Viskosität des Schmieröls hervor. Weitere Informationen über die Erhöhung oder Senkung der Tabellenwerte, die Wahl der Viskositätsklasse, die Wahl des Getriebeöls und die erforderliche Ölmenge enthalten die Ausführungen nach der Legende zur Gl. (23.24).

24

Tragfähigkeit von Schneckenradsätzen

Überschlagsberechnung der Grübchentragfähigkeit von metallischen Schneckenradsätzen mit dem Mittelwert der

Hertzschen Pressung $$\boldsymbol{\sigma_H = \sqrt{\frac{F_{t2} \cdot r_2}{a^3}}\, Z_E \cdot Z_\varrho} \qquad (24.39)$$

F_{t2}	in N	Tangentialkraft am Schneckenrad nach Gl. (24.30),
r_2	in mm	Teilkreisdurchmesser des Schneckenrades,

a	in mm	Achsabstand des Schneckenradsatzes nach Gl. (24.18),
Z_E	in $\sqrt{N/mm^2}$	Elastizitätsfaktor nach Tab. 24.6,
Z_ϱ		Kontaktfaktor, der die Flankenkrümmung und die Berührungslänge berücksichtigt, nach Tab. 24.5.

Sicherheit gegen Grübchen $$S_H = \frac{\sigma_{H\,lim}}{\sigma_H} \qquad (24.40)$$

$\sigma_{H\,lim}$	in N/mm^2	Wälzfestigkeit (Grübchenfestigkeit) des Schneckenradwerkstoffes nach Tab. 24.6,
σ_H	in N/mm^2	Hertzsche Pressung der Zahnflanken nach Gl. (24.39).

Bei einer Sicherheit $S_H = 1$ ist eine Lebensdauer $L_h = 25000$ h zu erwarten, bei einer längeren Lebensdauer muss $S_H > 1$ sein, bei einer kürzeren < 1, und zwar

erforderliche Sicherheit gegen Grübchen bei $L_h \neq 25000$ h $$S_H = \left(\frac{L_h}{25000\ h}\right)^{1/6} \qquad (24.41)$$

L_h in h gewünschte Lebensdauer. Bei $S_H \geq 1{,}6$ handelt es sich um ein Dauergetriebe.

24

25 Kettentriebe

Kettenräder

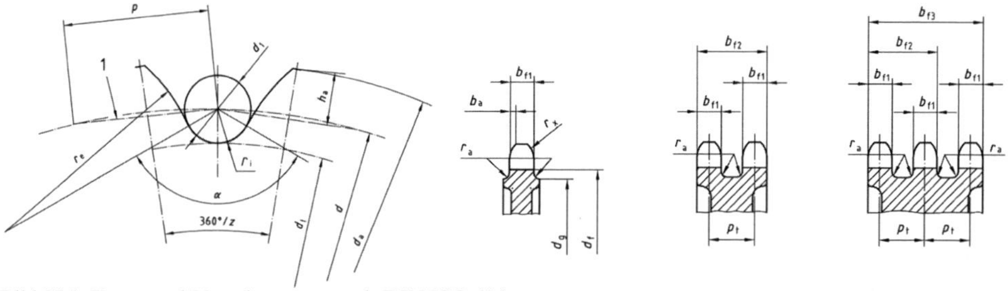

Bild 25.1 Kettenrad-Verzahnungen nach DIN ISO 606

Für die **Räder von Rollenketten** sind entspr. Bild 25.1 folgende Durchmesser zu errechnen:

Teilkreisdurchmesser
$$\boldsymbol{d = \frac{p}{\sin(\tau/2)}} \qquad (25.1)$$

Fußkreisdurchmesser
$$\boldsymbol{d_f = d - d_1} \qquad (25.2)$$

Kopfkreisdurchmesser
$$\boldsymbol{d_{a\,max} = d + 1{,}25p - d_1} \qquad (25.3)$$

$$\boldsymbol{d_{a\,min} = d + (1 - 1{,}6/z)\,p - d_1} \qquad (25.4)$$

Durchmesser der Freidrehung

– für Kettennummern 04C, 06C
$$\boldsymbol{d_g = \frac{p}{\tan(\tau/2)} - 1{,}05 \cdot h_2 - 1{,}00 - 2r_a} \qquad (25.5a)$$

– für alle anderen Ketten
$$\boldsymbol{d_g = \frac{p}{\tan(\tau/2)} - 1{,}04 \cdot h_2 - 0{,}76\ \mathrm{mm}} \qquad (25.5b)$$

p	in mm	Teilung der Kette,
τ	in °	Teilungswinkel = 360°/z
z		Zähnezahl
d_1	in mm	Rollendurchmesser (Tab. 25.2)
h_2	in mm	max. Innenlaschenhöhe (Tab. 25.2)
r_a	in mm	Radfasenradius (Tab. 25.3)

Für die Form der Zähne sind folgende Abmessungen zu errechnen:

	Minimale Zahnlückenform		*Maximale Zahnlückenform*	
Rollenbettradius	$\boldsymbol{r_{i\,min} = 0{,}505 d_1}$	(25.6)	$\boldsymbol{r_{i\,max} = 0{,}505 d_1 + 0{,}069 \sqrt[3]{d_1}}$	(25.7)
Zahnflankenradius	$\boldsymbol{r_{e\,min} = 0{,}12 d_1 (z + 2)}$	(25.8)	$\boldsymbol{r_{e\,max} = 0{,}008 d_1 (z^2 + 180)}$	(25.9)
Rollenbettwinkel	$\boldsymbol{\alpha_{max} = 140° - 90°/z}$	(25.10)	$\boldsymbol{\alpha_{min} = 120° - 90°/z}$	(25.11)
Abfasung	$\boldsymbol{b_a = 0{,}06p}$		für Kettennummern 081, 083, 084, 085	(25.12a)
	$\boldsymbol{b_a = 0{,}13p}$		für alle anderen Ketten	(25.12b)
Zahnfasenradius	$\boldsymbol{r_x = p}$			

Die **Zahnbreiten** $\mathbf{b_{f1}}$ bis $\mathbf{b_{fi}}$ siehe Tab. 25.3.

Es ist bei Übersetzungen ins Langsame $i = n_1/n_2 = z_2/z_1 > 1$, bei Übersetzungen ins Schnelle $i = n_2/n_1 = z_1/z_2 < 1$ (Index 1 für das kleine Rad).

korrigierte Leistung $\boldsymbol{P_C = P \cdot f_1 \cdot f_2}$ (25.14)

P	in kW	zu übertragende Nennleistung,
f_1		Betriebsfaktor zur Berücksichtigung ungleichförmigen Betriebes nach Tab. 25.4,
f_2		Zähnezahlfaktor, der die Auswirkungen der Zähnezahl z_1 des Kleinrades berücksichtigt, nach Tab. 25.7.

Mit P_D ist aus den Diagrammen 25.1 bis 25.3 eine geeignete Rollenkette zu wählen.

Kettengeschwindigkeit $\boldsymbol{v = z \cdot p \cdot n}$ (25.15)

v	in m/s	durchschnittliche Kettengeschwindigkeit,
z		Zähnezahl des betr. Rades,
p	in m	Teilung der Kette (Tab. 25.2),
n	in s^{-1}	Drehzahl des betr. Rades.

Gliederzahlfaktor $$\boldsymbol{f_3 = \left(\frac{|z_2 - z_1|}{2\pi}\right)^2} \quad (25.16)$$

Gliederzahl $$\boldsymbol{X_0 = 2\,\frac{a_0}{p} + \frac{z_1 + z_2}{2} + \frac{f_3 \cdot p}{a_0}} \quad (25.17)$$

a_0	in mm	vorläufiger Achsabstand,
z_1		Zähnezahl des Kleinrades,
z_2		Zähnezahl des Großrades,
p	in mm	Kettenteilung.

X_0 ist möglichst auf eine gerade Zahl X zu runden.

Übersetzungsfaktor $$\boldsymbol{f_Ü = \left|\frac{X - z_s}{z_2 - z_1}\right|} \quad (25.18)$$

Mit dem für $f_Ü$ errechneten Wert kann der Achsabstandsfaktor f_4 Tabelle 25.8 entnommen werden. Der Achsabstand ist dann:

Achsabstand $$\boldsymbol{a = f_4 \cdot p \cdot [2X - (z_1 + z_2)]}, \quad \text{für} \quad z_1 \neq z_2$$

$$\boldsymbol{a = p \cdot \left(\frac{X - z}{2}\right)}, \quad \text{für} \quad z_1 = z_2 \quad (25.19)$$

25

Zur **Tragfähigkeitsberechnung** der Kette werden benötigt:

Statische Zugkraft der Kette $$\boldsymbol{F = \frac{P}{v}} \quad (25.20)$$

Dynamische Zugkraft der Kette $$\boldsymbol{F_d = F \cdot f_1} \quad (25.21)$$

P	in kW	zu übertragende Nennleistung,
v	in m/s	Kettengeschwindigkeit nach Gl. (25.15),
f_1		Betriebsfaktor nach Tab. 25.4.

Fliehzugkraft $\boldsymbol{F_f = q \cdot v^2}$ (25.22)

F_f	in N	Wirkung der Fliehkraft auf jedes der beiden Kettentrums,
q	in kg/m	Längengewicht der Kette (Tab. 25.2). Das Längengewicht q wird als längenbezogene Masse auch mit m' bezeichnet (siehe DIN 1304),
v	in m/s	Kettengeschwindigkeit nach Gl. (25.15).

Gesamtzugkraft $\boldsymbol{F_g = F_d + F_f}$ (25.23)

F_d	in kN	dynamische Zugkraft nach Gl. (25.21),
F_f	in kN	Fliehzugkraft nach Gl. (25.22).

Statische Bruchsicherheit $\boldsymbol{S_B = \frac{F_B}{F} \geq 7}$ (25.24)

Dynamische Bruchsicherheit $\boldsymbol{S_D = \frac{F_B}{F_g} \geq 5}$ (25.25)

F_B	in kN	Bruchkraft der Kette (Tab. 25.2).

Gelenkpressung $\boldsymbol{p_g = \frac{F_g}{A}}$ (25.26)

F_g	in N	Gesamtzugkraft der Kette nach Gl. (25.23),
A	in cm^2	gepresste Gelenkfläche (Tab. 25.2).

Zulässige Gelenkpressungen nach Tab. 25.9. Weicht p_g von p_{zul} ab, so ändert sich die zu erwartende Lebensdauer L_h entspr. Tab. 25.9.
Auf die Wellen wirkende **Achskraft** $\boldsymbol{F_W \approx F_g}$.

Schmierung der Kettentriebe

Die von der Kettengeschwindigkeit v und von der Kettenteilung p abhängende Schmierungsart geht aus Diagr. 25.4 hervor. Je nach Umgebungstemperatur t_0 sind nach DIN 8195 Öle folgender Viskositätsklassen geeignet:

$t_0 =$	−5 ... +25	25 ... 45	45 ... 65 °C
nach DIN 51519 ISO VG	100	150 ... 220	220 ... 320
nach DIN 51511 SAE	30	40	50

26 Flachriementriebe

Theoretische Grundlagen für Riementriebe

Eytelweinsche Gleichung oder Seilreibungsgleichung $\frac{F_1}{F_2} = e^{\mu\beta}$ (26.1)

Trumkraftverhältnis $m = e^{\mu\beta}$ (26.2)

mit e = 2,718... als Eulerzahl und Basis der natürlichen Logarithmen. Somit gilt:

Größte Riemenspannkraft $F_1 = F_2 \cdot m$ (26.3)

Ausbeute $k = \frac{F}{F_1} = \frac{m-1}{m}$ (26.4)

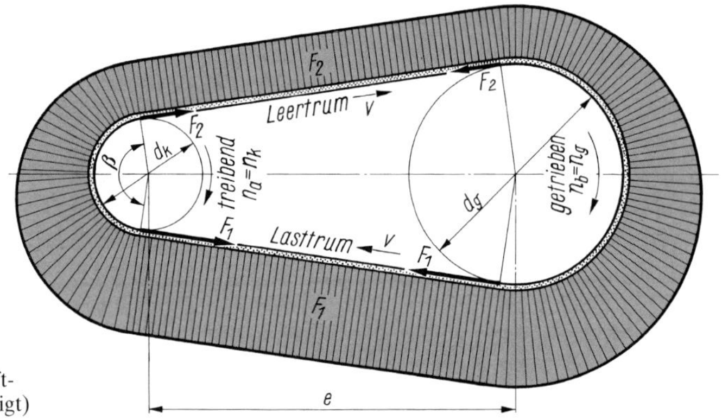

Bild 26.1 Kräfte am laufenden Treibriemen (Fliehkraftwirkungen vernachlässigt)

Riemenscheiben

Hauptabmessungen siehe Tab. 26.1. Für große **Armscheiben** erfahrungsgemäß nach oben aufzurundende

Armzahl $z \approx \sqrt{0{,}023\ \mathrm{mm}^{-1} \cdot d}$ (26.5)

d in mm Scheibenaußendurchmesser.

26

Querschnitt der Arme meistens elliptisch mit dem Verhältnis $a_1/a_2 = 2 \ldots 2{,}5$ (Bild 26.2). Übliche Abmessungen nach Bild 26.2 sind:

Nabenlänge		$L_N \approx 1{,}2 \ldots 1{,}5 d_B$		
Kranzdicke	*zylindrischer Scheiben*	$k \approx 0{,}005d + 2\ \mathrm{mm}$	*Nabendicke*	$w \approx 0{,}4 d_B + 10\ \mathrm{mm}$
	gewölbter Scheiben	$k \approx 0{,}0033d + 3\ \mathrm{mm}$	*Wölbhöhe*	h nach Tab. 26.1

Bei geteilten Scheiben ($d > 2$ m) Dicke der Halbarme etwa $a_3 = 0{,}6 a_1$, Breite der Sprengleisten $c \approx 5\ \mathrm{mm}$.

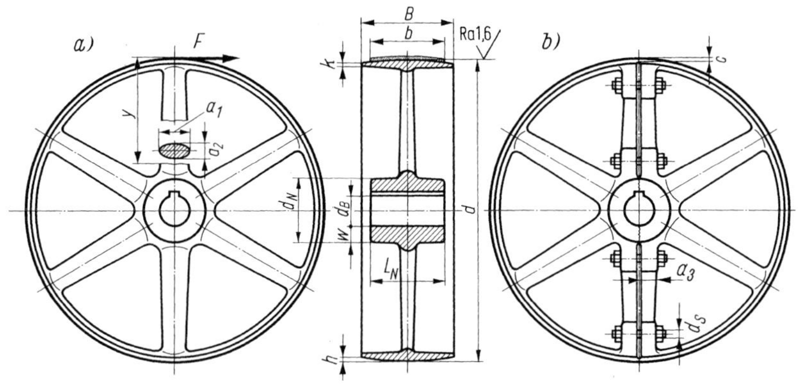

Bild 26.2 Große Grauguss-Riemenscheibe, a) ungeteilt, b) geteilt

Biegespannung $\boldsymbol{\sigma_b = \dfrac{3F \cdot y}{W_b \cdot z}}$ (26.6)

σ_b	in N/mm²	Biegespannung im gefährdeten Armquerschnitt,
F	in N	Zugkraft = Umfangskraft an der Scheibe,
y	in mm	Abstand von F zum gefährdeten Armquerschnitt $\approx 0{,}5(d - d_N)$ mit dem Nabendurchmesser $d_N = d_B + 2\,w$, worin d_B = Bohrungsdurchmesser und w = Nabendicke,
W_b	in mm³	Widerstandsmoment des Armquerschnitts, für elliptische Querschnitte $\approx 0{,}1a_1^2 \cdot a_2$,
z		Armzahl.

Als **zulässige Biegespannung** kann etwa $\boldsymbol{\sigma_{b\,zul} \approx 0{,}25R_m}$ gesetzt werden, wenn R_m die Zugfestigkeit des Scheibenwerkstoffs bedeutet, z. B. $R_m = 200$ N/mm² für EN-GJL-200 (GG-20).
Ist die Scheibenbreite $B > 0{,}1d + 200$ mm, so werden **zwei Armsterne** im Abstand $l_A = 0{,}5 \ldots 0{,}6B$ vorgesehen.
Für geteilte Scheiben gilt als Anhalt für den

Durchmesser der Verbindungsschrauben $\boldsymbol{d_S \approx 0{,}2\sqrt{L_N \cdot w} + 7\ \mathrm{mm}}$ (26.7)

L_N in mm Nabenlänge, w in mm Nabendicke.

Geometrie der Flachriementriebe

1. für den offenen Flachriementrieb

Trumneigungswinkel $\boldsymbol{\sin\alpha = \dfrac{d_g - d_k}{2e}}$ (26.8)

Umschlingungswinkel an der kleinen Scheibe $\boldsymbol{\beta = 180^\circ - 2\alpha}$ (26.9)

Innenlänge des Riemens $\boldsymbol{L_i = 2e \cdot \cos\alpha + \dfrac{\pi}{2}(d_k + d_g) + \widehat{\alpha}(d_g - d_k)}$ (26.10)

d_k	in mm	Durchmesser der kleinen Scheibe,
d_g	in mm	Durchmesser der großen Scheibe,
e	in mm	Achsabstand,
α	in °	Trumneigungswinkel,
$\widehat{\alpha}$	in rad	Trumneigungswinkel.

Achsabstand $e \approx f_1 + \sqrt{f_1^2 - f_2}$ (26.11)

mit $f_1 = \frac{L_i}{4} - \frac{\pi}{8}(d_k + d_g)$ und $f_2 = \frac{(d_g - d_k)^2}{8}$

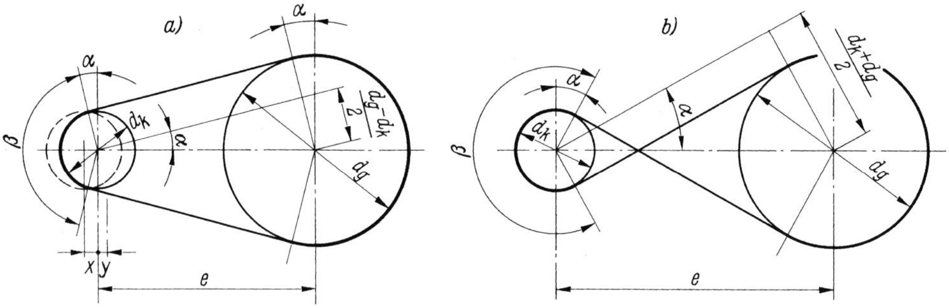

Bild 26.3 Schemata von Riementrieben
a) offener Riementrieb, b) gekreuzter Riementrieb

2. für den gekreuzten Riementrieb

Trumneigungswinkel $\sin \alpha = \frac{d_k + d_g}{2e}$ (26.12)

Umschlingungswinkel an der kleinen Scheibe $\beta = 180° + 2\alpha$ (26.13)

Innenlänge des Riemens $L_i = 2e \cdot \cos \alpha + \frac{\widehat{\beta}}{2}(d_k + d_g)$ (26.14)

Bei gegebener Innenlänge L_i gilt auch für den gekreuzten Riementrieb die Näherungsgleichung (26.11), jedoch ist für $f_2 = \frac{(d_k + d_g)^2}{8}$ einzusetzen.
Die Näherung ist nicht so genau wie für offene Riementriebe.

In Tab. 26.2 sind die **üblichen Innenlängen** der endlosen Riemen angegeben, gemessen unter der anfänglichen Montagespannung.
Erforderliche **Verstellbarkeit des Achsabstandes** $x = 0{,}03 L_i$ und $y = 0{,}015 L_i$.

Übersetzung, Riemengeschwindigkeit, Biegefrequenz

Übersetzung $i = n_a / n_b \approx d_b / d_a$ (26.15)

n_a Drehzahl der treibenden Scheibe, d_a Durchmesser der treibenden Scheibe,
n_b Drehzahl der getriebenen Scheibe, d_b Durchmesser der getriebenen Scheibe.

26

Bei Übersetzungen ins Langsame ist $i = n_k/n_g \approx d_g/d_k > 1$, bei Übersetzungen ins Schnelle $i = n_g/n_k \approx d_k/d_g < 1$ (Index k für die kleine Scheibe, g für die große Scheibe).

Riemengeschwindigkeit $v \approx d_k \cdot \pi \cdot n_k \approx d_g \cdot \pi \cdot n_g$ (26.16)

n_k, n_g in s^{-1} Drehzahlen der Scheiben,
d_k, d_g in m Durchmesser der Scheiben.

Biegefrequenz $f_B = \frac{v \cdot Z}{L_i}$ (26.17)

f_B	in s^{-1}	Biegehäufigkeit des Riemens in 1 s,
v	in m/s	Riemengeschwindigkeit nach Gl. (26.16),
Z		Anzahl der Scheiben im Trieb, einschl. von Spannrollen,
L_i	in m	Innenlänge des Riemens.

Berechnung der Antriebe mit Leder- und Geweberiemen

Biegespannung $\sigma_b \approx E_b \frac{s}{d_k}$ (26.18)

E_b	in N/cm^2	Biegeelastizitätsmodul des Riemenwerkstoffs nach Tab. 26.3,
s	in cm	Riemendicke,
d_k	in cm	Durchmesser der kleinen Scheibe.

Damit die Biegespannung nicht zu groß wird, soll das in Tab. 26.3 angegebene Verhältnis s/d_k nicht überschritten werden.

Fliehzugspannung $\sigma_f = \varrho \cdot v^2$ (26.19)

σ_f	in N/m^2	Zugspannung im Riemen durch die Fliehkraft ($1\ N/cm^2 = 10^4\ N/m^2$),
ϱ	in kg/m^3	Dichte des Riemenwerkstoffs (Tab. 26.3),
v	in m/s	Riemengeschwindigkeit nach Gl. (26.16).

Zulässige Lasttrumspannung $\sigma_{1\,zul} = \sigma_{zul} - \sigma_b - \sigma_f$ (26.20)

σ_{zul}	in N/cm^2	zulässige Zugspannung des Riemenwerkstoffs nach Tab. 26.3,
σ_b	in N/cm^2	Biegespannung im Riemen nach Gl. (26.18),
σ_f	in N/cm^2	Fliehzugspannung im Riemen nach Gl. (26.19).

Spezifische Nennleistung $P_n = \sigma_{1\,zul} \cdot k \cdot s \cdot v$ (26.21)

P_n	in W/cm	je cm Riemenbreite übertragbare Nennleistung,
$\sigma_{1\,zul}$	in N/cm^2	zulässige Lasttrumspannung nach Gl. (26.20),
k		Ausbeute nach Gl. (26.4),
s	in cm	Riemendicke,
v	in m/s	Riemengeschwindigkeit nach Gl. (26.16).

Optimale Riemengeschwindigkeit $v_{opt} = \sqrt{\frac{\sigma_{zul} - \sigma_b}{3\varrho}}$ (26.22)

v_{opt}	in m/s	leistungsgünstigste Riemengeschwindigkeit,
σ_{zul}	in N/m^2	zulässige Zugspannung im Riemen nach Tab. 26.3 ($1\ N/cm^2 = 10^4\ N/m^2$),
σ_b	in N/m^2	Biegespannung im Riemen auf der kleinen Scheibe nach Gl. (26.18),
ϱ	in kg/m^3	Dichte des Riemenwerkstoffs nach Tab. 26.3.

erforderliche Riemenbreite $b_{erf} = \frac{P \cdot C_B \cdot C_\mu}{P_n}$ (26.23)

b_{erf}	in cm	erforderliche Riemenbreite, aufzurunden auf ein genormtes Maß nach Tab. 26.1,
P	in kW	zu übertragende Nennleistung,
P_n	in kW/cm	spezifische Nennleistung des Riemens nach Gl. (26.21),
C_B		Betriebsfaktor zur Berücksichtigung der auftretenden Spitzendrehmomente (Stöße) nach Tab. 26.4,
C_μ		Reibfaktor, der den Einfluss der durch Umweltbedingungen veränderten Reibzahl erfasst, nach Tab. 26.5.

$$\textit{Auflegestreckung} \quad \boldsymbol{\Delta L = \varepsilon_0 \cdot L_i} \qquad (26.24)$$

ε_0		Dehnung des Riemens beim Vorspannen nach Tab. 26.6,
L_i	in mm	Innenlänge des Riemens.

Auf die Wellen wirkende resultierende **Achskraft** $\boldsymbol{F_W}$ nach Tab. 26.6 abhängig von der Zugkraft $\boldsymbol{F = P/v}$ mit P als zu übertragende Nennleistung in W, v als Riemengeschwindigkeit in m/s.

Berechnung von Antrieben mit Mehrschichtriemen

1. mit Extremultus-Mehrschichtriemen Bauart 80

Vorzugsweise werden d_k und d_g so gewählt, dass $v \approx 20 \ldots 30$ m/s beträgt. Die Riemengröße (Dicke des Riemens) ergibt sich aus dem Produkt $\boldsymbol{d_k \cdot C_1}$ nach Tab. 26.7. Danach wird nach Tab. 26.8 kontrolliert, ob $\boldsymbol{f_B \leq f_{B\,zul}}$ ist. Sollte $f_B > f_{B\,zul}$ sein, so ist die nächstkleinere Riemengröße zu wählen. Danach ist die erforderliche Riemenbreite zu errechnen:

$$\textit{erforderliche Riemenbreite} \quad \boldsymbol{b_{erf} = \frac{P \cdot C_B \cdot C_\beta}{P_N}} \qquad (26.25)$$

b_{erf}	in cm	erforderliche Riemenbreite, zu der die nächstliegende nach Tab. 26.7 zu wählen ist,
P	in kW	zu übertragende Nennleistung,
P_N	in kW/cm	übertragbare Nennleistung eines 1 cm breiten Riemens bei $\beta = 180°$ nach Tab. 26.9,
C_B		Betriebsfaktor (Belastungsfaktor) zur Berücksichtigung ungleichförmigen Betriebes nach Tab. 26.10,
C_β		Umschlingungsfaktor (Winkelfaktor) zur Berücksichtigung des Umschlingungswinkels β nach Tab. 26.11.

$$\textit{Auflegestreckung} \quad \boldsymbol{\Delta L = \varepsilon_0 \cdot L_i = \frac{C_2 + C_3 + C_4}{100} L_i} \qquad (26.26)$$

mit den Beiwerten C_2 bis C_4 nach Tab. 26.12, der Riemenlänge L_i und der Auflegedehnung ε_0. Auf jede der beiden Wellen wirkt während des Betriebes die

$$\textit{Achskraft} \quad \boldsymbol{F_W = C_2 \cdot F_N \cdot b / C_\beta} \qquad (26.27)$$

C_2		Dehnfaktor nach Tab. 26.12,
F_N	in N/cm	Nennzugkraft = Dehnkraft an der Welle für einen 1 cm breiten Riemen bei 1% Riemendehnung nach Tab. 26.9,
b	in cm	ausgeführte Riemenbreite,
C_β		Umschlingungsfaktor nach Tab. 26.11.

2. mit Habasit-Mehrschichtriemen

Aus Tab. 26.14 ist zunächst mit dem Verhältnis $\boldsymbol{P/n_k}$ der wirtschaftlichste Scheibendurchmesser d_k zu ermitteln und mit diesem die geeignete Riemenausführung und -größe (Riemendicke) aus derselben Tabelle. Danach kann die Riemengeschwindigkeit v errechnet werden. Der Mindestachsabstand e_{min} ist abhängig von der Übersetzung i und dem Durchmesser d_g der großen Scheibe nach den Werten der Tab. 26.18 festzulegen.

$$\textit{erforderliche Riemenbreite} \quad \boldsymbol{b_{erf} = \frac{P \cdot C_B \cdot C_\beta}{P_N}} \qquad (26.28)$$

P	in kW	zu übertragende Nennleistung,
P_N	in kW/cm	übertragbare Nennleistung eines 1 cm breiten Riemens bei $\beta = 180°$ nach Diagr. 26.1,

C_B		Betriebsfaktor (Belastungsfaktor) zur Berücksichtigung ungleichförmigen Betriebes nach Tab. 26.15,
C_β		Umschlingungsfaktor (Winkelfaktor) zur Berücksichtigung des Umschlingungswinkels β nach Tab. 26.11.

Auflegestreckung $\boldsymbol{\Delta L = \varepsilon_0 \cdot L_i \approx \frac{C_1 + C_2}{100} L_i}$ (26.29)

ε_0		Auflegedehnung des Riemens,
C_1		Dehnungsfaktor nach Tab. 26.16. Bei großer Feuchtigkeit sind die Tabellenwerte um 0,4 zu erhöhen,
C_2		Korrekturbeiwert nach Tab. 26.16. Für die nicht aufgeführten Riemenausführungen ist $C_2 = 0$,
L_i	in cm	Riemenlänge (Betriebslänge).

Achskraft $\boldsymbol{F_W = C_3 \cdot C_1 \cdot F_e \cdot b}$ (26.30)

C_1		Dehnungsfaktor wie in Gl. (26.29),
C_3		Korrekturfaktor nach Tab. 26.17,
F_e	in N/cm	Dehnkraft an der Welle für einen 1 cm breiten Riemen bei 1% Riemendehnung nach Tab. 26.17,
b	in cm	ausgeführte Riemenbreite.

Bei den Berechnungen der Habasit-Mehrschichtriemen braucht die Biegefrequenz nicht kontrolliert zu werden.

Spannrollentrieb

Die Riemenlänge ist so zu wählen, dass der Umschlingungswinkel β genügend groß wird (üblich $\beta \approx 180°$) und die Spannrolle genügend einschwingt (üblich $2\varphi \leq 120°$).

Bild 26.4
Schema eines Spannrollentriebes

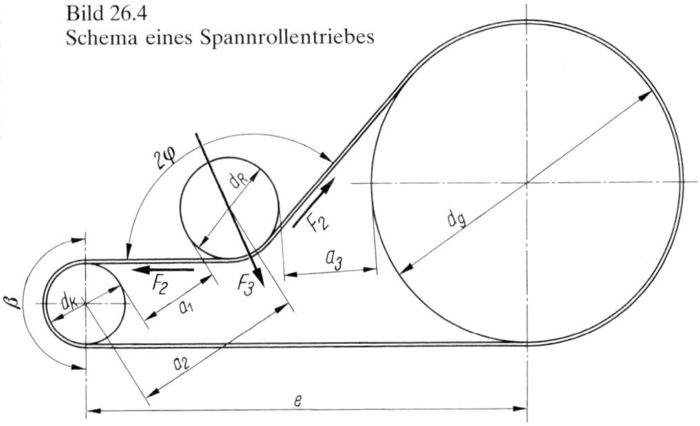

Spannrollenabstand $\boldsymbol{a_1 \geq 0{,}5(d_k + d_R)}$ oder $\boldsymbol{a_2 \geq (d_k + d_R)}$ und $\alpha_3 > \alpha_1$

Bei Scheiben bis etwa $d_k = 500$ mm geht man auf $\boldsymbol{a_1 = 250 \ldots 300}$ **mm**.

Leertrumkraft $\boldsymbol{F_2 = \frac{P_n \cdot b}{(m-1)\,v}}$ (26.31)

P_n	in W/cm	spezifische Nennleistung nach Gl. (26.21), bei Mehrschichtriemen $= P_N/C_\beta$,
b	in cm	ausgeführte Riemenbreite,
m		Trumkraftverhältnis nach Gl. (26.2),
v	in m/s	Riemengeschwindigkeit nach Gl. (26.16).

Rollendruckkraft $\boldsymbol{F_3 = 2F_2 \cdot \cos\varphi}$ (26.32)

27 Keilriementriebe

Berechnung der Antriebe mit Keilriemen und Keilrippenriemen

Übersetzung $\boldsymbol{i = n_a / n_b \approx d_{wb} / d_{wa}}$ (27.1)

n_a Drehzahl der treibenden Scheibe,
n_b Drehzahl der getriebenen Scheibe,
d_{wa} Wirkdurchmesser der treibenden Scheibe,
d_{wb} Wirkdurchmesser der getriebenen Scheibe.

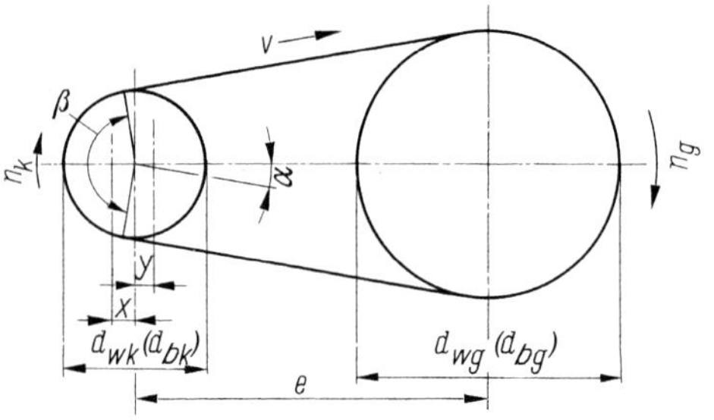

Bild 27.1 Prinzipdarstellung eines offenen Keilriementriebes (d_{bk} und d_{bg} gelten für Keilrippenriementriebe)

Bei Übersetzungen ins Langsame ist $i = d_{wb}/d_{wa} > 1$, bei Übersetzungen ins Schnelle < 1 Genormte Scheibendurchmesser für Keilriemen siehe Tab. 27.2. Die Übersetzung und die Riemengeschwindigkeit sind auch bei Keilrippenriemen mit den Wirkdurchmessern (siehe Tab. 27.3) wie bei Keilriemen zu errechnen, während bei den übrigen Berechnungen die Bezugsdurchmesser d_{bk} und d_{bg} einzusetzen sind (Normdurchmesser für d_b wie d_w bei Keilriemen nach Tab. 27.2). Es beträgt die

Riemengeschwindigkeit $v \approx \boldsymbol{d_{wk} \cdot \pi \cdot n_k \approx d_{wg} \cdot \pi \cdot n_g}$ (27.2)

n_k, n_g in s^{-1} Drehzahlen der Scheiben,
d_{wk}, d_{wg} in m Wirkdurchmesser der Scheiben.

Für **offene Riementriebe** ohne Spannrolle (Bild 27.1) gelten sinngemäß wie bei Flachriementrieben:

Trumneigungswinkel bei Keilriementrieben $$\boldsymbol{\sin\alpha = \frac{d_{wg} - d_{wk}}{2e}} \quad (27.3)$$

bei Keilrippenriementrieben $$\boldsymbol{\sin\alpha = \frac{d_{bg} - d_{bk}}{2e}} \quad (27.4)$$

Umschlingungswinkel $$\boldsymbol{\beta = 180^\circ - 2\alpha} \quad (27.5)$$

Wirklänge des Keilriemens $$\boldsymbol{L_w = 2e \cdot \cos\alpha + \frac{\pi}{2}(d_{wk} + d_{wg}) + \widehat{\alpha}(d_{wg} - d_{wk})} \quad (27.6)$$

Bezugslänge des Keilrippenriemens $$\boldsymbol{L_b = 2e \cdot \cos\alpha + \frac{\pi}{2}(d_{bk} + d_{bg}) + \widehat{\alpha}(d_{bg} - d_{bk})} \quad (27.7)$$

d_{wk}, d_{wg}	in mm	Wirkdurchmesser der Keilriemenscheiben,
d_{bk}, d_{bg}	in mm	Bezugsdurchmesser der Keilrippenscheiben,
e	in mm	Achsabstand,
α ($\widehat{\alpha}$)	in ° (rad)	Trumneigungswinkel.

Nach dem Ergebnis der Gl. (27.6) ist für Normalkeilriemen eine Wirklänge L_w nach Tab. 27.8, für Schmalkeilriemen nach Tab. 27.9 zu wählen. Für Keilrippenriemen ist nach der Gl. (27.7) die Bezugslänge L_b nach Tab. 27.10 festzulegen.

Achsabstand $\boldsymbol{e \approx f_1 + \sqrt{f_1^2 - f_2}}$ (27.8)

mit $f_1 = \frac{L_w}{4} - \frac{\pi}{8}(d_{wk} + d_{wg})$ und $f_2 = \frac{(d_{wg} - d_{wk})^2}{8}$ für Keilriementriebe,

$f_1 = \frac{L_b}{4} - \frac{\pi}{8}(d_{bk} + d_{bg})$ und $f_2 = \frac{(d_{bg} - d_{bk})^2}{8}$ für Keilrippenriementriebe.

In den Normen wird als **Achsabstand** $\boldsymbol{e = 0{,}7 \ldots 2(d_{wk} + d_{wg})}$ für Keilriementriebe empfohlen. Für Keilrippenriementriebe kann $\boldsymbol{e = 0{,}7 \ldots 2(d_{bk} + d_{bg})}$ angenommen werden.
In den Diagrammen 27.1 bis 27.3 sind in Abhängigkeit von der Berechnungsleistung $P \cdot C_B$ und der Drehzahl n_k der kleinen Scheibe Richtlinien für die Wahl des Riemenprofils angegeben. Danach ist die erforderliche Anzahl der Keilriemen oder Keilrippen zu errechnen:

erforderliche Anzahl der Keilriemen oder Keilrippen $\boldsymbol{n_{erf} = \frac{P \cdot C_B}{P_N \cdot c_L \cdot c_\beta}}$ (27.9)

P	in kW	zu übertragende Nennleistung,
C_B		Belastungsfaktor (Betriebsfaktor) nach Tab. 26.4,
P_N	in kW	Nennleistung, die von einem Keilriemen bzw. von einer Keilrippe bei $\beta = 180°$ und einer bestimmten Länge übertragen werden kann, nach den Tabn. 27.5 bis 27.7,
c_L		Längenfaktor, der den Einfluss der Riemenlänge berücksichtigt, nach den Tabn. 27.8 bis 27.10,
c_β		Winkelfaktor (Umschlingungsfaktor), der den Umschlingungswinkel β berücksichtigt, nach Tab. 27.11.

Bei Auslegung nach der Gl. (27.9) erreichen die Riemen eine Lebensdauer von etwa 24000 Betriebsstunden.

Biegefrequenz $\boldsymbol{f_B = \frac{v \cdot Z}{L_w}}$ (27.10)

$$\boldsymbol{f_B = \frac{v \cdot Z}{L_b + 2\pi \cdot h_b}} \quad (27.11)$$

v	in m/s	Riemengeschwindigkeit nach Gl. (27.2),
Z		Anzahl der Scheiben im Trieb (einschl. Spannrollen),
L_w	in m	gewählte Wirklänge des Keilriemens,
L_b	in m	gewählte Bezugslänge des Keilrippenriemens,
h_b	in m	Bezugshöhe des Keilrippenriemens nach Tab. 27.3.

Zulässige Biegefrequenzen für die verschiedenen Riemenarten sind in Tab. 27.12 angegeben.

Achskraft $\boldsymbol{F_W \approx 1{,}5 \ldots 2P \cdot C_B / v}$ (27.12)

mit P als zu übertragende Leistung, C_B als Belastungsfaktor und v als Riemengeschwindigkeit.
Erforderliche **Verstellbarkeit des Achsabstandes** $\boldsymbol{x = 0{,}03 L_w}$ und $\boldsymbol{y = 0{,}015 L_w}$.

28 Synchron- oder Zahnriementriebe

Übersetzung und Geometrie der Synchronriementriebe

Übersetzung $\boldsymbol{i = n_a / n_b = z_b / z_a}$ (28.1)

n_a Drehzahl der treibenden Scheibe,
n_b Drehzahl der getriebenen Scheibe,
z_a Zähnezahl der treibenden Scheibe,
z_b Zähnezahl der getriebenen Scheibe.

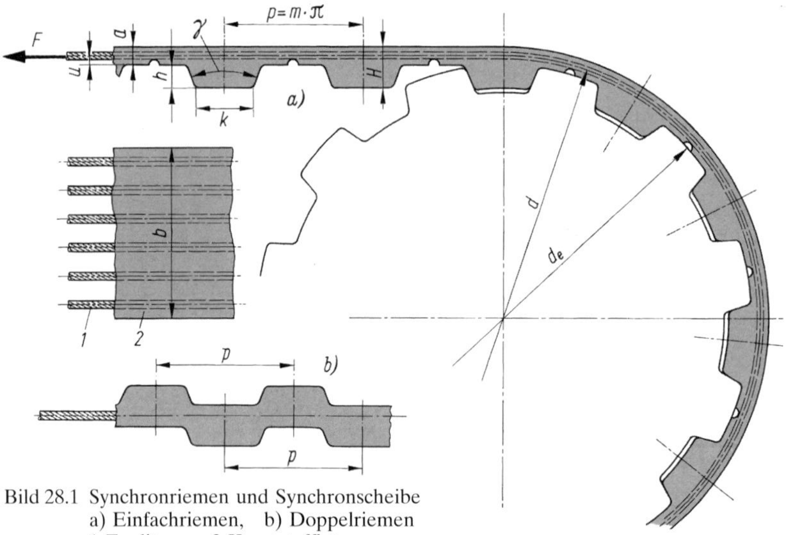

Bild 28.1 Synchronriemen und Synchronscheibe
a) Einfachriemen, b) Doppelriemen
1 Zuglitzen, 2 Kunststoffkörper

Bei Übersetzungen ins Langsame ist $i > 1$, bei Übersetzungen ins Schnelle < 1. Üblicherweise wird etwa **bis *i* bzw. 1/*i* = 10** gegangen. Es beträgt die

Riemengeschwindigkeit $v = \boldsymbol{d_k \cdot \pi \cdot n_k = d_g \cdot \pi \cdot n_g}$ (28.2)

d_k, d_g in m Teilkreisdurchmesser der Scheiben nach Gl. (28.3),
n_k, n_g in s^{-1} Drehzahlen der Scheiben.

Für eine Zahnscheibe betragen:

Teilkreisdurchmesser $\boldsymbol{d = \frac{p}{\pi} \cdot z = m \cdot z}$ (28.3)

Kopfkreisdurchmesser $\boldsymbol{d_e = d - 2u}$ (28.4)

28

p in mm Teilung (Tabn. 28.1 und 28.2),
m in mm Modul der Verzahnung (in DIN 7721 nicht angegeben),
z Zähnezahl der betr. Scheibe,
u in mm Abstand vom Zahnkopfkreis der Scheibe bis zur Achse der Zuglitze (Tabn. 28.1 und 28.2).

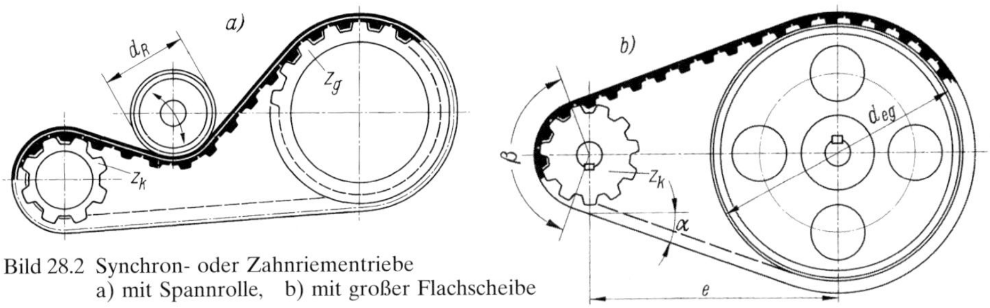

Bild 28.2 Synchron- oder Zahnriementriebe
a) mit Spannrolle, b) mit großer Flachscheibe

Bild 28.2a zeigt einen Spannrollentrieb. Der kleinstzulässige Spannrollendurchmesser d_R ist in Tab. 28.1 angegeben. Wegen des großen Umschlingungswinkels auf der großen Scheibe bei Übersetzungen größer als 3,5 braucht diese Scheibe nicht verzahnt zu sein, d. h. es genügt eine zylindrische Scheibe. Für diese sind aber nur Zahnriemen mit Trapezzähnen geeignet.

Ungezahnte große Scheiben müssen einen Außendurchmesser $\boldsymbol{d_{eg} = d_g - 2(u + h)}$ erhalten (siehe Bild 28.2b).
Für einen **offenen Trieb** ohne Spannrolle gilt (siehe Bild 28.2b):

Trumneigungswinkel $$\sin \alpha = \frac{d_g - d_k}{2e} \tag{28.5}$$

Umschlingungswinkel $$\beta = 180° - 2\alpha \tag{28.6}$$

Riemenlänge $$L = 2e \cdot \cos \alpha + \frac{\pi}{2}(d_k + d_g) + \widehat{\alpha}(d_g - d_k) \tag{28.7}$$

d_k	in mm	Teilkreisdurchmesser der kleinen Scheibe nach Gl. (28.3),
d_g	in mm	Teilkreisdurchmesser der großen Scheibe nach Gl. (28.3),
e	in mm	vorgesehener oder vorläufiger Achsabstand,
$\alpha, \widehat{\alpha}$	in ° (rad)	Trumneigungswinkel.

Die Anzahl der Riemenzähne ergibt sich zu $X = L/p$ mit p als Teilung. Es ist möglichst eine Standardanzahl nach den Tabn. 28.1 oder 28.2 zu wählen. Für den Achsabstand gilt:

Achsabstand $$e \approx f_1 + \sqrt{f_1^2 - f_2} \tag{28.8}$$

mit $f_1 = \frac{X \cdot p}{4} - \frac{\pi}{8}(d_k + d_g)$ und $f_2 = \frac{(d_g - d_k)^2}{8}$.

Wichtig ist die Anzahl der auf der kleinen Scheibe im Eingriff befindlichen Zähne, die Eingriffszähnezahl:

Eingriffszähnezahl $$z_e = z_k \frac{\beta}{360} \tag{28.9}$$

z_e ist stets nach unten auf eine ganze Zahl zu runden und bei Berechnungen der Antriebe nicht größer als 15 zu setzen!

Berechnung von Antrieben mit Synchron- oder Zahnriemen

1. Synchroflex-Zahnriemen

Nach der zu übertragenden Leistung P wird aus Tab. 28.1 die geeignete Zahnriemengröße (Teilung) gewählt, und zwar nach $\boldsymbol{P \leq P_{max}}$. Danach ist die Zähnezahl der kleinen Scheibe mit $\boldsymbol{z_k \geq z_{min}}$ (Tab. 28.1) festzulegen. Mit der gegebenen Übersetzung i ergibt sich die Zähnezahl der großen Scheibe z_g, und mit den Zähnezahlen die Teilkreisdurchmesser d_k und d_g nach Gl. (28.3). Für den Achsabstand kann von $\boldsymbol{e \approx 1 \ldots 2(d_k + d_g)}$ ausgegangen werden.

erforderliche Riemenbreite $$\boldsymbol{b_{erf} = \frac{P \cdot C_B}{z_e \cdot P_N}} \qquad (28.10)$$

P	in W	zu übertragende Nennleistung,
C_B		Belastungsfaktor (Anhaltswerte nach Tab. 28.4),
z_e		Eingriffszähnezahl ≤ 15 nach Gl. (28.9),
P_N	in W/cm	spezifische Nennleistung, die von einem Zahn eines 1 cm breiten Riemens übertragen werden kann, nach Tab. 28.5.

Die errechnete Riemenbreite ist auf eine Standardbreite nach Tab. 28.1 aufzurunden.

Zugkraft $$\boldsymbol{F = \frac{P}{v} \leq F_{zul} = \frac{F_N \cdot b}{C_B}} \qquad (28.11)$$

P	in W	zu übertragende Nennleistung,
v	in m/s	Riemengeschwindigkeit nach Gl. (28.2),
F_N	in N/cm	zulässige Zugkraft des Riemens je cm Riemenbreite nach Tab. 28.1,
b	in cm	ausgeführte Riemenbreite,
C_B		Belastungsfaktor nach Tab. 28.4.

Die **Achskraft** kann angenommen werden zu $\boldsymbol{F_W = C_B \cdot F \geq 1{,}5F}$ mit F als Zugkraft nach Gl. (28.11).

2. Power Grip HTD-Zahnriemen

Zunächst ist nach dem Verhältnis $\boldsymbol{P/n_a}$ die Riemengröße (Type) vorzuwählen. Hierbei bedeuten P die Nennleistung in kW und n_a die Drehzahl der treibenden Scheibe in min^{-1}. Anhaltswerte sind in Tab. 28.2 angegeben.
Danach werden die Zähnezahlen der Scheiben festgelegt. Vorzugsweise wird $\boldsymbol{z_k \geq 30}$ gewählt. Mit z_k und i ergibt sich z_g gemäß Gl. (28.1).

Breitenkennwert $$\boldsymbol{b \cdot k = \frac{P \cdot C_L(C_B + C_i)}{P_N}} \qquad (28.12)$$

P	in W	zu übertragende Nennleistung,
C_L		Riemenlängenfaktor nach Tab. 28.3,
C_B		Belastungsfaktor nach Tab. 28.4, der bei Spannrollentrieben um 0,2 zu erhöhen ist,
C_i		Übersetzungszuschlag bei Übersetzungen ins Schnelle nach Tab. 28.3. Bei Übersetzungen ins Langsame ist $C_i = 0$,
P_N	in W/cm	spezifische Nennleistung, die von einem 1 cm breiten Riemen übertragen werden kann, nach Tab. 28.6.

28

Aus dem Breitenkennwert ergibt sich die erforderliche Riemenbreite:

erforderliche Riemenbreite $$\boldsymbol{b_{erf} = \frac{(b \cdot k)}{k}} \qquad (28.13)$$

mit k als Breitenfaktor nach Tab. 28.7. Hiernach ist eine Standardbreite aus Tab. 28.2 zu wählen.
Wenn wiederkehrend dieselben Riemen- und Scheibenzähne in Eingriff kommen, soll die Eingriffszähnezahl nach Gl. (28.9) mindestens $z_e = \mathbf{12}$ sein!
Die **Achskraft** kann zu $\boldsymbol{F_W = C_B \cdot F \geq 1{,}5F}$ angenommen werden, wobei $F = P/v$ die Zugkraft darstellt.

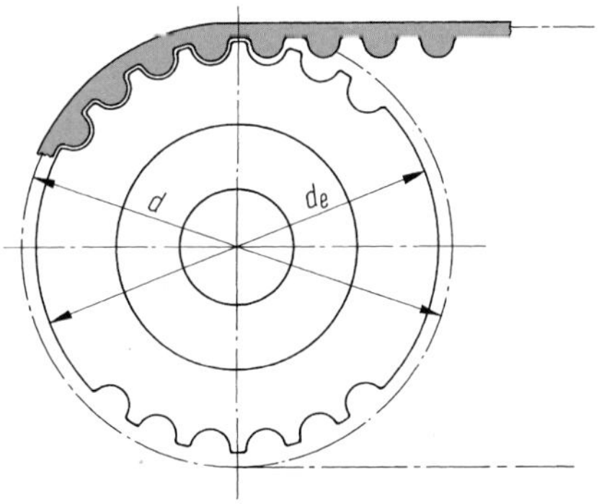

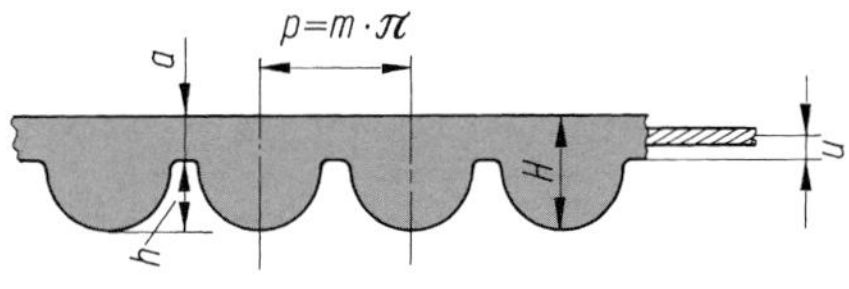

Bild 28.3 Form der Power Grip HTD-Zahnriemen und Zahnscheiben

29 Rohrleitungen

Temperaturbedingte Längenänderung

Bei einer Rohrstrecke von der Länge l beträgt die durch Temperaturänderung hervorgerufene

Verlängerung $\Delta \boldsymbol{l} = \boldsymbol{l} \cdot \boldsymbol{\alpha} \cdot \Delta \boldsymbol{\vartheta}$ (29.1)

l	in mm	Rohrlänge,
α	in 1/K	Wärmedehnungsbeiwert (Längenausdehnungskoeffizient) = α_A nach Tab. 9.2,
$\Delta\vartheta$	in K	Temperaturdifferenz nach Tab. 29.8, abhängig von der Betriebstemperatur ϑ_B, der höchsten Umgebungstemperatur $\hat{\vartheta}_U$ und der tiefsten $\check{\vartheta}_U$.

Vorspannlänge $\boldsymbol{l}_V = \boldsymbol{l} \cdot \boldsymbol{\alpha}(\boldsymbol{f}_V \cdot \Delta\boldsymbol{\vartheta} - \Delta\boldsymbol{\vartheta}_V)$ (29.2)

f_V		Vorspannfaktor = 1 bei 100%, = 0,5 bei 50%, = 0 bei 0% Vorspannung,
$\Delta\vartheta_V$	in K	Temperaturdifferenz zwischen Umgebungs- und Montagetemperatur ϑ_M nach Tab. 29.8,
l, α, $\Delta\vartheta$		siehe Legende zur Gl. (29.1).

Die Rohrleitung muss bei positiven l_V-Werten gezogen, bei negativen gedrückt werden.

Axiale Rohrkraft $\boldsymbol{F}_a \approx \boldsymbol{E} \cdot \boldsymbol{A} \cdot \boldsymbol{\alpha} \cdot \Delta\boldsymbol{\vartheta}$ (29.3)

F_a	in N	auf die Festpunkte wirkende Rohrkraft,
E	in N/mm²	Elastizitätsmodul des Rohrwerkstoffs (Tab. 9.2),
A	in mm²	Rohrwandquerschnittsfläche = $(d_a - s) \cdot \pi \cdot s$ mit Außendurchmesser d_a und Wanddicke s,
α, $\Delta\vartheta$		siehe Legende zur Gl. (29.1).

Berechnung von Rohrleitungen

1. Rohrinnendurchmesser

Volumenstrom $$\dot{V} = \frac{\dot{m}}{\varrho} = \frac{d_i^2 \cdot \pi}{4}\, w \qquad (29.4)$$

Rohrinnendurchmesser $$d_i = \sqrt{\frac{4 \cdot \dot{V}}{\pi \cdot w}} = \sqrt{\frac{4 \cdot \dot{m}}{\pi \cdot \varrho \cdot w}} \qquad (29.5)$$

d_i	in m	Innendurchmesser des Rohres,
$\dot{V}$	in m³/s	Volumenstrom,
$\dot{m}$	in kg/s	Massenstrom,
w	in m/s	mittlere Strömungsgeschwindigkeit des Durchflussstoffes (Richtwerte nach Tab. 29.9),
ϱ	in kg/m³	Dichte des Durchflussstoffes (Druck- und Temperaturabhängigkeit beachten, Anhaltswerte siehe Tab. 29.10).

Danach wird der vorläufige Rohrinnendurchmesser nach den Normen für Rohre bestimmt. Die endgültige Festlegung erfolgt unter Berücksichtigung der Rohrleitungsverluste.

2. Rohrleitungsverluste

In einer **geraden Rohrleitung** mit konstantem Innendurchmesser und inkompressiblem Durchflussstoff beträgt der

Druckverlust $$\Delta p_R = \lambda \, \frac{l}{d_i} \cdot \frac{\varrho}{2}\, w^2 \qquad (29.6)$$

Δp_R	in Pa	Druckverlust in einer geraden kreisförmigen Rohrleitung ohne Einbauten ($1\ Pa = 1\ N/m^2 = 1\ kg \cdot s^{-2}/m$, $10^5\ Pa = 1\ bar$),
λ		Rohrreibungszahl, siehe nachfolgende Erläuterung,
l	in m	Länge der Rohrleitung,
d_i	in m	Rohrinnendurchmesser,
ϱ	in kg/m^3	Dichte des Durchflussstoffes (Tab. 29.10),
w	in m/s	Strömungsgeschwindigkeit.

Für die **Rohrreibungszahl** λ ist die Strömungsform maßgebend, die nach einer dimensionslosen Strömungskennzahl bestimmt wird, der

Reynolds-Zahl $$\boldsymbol{Re = \frac{d_i \cdot w \cdot \varrho}{\eta} = \frac{d_i \cdot w}{\nu}} \qquad (29.7)$$

d_i, w, ϱ		siehe Legende zur Gl. (29.6),
η	in $Pa \cdot s$	dynamische Viskosität ($1\ Pa \cdot s = 1\ kg \cdot m^{-1} \cdot s^{-1}$),
ν	in m^2/s	kinematische Viskosität nach Tab. 29.10.

Bis zur *kritischen Reynolds-Zahl* $Re_k \approx 2300$ tritt eine **laminare Rohrströmung** auf, wobei $\boldsymbol{\lambda = 64/Re}$ beträgt.
In Rohrleitungsanlagen liegt fast immer **turbulente Rohrströmung** mit $Re > 2300$ vor. Die Rohrreibungszahl λ hängt bei dieser Strömungsform außer von Re wesentlich von der Rauigkeit der Rohrinnenwandfläche ab. Anhaltswerte für die **absolute Rauigkeit** $\boldsymbol{k}$ verschiedener Rohrarten enthält Tab. 29.11. Aus einem **λ, Re-Diagramm** (Diagr. 29.1) kann λ in Abhängigkeit von Re und von der **relativen Rauigkeit** $\boldsymbol{k/d_i}$ entnommen werden.
Zusatzverluste durch Rohrleitungseinbauteile werden erfasst mit dem

Druckverlust $$\boldsymbol{\Delta p_E = \sum \zeta \cdot \frac{\varrho}{2} w^2} \qquad (29.8)$$

Δp_E	in Pa	Druckverlust durch Rohrleitungseinbauteile,
ζ		Verlustzahl,
ϱ, w		siehe Legende zur Gl. (29.6).

Anhaltswerte für die **Widerstandszahl** oder **Verlustzahl** ζ zur Erfassung der Verluste durch Einbauteile enthält Tab. 29.13.
Mit Gl. (29.8) werden nur die zusätzlichen Verluste durch die Einbauteile erfasst, nicht aber die Strömungsverluste nach Gl. (29.6). In diese Gleichung ist deshalb die gesamte Rohrleitungslänge einschl. der Längen von Armaturen, Krümmern usw. einzusetzen.
Die Summe aller einzelnen Druckverluste ergibt den *gesamten*

Druckverlust $$\boldsymbol{\Delta p = \left(\lambda \frac{l}{d_i} + \sum \zeta\right) \frac{\varrho}{2} w^2 \pm \Delta H \cdot \varrho \cdot g} \qquad (29.9)$$

λ		Rohrreibungszahl nach Diagr. 29.1,
l	in mm	Rohrleitungslänge einschl. Einbauten,
d_i	in m	Rohrinnendurchmesser,
ζ		Verlustzahl (Tab. 29.13),
ϱ	in kg/m^3	Dichte des Durchflussstoffes (Tab. 29.10),
w	in m/s	Strömungsgeschwindigkeit nach Tab. 29.9 oder aus Gl. (29.4),
ΔH	in m	Höhenunterschied zwischen Anfang und Ende der Rohrleitung (bei waagerechter Leitung ist $\Delta H = 0$),
g	in m/s^2	Fallbeschleunigung = $9{,}81\ m/s^2$.

Das Plus-Zeichen vor ΔH gilt für ansteigende, das Minus-Zeichen für abfallende Rohrleitungen. Bei Anlagen mit unterschiedlichen Rohrdurchmessern sind die Verluste für jede Teilstrecke mit konstantem Durchmesser gesondert zu errechnen und zum Gesamtverlust zu addieren.

$$\textit{Verlustleistung} \quad \boldsymbol{P_v = \dot{V} \cdot \Delta p} \tag{29.10}$$

P_v	in W	von Pumpe oder Verdichter aufzubringende Verlustleistung (1 W = 1 Nm/s),
$\dot{V}$	in m³/s	Volumenstrom nach Gl. (29.4),
Δp	in Pa	Gesamtdruckverlust nach Gl. (29.9).

Am Anfang einer Verlustberechnung ist erst die Reynolds-Zahl zu ermitteln, nach der sich die Strömungsform ergibt. Anschließend kann die Rohrreibungszahl λ dem Diagr. 29.1 entnommen werden, wozu bei $Re > 2300$ die relative Rauigkeit k/d_i bestimmt werden muss. Bei zu hoher Verlustleistung ist in der Regel ein größerer Rohrinnendurchmesser zu wählen.

3. Rohrwanddicke

Nach DIN 2413 beträgt für gerade **Stahlrohre unter Innendruck** die erforderliche

$$\textit{Wanddicke} \quad \boldsymbol{s = s_v + c_1 + c_2 \leq s_e} \tag{29.11}$$

s	in mm	erforderliche Mindestwanddicke,
s_v	in mm	rechnerische Wanddicke nach Gl. (29.13), (29.14), (29.15) oder (29.16),
c_1	in mm	Zuschlag zur Berücksichtigung der zulässigen Wanddicken-Unterschreitung nach den technischen Lieferbedingungen für Rohre, siehe Tab. 29.12,
c_2	in mm	Zuschlag zur Berücksichtigung von Korrosion bzw. Abnutzung, allgemein = 1 mm bei ferritischen Stählen, er kann bei austenitischen Stählen und bei Korrosionsschutz entfallen,
s_e	in mm	ausgeführte (effektive) Wanddicke.

Ist die zulässige Wanddicken-Unterschreitung mit c_1' in % angegeben wie bei nahtlosen Rohren (siehe Tab. 29.12), so beträgt die erforderliche

$$\textit{Wanddicke} \quad \boldsymbol{s = (s_v + c_2)\,\frac{100}{100 - c_1'}} \tag{29.12}$$

In diese Gleichung wird c_1' nur mit dem Zahlenwert des Prozentsatzes eingesetzt.
In DIN 2413 sind Gleichungen für die **rechnerische Wanddicke s_v** angegeben, die für Rohre mit Kreisquerschnitt ohne Ausschnitte bis zu einem Durchmesserverhältnis $d_a/d_i = 2$ für folgende Bereiche gelten:

I vorwiegend ruhende Beanspruchung bis 120 °C Berechnungstemperatur,
II vorwiegend ruhende Beanspruchung über 120 °C,
III schwellende Beanspruchung bis 120 °C.

Für den *Geltungsbereich I* beträgt die

$$\textit{rechnerische Wanddicke} \quad \boldsymbol{s_v = \frac{d_a \cdot p}{2\sigma_{zul} \cdot v_N} = \frac{d_i}{\frac{2\sigma_{zul}}{p} \cdot v_N - 2}} \tag{29.13}$$

für den *Geltungsbereich II* bei $d_a/d_i \leq 1{,}67$:

$$\boldsymbol{s_v = \frac{d_a}{\frac{2\sigma_{zul}}{p} \cdot v_N + 1} = \frac{d_i}{\frac{2\sigma_{zul}}{p} \cdot v_N - 1}} \tag{29.14}$$

und bei $1{,}67 < d_a/d_i \leq 2$:

$$\boldsymbol{s_v = \frac{d_a}{\frac{3\sigma_{zul}}{p} \cdot v_N - 1} = \frac{d_i}{\frac{3\sigma_{zul}}{p} \cdot v_N - 3}} \tag{29.15}$$

für den *Geltungsbereich III* bei konstantem Schwingbereich Δp_S der Druckschwankungen:

$$\boldsymbol{s_v = \frac{d_a}{\frac{2\sigma_{zul}}{\Delta p_S} - 1}} \qquad (29.16)$$

d_a, d_i	in mm	Außen- bzw. Innendurchmesser des Rohres,
p	in N/mm^2	Berechnungsdruck als maximal möglicher innerer Überdruck (1 N/mm^2 = 1 MPa = 10 bar),
σ_{zul}	in N/mm^2	zulässige Spannung = K/S, Festigkeitskennwert K und Sicherheitsbeiwert S nach Tab. 29.14,
v_N		Wertigkeit der Schweißnaht für Längs- und Schraubenliniennaht nach den technischen Lieferbedingungen oder nach Vereinbarung, = 1,0 für nahtlose Stahlrohre und für geschweiße Stahlrohre nach DIN 1628, = 0,9 für geschweißte Stahlrohre nach DIN 1626,
Δp_S	in N/mm^2	gleich bleibende Druck-Schwingbreite = $p_{max} - p_{min}$ ($= \hat{p} - \check{p}$ in DIN 2413), bei unterschiedlichen Schwingbreiten siehe Norm.

Für den Geltungsbereich III ist s_v außer nach Gl. (19.16) auch nach Gl. (29.13) für den Bereich I gegen unzulässige Verformung zu berechnen. Die größere ermittelte Wanddicke ist maßgebend.